Lecture Notes in Mathematics

Edited by A. Dold and B. Eckmann

1335

F. Guillén V. Navarro Aznar
P. Pascual-Gainza F. Puerta

Hyperrésolutions cubiques et descente cohomologique

Springer-Verlag
Berlin Heidelberg New York London Paris Tokyo

Authors

F. Guillén
V. Navarro Aznar
P. Pascual-Gainza
F. Puerta
Departament de Matemàtiques
ETSEIB – UPC, Diagonal, 647
08028 Barcelona, Spain

Mathematics Subject Classification (1980): 14-XX, 19-XX, 32-XX

ISBN 3-540-50023-5 Springer-Verlag Berlin Heidelberg New York
ISBN 0-387-50023-5 Springer-Verlag New York Berlin Heidelberg

Printing and binding: Druckhaus Beltz, Hemsbach/Bergstr.
2146/3140-543210

PREFACE

Ce volume contient la plupart des exposés d'un séminaire sur la théorie de Hodge-Deligne dirigé par l'un des auteurs et qui s'est tenu à Barcelone au cours de l'année 1982. Ce séminaire avait déjà donné lieu aux notes préliminaires: "Théorie de Hodge via schémas cubiques" qui ont été largement diffusées à partir de Juin 1982. Le volume que nous présentons ici vient remplacer avantageusement ces notes préliminaires.

J.H.M. Steenbrink a exposé dans ce séminaire quelques-uns de ses résultats sur la théorie de Hodge-Deligne; ses exposés ont grandement stimulé notre activité sur le sujet et nous lui en sommes très reconnaissants. Nous remercions vivement J. Ferrer et F. Panyella pour le support qu'ils nous ont donné en tout moment. Mlle. R.M. Cuevas s'est chargée de la frappe du manuscript avec soin et gentillesse, nous l'en remercions sincèrement.

Ce travail a été partiellement subventionné par la C.I.R.I.T. (projet AR83-136) et la C.A.I.C.Y.T. (projet 2690/83).

C'est presque toujours en faisant dépendre la solution d'un problème de celle d'un autre plus simple, cette seconde d'une troisième et ainsi de suite qu'on parvient à une question dont la réponse est évidente ... Il arrive souvent que le problème auquel on descend n'est qu'un cas particulier du problème à résoudre.

Gabriel Lamé

INTRODUCTION

Si X est une variété algébrique complexe, on sait d'après Hironaka ([3]) qu'on peut résoudre les singularités de X , c'est à dire, qu'il existe une variété non singulière X' et un morphisme $f: X' \longrightarrow X$ qui est birationnel et propre. En plus, si Y est une sous-variété de X , il existe une résolution $f: X' \longrightarrow X$ telle que $f^{-1}(Y)$ soit un diviseur à croisements normaux dans X'. Depuis sa publication en 1964, on a donné de nombreuses applications au théorème d'Hironaka dans l'étude cohomologique des variétés algébriques complexes, aussi bien des variétés algébriques singulières que des variétés non singulières. L'objectif central de ce séminaire est d'établir un cadre général pour l'utilisation cohomologique du théorème d'Hironaka, et de poursuivre quelques-unes des applications qu'on en a déjà faites.

Avant de décrire la méthode qu'on va introduire ci-après et qui est dans l'esprit de [2], il convient de souligner quelques-unes des caractéristiques communes qu'on trouve en bon nombre d'applications.

Dans certaines applications, par exemple dans l'étude de la monodromie, on considère une variété non singulière X et un diviseur Y de X ; il résulte alors du théorème d'Hironaka qu'il existe une variété non singulière X' et un morphisme propre $f: X' \longrightarrow X$, tel que f est un isomorphisme en dehors de Y et que $f^{-1}(Y)$ est un diviseur à croisements normaux dans X' . Ceci permet d'obtenir des résultats dans la situation d'origine à partir des résultats locaux qu'on peut explicitement démontrer dans le cas où Y est à croisements normaux.

Dans d'autres applications, on considère un ouvert de Zariski non singulier X d'une variété complète $\bar{X}$. Le théorème de résolution permet alors de supposer que X est un ouvert de Zariski d'une variété non singulière et complète X', et que $X'-X$ est un diviseur à croisements normaux dans X'. Par exemple, c'est sous cette forme qu'on utilise le théorème dans la cohomologie de De Rham algébrique, ou dans la théorie de Hodge des variétés algébriques non singulières et non complètes.

Mais ce genre d'application directe du théorème de résolution est limité, par exemple dans les situations précédentes, au cas où la variété X est non singulière. Bien qu'il permette aussi de traiter quelques questions relatives à la cohomologie des variétés singulières, si l'on peut raisonner par induction et dévisser, il reste des problèmes intéressants qui ne sont pas abordables par ce raisonnement et pour la solution desquels on doit développer des méthodes d'utilisation du théorème d'Hironaka plus précises.

Comme préalabable à son développement de la théorie de Hodge des variétés algébriques singulières, Deligne ([1]) a introduit une méthode très générale et très précise d'utiliser la résolution des singularités: la méthode de la descente cohomologique simpliciale. Celle-ci permet d'obtenir des résultats au niveau des complexes de faisceaux, et non seulement sur l'hypercohomologie de ces complexes, comme c'était le cas des applications précédentes. Cette possibilité de travailler au niveau des complexes est essentielle à la construction de Deligne d'une structure de Hodge mixte sur la cohomologie d'une variété algébrique singulière.

La méthode de la descente cohomologique simpliciale s'illustre assez clairement dans l'exemple suivant. Soit X un espace topologique, si X est la réunion de deux sous-espaces fermés X_1 et X_2, on a une suite exacte de Mayer-Vietoris

$$\to H^{i-1}(X_1 \cap X_2, \mathbb{C}) \to H^i(X, \mathbb{C}) \to H^i(X_1, \mathbb{C}) \oplus H^i(X_2, \mathbb{C}) \to H^i(X_1 \cap X_2, \mathbb{C}) \to$$

et, plus généralement, si X est la réunion d'une famille de sous-espaces fermés X_i, $i \in I$, on a une suite spectrale de Mayer-Vietoris

$$E_1^{pq} = H^q(X_p, \mathbb{C}) \Longrightarrow H^{p+q}(X, \mathbb{C})$$

où

$$X_q = \coprod X_{i_0} \cap X_{i_1} \cap \ldots \cap X_{i_q} .$$

Or, pour démontrer ce résultat sur la cohomologie, on prouve de fait qu'il existe une résolution du faisceau constant $\mathbb{C}_X$ associée à la décomposition naturelle de X

$$0 \longrightarrow \mathbb{C}_X \longrightarrow \mathbb{C}_{X_0} \longrightarrow \mathbb{C}_{X_1} \longrightarrow \cdots$$

et c'est ce résultat qui, dans les termes de la méthode de Deligne, s'exprime en disant que l'espace topologique simplicial augmenté vers X

$$\cdots \;\overrightarrow{\overrightarrow{\overrightarrow{\longrightarrow}}}\; X_2 \;\overrightarrow{\overrightarrow{\longrightarrow}}\; X_1 \;\overrightarrow{\longrightarrow}\; X_0 \longrightarrow X$$

est de descente cohomologique.

Le résultat fondamental que démontre Deligne en utilisant le théorème d'Hironaka est alors le suivant: si X est une variété algébrique singulière, il existe un schéma simplicial augmenté vers X

$$\cdots \;\overrightarrow{\overrightarrow{\overrightarrow{\longrightarrow}}}\; X_2 \;\overrightarrow{\overrightarrow{\longrightarrow}}\; X_1 \;\overrightarrow{\longrightarrow}\; X_0 \longrightarrow X$$

qui est de descente cohomologique et dans lequel les variétés X_q, $q \geq 0$, sont non singulières. On obtient ainsi une résolution du faisceau $\mathbb{C}_X$, et une suite spectrale

$$E_1^{pq} = H^q(X_p, \mathbb{C}) \Longrightarrow H^{p+q}(X, \mathbb{C}) ,$$

en analogie avec l'exemple antérieur, qui exprime la cohomologie de la variété singulière X en terme de celle des variétés non singulières X_q.

Si la suite exacte de Mayer-Vietoris peut être considérée l'origine de la méthode de la descente cohomologique simpliciale, il y a une suite exacte, aussi appelée parfois de Mayer-Vietoris, qui a motivé le séminaire qui nous occupe. Soit X une variété algébrique complexe et $f: X' \longrightarrow X$ une résolution des singularités de X, alors on a le diagramme cartésien

$$\begin{array}{ccc} Y' & \longrightarrow & X' \\ \downarrow & & \downarrow f \\ Y & \xrightarrow{\;i\;} & X \end{array}$$

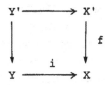

où i est une immersion fermée et f est un isomorphisme en dehors de Y . La suite exacte de Mayer-Vietoris associée à ce diagramme est la suite exacte

$$\longrightarrow H^{i-1}(Y',\mathbb{C}) \longrightarrow H^{i}(X,\mathbb{C}) \longrightarrow H^{i}(X',\mathbb{C}) \oplus H^{i}(Y,\mathbb{C}) \longrightarrow H^{i}(Y',\mathbb{C}) \longrightarrow .$$

Cette suite exacte exprime en quelque sorte la cohomologie de la variété X en terme de celle des variétés plus simples, car X' est non singulière et aussi bien Y que Y' sont des variétés de dimension strictement inférieure à celle de X . Dans cette situation on a encore une résolution de $\mathbb{C}_X$ dans la catégorie dérivée correspondante, et, plus précisément, que $\mathbb{C}_X$ est quasi-isomorphe au complexe simple $s(Rf_*\mathbb{C}_{X'}\oplus \mathbb{C}_Y \longrightarrow \mathbb{C}_{Y'})$. Dans la terminologie qu'on introduit dans ce travail, on exprime ce résultat en disant que le schéma cubique défini par le diagramme antérieur est de descente cohomologique.

Après avoir exposé les notions générales relatives aux schémas cubiques et à la descente cohomologique cubique, le théorème principal qu'on démontrera est le suivant: si X est une variété algébrique singulière de dimension n , il existe un schéma cubique $X_{\bullet}$ augmenté sur X , qui est de descente cohomologique sur X , et dans lequel les variétés X_α , sont non singulières et de dimension au plus $n-|\alpha|+1$. Ainsi on obtient une résolution cocubique du faisceau $\mathbb{C}_X$ et une suite spectrale

$$E_1^{pq} = \bigoplus_{|\alpha|=p+1} H^q(X_\alpha, \mathbb{C}) \Longrightarrow H^{p+q}(X, \mathbb{C})$$

comme dans la méthode simpliciale mais, de plus, dans ce cas on sait que le support du terme E_1 est fini et on a des renseignements assez précis sur ce support à cause du bornage des dimensions des X_α . Cette finitude et ce contrôle sur les dimensions qu'on obtient avec la méthode cubique ont permis de résoudre quelques questions intéressantes, notamment une conjecture de McCrory.

Une autre caractéristique intéressante de la méthode cubique est qu'elle s'adapte aussi à la cohomologie de De Rham des variétés algébriques sur un corps de catactéristique zéro, sans utiliser le principe de Lefschetz, ce qui permet de développer cette théorie en se basant sur la méthode cubique. La méthode cubique s'applique aussi pour développer une technique d'hyperrésolutions quasi-projectives d'une variété algébrique sur un corps arbitraire, en utilisant cette fois le lemme de Chow au lieu du théorème d'Hironaka, qui a des conséquences intéressantes pour la K-théorie algébrique.

Ce volume contient 6 exposés. Dans l'exposé I, on introduit les espaces topologiques cubiques et leur cohomologie. On donne les théorèmes fondamentaux de ce séminaire: le théorème d'existence d'hyperrésolutions cubiques d'un schéma sur un corps de caractéristique zéro et le théorème d'équivalence de catégories qui précise le cadre d'utilisation du théorème de résolution de singularités de ce séminaire. En particulier, on montre la propriété de la descente cohomologique pour les hyperrésolutions cubiques d'une variété algébrique complexe.

Dans l'exposé II, on utilise les hyperrésolutions cubiques pour étudier le polynôme caractéristique et la fonction zêta de la monodromie d'une fonction holomorphe sur une variété singulière, en étendant à cette situation les résultats de Landman-Grothendieck et A'Campo sur la monodromie.

Dans l'exposé III, on étudie quelques propriétés de la cohomologie de De Rham algébrique des variétés algébriques définies sur un corps de caractéristique nulle, sans faire appel au principe de Lefschetz. On démontre la propriété de descente cohomologique des hyperrésolutions cubiques pour la cohomologie de De Rham, ce qui permet d'utiliser les hyperrésolutions cubiques dans ce contexte. Après avoir obtenu les propriétés usuelles d'une théorie cohomologique, on obtient une nouvelle preuve, purement algébrique, d'un résultat de Bloom-Herrera, ce qui donne comme conséquence quelques variantes du théorème faible de Lefschetz.

L'exposé IV est consacré à la théorie de Hodge-Deligne. On développe cette théorie pour les variétés algébriques singulières en suivant dans toutes ses lignes la construction de Deligne, bien qu'en utilisant les hyperrésolutions cubiques de l'exposé I au lieu des hyperrésolutions simpliciales de Deligne, ce qui conduit à des suites spectrales plus économiques, comme on l'a déjà remarqué. On montre aussi que les structures de Hodge mixtes construites via les schémas cubiques coïncident avec celles construites via les schémas simpliciaux par Deligne. Ensuite, on développe la théorie de Hodge pour les germes d'espaces analytiques autour des variétés algébriques compactes. Finalement, on étudie les limites des structures de Hodge dans la situation géométrique considérée par Schmid et Steenbrink, mais en permettant que la fibre générique soit aussi singulière, ce qui correspondrait à étudier des variations de structures de Hodge mixtes dans le cadre abstrait de Griffiths. On prouve qu'il existe une structure de Hodge mixte limite sur la cohomologie de la fibre générique et par rapport à laquelle le morphisme de spécialisation est un morphisme de structures de Hodge mixtes. Finalement, on prouve que cette structure limite a les propriétés conjecturées par Deligne à l'égard de son analogue l-adique.

Dans l'exposé V, on étudie le complexe de De Rham filtré d'une variété algébrique complexe, déjà introduit par Du Bois dans le contexte simplicial, et on utilise la théorie de Hodge mixte et les hyperrésolutions cubiques pour établir le théorème d'annulation de Kodaira-Akizuki-Nakano dans le cadre des variétés singulières, et prouver une généralisation très naturelle dans ce contexte du théorème d'annulation de Grauert-Riemenschneider.

L'exposé VI est consacré à la K-théorie algébrique. On démontre que les hyperrésolutions quasi-projectives cubiques d'une variété algébrique définie sur un corps arbitraire vérifient la propriété de descente cohomologique pour la K-théorie algébrique. Pour ceci, on travaille dans la catégorie d'homotopie stable. On obtient alors la covariance de la K-théorie pour tout morphisme propre. Finalement, on utilise les hyperrésolutions quasi-projectives cubiques pour démontrer le théorème de Riemann-Roch pour toute variété algébrique, en éliminant donc les hypothèses projectives que ce théorème avait dans le travail de Baum, Fulton et MacPherson. Ces résultats avaient été obtenus indépendemment (et antérieurement) par Gillet et Fulton-Gillet, respectivement, avec d'autres arguments.

Références

1. P. Deligne: Théorie de Hodge II, Publ. Math. I.H.E.S., 40 (1972), 5-57; III, Publ. Math. I.H.E.S., 44 (1975), 6-77.
2. A. Grothendieck: Technique de descente et théorèmes d'existence en géométrie algébrique. I. (Sem. Bourbaki, 1959/60, n°. 190), dans Fondaments de la géométrie algébrique, Paris, 1962.
3. H. Hironaka: Resolution of singularities of an algebraic variety over a field of characteristic zero, Ann. of Math., 79 (1964), 109-326.

TABLE DES MATIERES

Exposé I

HYPERRESOLUTIONS CUBIQUES

par F. GUILLEN

Nous développons dans cet exposé la théorie des hyperrésolutions cubiques de V. Navarro Aznar. Cette théorie a déjà été présentée partiellement dans [7], où on a donné une application à la théorie de Hodge-Deligne qui se base essentiellement sur la construction cubique. Le lecteur pourra trouver dans [8] une introduction aux idées principales. La variante des hyperrésolutions cubiques projectives a eté introduite dans [13]. Cet exposé donne un développement plus formel et complet de la théorie citée ci-dessus.

Les théorèmes fondamentaux se trouvent dans les paragraphes 2, 3 et 6. Le théorème (2.15) prouve, à partir du résultat clef (2.6), l'existence d'hyperrésolutions cubiques d'un k-schéma S, où k est un corps de caractéristique zéro. Ce théorème, en termes simpliciaux (voir [7](2.1.6) pour la relation entre objets cubiques et objets simpliciaux), assure l'existence d'une hyperrésolution simpliciale stricte lisse $X_{\bullet} \longrightarrow S$ de S telle que $\dim X_n \leq \dim S-n$, pour tout n. Le théorème (3.8) établit une équivalence entre la catégorie des k-schémas et une catégorie localisée de la catégorie des hyperrésolutions cubiques des k-schémas, équivalence qui, avec des hypothèses convenables explicitées dans (3.10), permet d'étendre un foncteur cohomologique de la catégorie des k-schémas lisses à la catégorie des k-schémas arbitraires. Les hypothèses mentionnées sont vérifiées dans le théorème (6.9) pour la cohomologie singulière des varietés complexes.On trouvera dans les exposés suivants d'autres théorèmes de descente cohomologique analogues à (6.9).

Le §1 est consacré aux préliminaires catégoriques. La section A) contient des définitions relatives aux diagrammes. Dans la section B), on rappelle une construction, due à Grothendieck, qui associe un scindage à tout diagramme de catégories, et qui permet de définir le diagramme total d'un diagramme de diagrammes d'une catégorie arbitraire. Dans la section C), on introduit la notion de catégorie ordonnable, dont un cas particulier est celui des catégories cubiques, introduites dans la section D).

Dans le §5, on rappelle la définition de faisceau sur un diagramme d'espaces topologiques et des foncteurs d'image réciproque et d'image directe associés à un morphisme de diagrammes d'espaces topologiques. La remarque (5.18) établit la relation entre les notions données ici et les notions originales de la théorie des topos, en considérant un diagramme d'espaces topologiques comme un site fibré.

Finalement, le §4 montre l'existence de compactifications d'un diagramme de schémas.

Je voudrais vivement remercier ici V. Navarro Aznar qui m'a donné l'occasion d'exposer sous une forme écrite sa théorie.

1. Préliminaires.

1.1 Dans tout l'exposé, on fixe un univers $\underline{U}$. Les notions de petitesse seront relatives à $\underline{U}$.

On dénote par $\underline{\text{Cat}}$ la catégorie (large) des petites catégories. Si C est une catégorie, C^{o} désigne la catégorie opposée à la catégorie C . Si n est un entier ≥ 0 , on dénote par $\underline{n}$ la catégorie associée à l'ensemble ordonné $\{0,1,\ldots,n-1\}$.

Soient $F: D \longrightarrow C$ un foncteur, s un objet de C . On dénote par F/s la catégorie des objets de D au-dessus de s relativement à F , définie de la façon suivante. Les objets de F/s sont les couples (x,a) , où $x \in \text{Ob}\, D$ et $a: F(x) \longrightarrow s$ est un morphisme de C . Si (x,a) , (y,b) sont deux objets de F/s , un morphisme de (x,a) dans (y,b) est un morphisme $f: x \longrightarrow y$ de D tel que $a = b\circ F(f)$. On définit de façon analogue la catégorie $s\backslash F$ des objets de D au-dessous de s relativement à F .

A) Diagrammes.

Dans les sections A) et B) suivantes, C désignera une catégorie.

1.2 Si I est une petite catégorie, on appelle 1-diagramme de C de type I , ou I-objet de C , tout foncteur de I^{o} dans C .

Soit $\varphi: I \longrightarrow J$ un foncteur entre petites catégories. Si Y est un J-objet de C , le foncteur $Y\circ\varphi$ est un I-objet de C que nous dé-noterons par $\varphi^{*}(Y)$ ou $Y\times_{I}J$, selon le contexte.

Soient X et Y deux 1-diagrammes de C de types I et J respectivement. Un morphisme de 1-diagrammes de C de X dans Y est un couple formé d'un foncteur $\varphi: I \longrightarrow J$ et d'une transformation naturelle $f: X \Longrightarrow \varphi^{*}(Y)$. On dénote le dit morphisme par le

diagramme

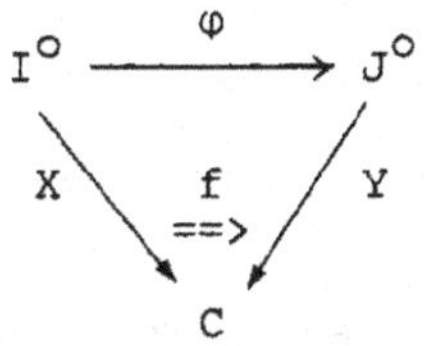

et on dit que f est un φ-morphisme. Si φ est l'identité de I on dit simplement que f est un I-morphisme ou un morphisme de I-objets.

Si i, j sont des objets de I et u est un morphisme de I, on désignera par X_i (resp. X_u, resp. f_i) l'image de i (resp. u, resp. i) par X (resp. X, resp. f).

Si $X: I \longrightarrow C$ est un I^o-objet de C, on utilisera la notation X^i, X^u, f^i, au lieu de X_i, X_u, f_i.

Les 1-diagrammes de C définissent une catégorie qu'on note $\underline{\mathrm{Diagr}}_1(C)$ (voir [10], (VI.5.6.6)). Les I-objets et les I-morphismes de C définissent une sous-catégorie de $\underline{\mathrm{Diagr}}_1(C)$, qui s'identifie à la catégorie $\mathrm{Hom}_{\underline{\mathrm{Cat}}}(I^o, C)$. On a un foncteur

$$\mathrm{typ}: \underline{\mathrm{Diagr}}_1(C) \longrightarrow \underline{\mathrm{Cat}}$$

défini par $\mathrm{typ}(X) = I$ pour tout I-objet X de C, et $\mathrm{typ}(f) = \varphi$ pour tout φ-morphisme f de 1-diagrammes de C.

1.3 Soient S un objet de C, I une petite catégorie. Nous appellerons I-objet de C augmenté vers S tout I-objet X^+ de C/S, que nous identifierons à un I-objet X de C muni d'un morphisme $a: X \longrightarrow S$ de 1-diagrammes de C tel que $\mathrm{typ}(a)$ soit le foncteur canonique $I \longrightarrow \underline{1}$.

Soient $\varphi: I \longrightarrow J$ un foncteur entre petites catégories, $u: S \longrightarrow T$ un morphisme d'objets de C. Si $a: X \longrightarrow S$, resp. $b: Y \longrightarrow T$, est un I-objet, resp. J-objet, de C augmenté vers S, resp. T, nous appellerons φ-morphisme augmenté au-dessus de u tout φ-morphisme $f: X \longrightarrow Y$ tel que le diagramme

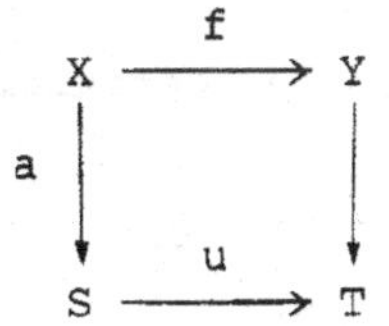

soit commutatif.

Les diagrammes augmentés de C et les morphismes d'augmentations définis ci-dessus forment une catégorie que nous noterons $\underline{\mathrm{Diagr}}_1^+(C)$.

On a des foncteurs

$$C \xleftarrow{\pi_0} \underline{\mathrm{Diagr}}_1^+(C) \xrightarrow{\pi_1} \underline{\mathrm{Diagr}}_1(C)$$

définis par $\pi_0(X \longrightarrow S) = S$ et $\pi_1(X \longrightarrow S) = X$.

B) Diagramme total d'un 2-diagramme.

Cette section ne sera utilisée que jusqu'au §3.

1.4 On appelle catégorie des 2-diagrammes de C et on note $\underline{\mathrm{Diagr}}_2(C)$ la catégorie $\underline{\mathrm{Diagr}}_1(\underline{\mathrm{Diagr}}_1(C))$ (voir [10]).

On a un foncteur

$$\mathrm{typ}_1\colon \underline{\mathrm{Diagr}}_2(C) \longrightarrow \underline{\mathrm{Diagr}}_1(\underline{\mathrm{Cat}})$$

défini par $\mathrm{typ}_1(X) = \mathrm{typ} \circ X$, pour tout 2-diagramme X de C .

1.5 Soient I une petite catégorie, K un I-objet de $\underline{\mathrm{Cat}}$. Dans [4] on associe à K une nouvelle catégorie, que nous noterons $\mathrm{tot}(K)$ et appellerons catégorie totale du foncteur K , de la façon suivante: les objets de $\mathrm{tot}(K)$ sont les couples (i,x) tels que $i \in \mathrm{Ob}\, I$ et $x \in \mathrm{Ob}\, K_i$, et les morphismes $(i,x) \longrightarrow (j,y)$ sont les couples (u,a) formés par un morphisme $u\colon i \longrightarrow j$ de I et par un morphisme $a\colon x \longrightarrow K_u(y)$ de K_i . La composition $(w,c) = (v,b)\circ(u,a)$ de deux morphismes $(u,a)\colon (i,x) \longrightarrow (j,y)$ et $(v,b)\colon (j,y) \longrightarrow (k,z)$ de $\mathrm{tot}(K)$ est définie par $(w,c) = (v\circ u, K_u(b)\circ a)$.

Si $f\colon K \longrightarrow L$ est un morphisme de 1-diagrammes de $\underline{\mathrm{Cat}}$ tel que $\mathrm{typ}(f) = \varphi$, f définit alors un foncteur

$$\mathrm{tot}(f)\colon \mathrm{tot}(K) \longrightarrow \mathrm{tot}(L)$$

par $\mathrm{tot}(f)(i,x) = (\varphi(i), f_i(x))$, si $(i,x) \in \mathrm{Ob}\,\mathrm{tot}(K)$, et par $\mathrm{tot}(f)(u,a) = (\varphi(u), f_i(a))$, si $(u,a)\colon (i,x) \longrightarrow (j,y)$ est un morphisme de $\mathrm{tot}(K)$.

Il est aisé de voir qu'avec ces définitions

$$\mathrm{tot}\colon \underline{\mathrm{Diagr}}_1(\underline{\mathrm{Cat}}) \longrightarrow \underline{\mathrm{Cat}}$$

est un foncteur.

Si K est un I-objet de $\underline{\mathrm{Cat}}$, nous dénoterons par π le foncteur de projection

$$\pi\colon \mathrm{tot}(K) \longrightarrow I \ ,$$

appelé, dans [4], §9, le scindage de I défini par K .

1.6 Soit K un I-objet de $\underline{\mathrm{Cat}}$. Si X est un 2-diagramme de C tel que $\mathrm{typ}_1(X) = K$, on appelle 1-diagramme total de X , et on note

$$\mathrm{tot}(X)\colon \mathrm{tot}(K) \longrightarrow C \ ,$$

le foncteur défini par $\mathrm{tot}(X)(i,x) = X_i(x)$, pour $(i,x) \in \mathrm{Ob}\ \mathrm{tot}(K)$, et $\mathrm{tot}(X)(u,a) = X_i(a) \circ X_u(y)$, pour un morphisme $(u,a)\colon (i,x) \longrightarrow (j,y)$ de $\mathrm{tot}(K)$.

Avec les définitions antérieures, on voit aussitôt que

$$\mathrm{tot}\colon \underline{\mathrm{Diagr}}_2(C) \longrightarrow \underline{\mathrm{Diagr}}_1(C)$$

est un foncteur.

Il résulte aisément des définitions (voir [4] Prop.(12.1)) que le diagramme de foncteurs

$$\begin{array}{ccc} \underline{\mathrm{Diagr}}_2(C) & \xrightarrow{\ \mathrm{tot}\ } & \underline{\mathrm{Diagr}}_1(C) \\ {\scriptstyle \mathrm{typ}_1}\downarrow & & \downarrow{\scriptstyle \mathrm{typ}} \\ \underline{\mathrm{Diagr}}_1(\underline{\mathrm{Cat}}) & \xrightarrow{\ \mathrm{tot}\ } & \underline{\mathrm{Cat}} \end{array}$$

est cartésien. Ceci nous permettra d'identifier un 2-diagramme X de C au couple $(\mathrm{tot}(X), \mathrm{typ}_1(X))$.

1.7 Nous identifierons un foncteur $X_\bullet\colon \underline{2}^{\circ} \longrightarrow C$ à un morphisme $f\colon X_1 \longrightarrow X_0$ de C . En particulier, si $\varphi\colon K_1 \longrightarrow K_0$ est un foncteur entre des petites catégories, φ s'identifie à un foncteur $K_\bullet\colon \underline{2}^{\circ} \longrightarrow \underline{\mathrm{Cat}}$.

Si $\varphi\colon K_1 \longrightarrow K_0$ est un foncteur entre des petites catégories, on dénote par $\mathrm{tot}(\varphi)$ la catégorie totale du foncteur $K_\bullet$ défini par φ . Si, en outre, $f\colon X_1 \longrightarrow X_0$ est un φ-morphisme de 1-diagrammes d'une catégorie C , on dénote par $\mathrm{tot}(f)$ le 1-diagramme total du 2-diagramme $X_\bullet\colon \underline{2}^{\circ} \longrightarrow \underline{\mathrm{Diagr}}_1(C)$ de C défini par f .

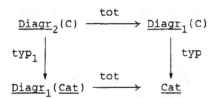

Si $\varepsilon: I \longrightarrow \underline{1}$ est le foncteur canonique d'une petite catégorie I sur la catégorie ponctuelle, nous appellerons catégorie augmentée de I et noterons I^+ la catégorie $\mathrm{tot}(\varepsilon)$. L'unique objet 0 de $\underline{1}$ s'identifie alors à l'objet initial de I^+. D'autre part, si X est un I-objet de C et $a: X \longrightarrow S$ est une augmentation de X vers un objet S de C, alors $X^+ = \mathrm{tot}(a)$ est un I^+-objet de C. Réciproquement, tout I^+-objet de C s'identifie à un I-objet augmenté de C, de manière évidente.

1.8 Soient K un I-objet de $\underline{Cat}$, $\pi: \mathrm{tot}(K) \longrightarrow I$ le foncteur de projection, X un 2-diagramme de C tel que $\mathrm{typ}_1(X) = K$. Si S est un I-objet de C, nous appellerons π-augmentation de X vers S tout π-morphisme $a: \mathrm{tot}(X) \longrightarrow S$ de 1-diagrammes de C.

La donnée de a est évidemment équivalente à la donnée d'un foncteur $X^+: I^\circ \longrightarrow \underline{\mathrm{Diagr}}_1^+(C)$ tel que $\pi_0 \circ X^+ = S$ et $\pi_1 \circ X^+ = X$ (voir (1.3)).

C) Catégories ordonnables.

1.9 Soit I une catégorie. L'ensemble des objets de I est muni de la relation de préordre suivant: $i \le j$ si et seulement si $\mathrm{Hom}_I(i,j)$ est non vide. Nous dirons que la catégorie I est ordonnable si ce préordre est un ordre et, pour tout $i \in \mathrm{Ob}\, I$, l'ensemble des endomorphismes de i se réduit à l'identité.

1.10 Si E est un ensemble ordonné, la catégorie associée à E est évidemment une catégorie ordonnable.

La catégorie simpliciale stricte (Δ_{mon}) est un exemple de catégorie ordonnable qui ne provient pas d'un ensemble ordonné.

1.10.1 Remarque. Dans la théorie des hyperrésolutions cubiques qu'on va développer dans cet exposé, on utilisera des diagrammes de schémas dont les types soient des catégories ordonnables finies. Or, la théorie serait consistante si on n'utilisait que des ordres finis.

1.11 On voit aisément qu'une catégorie I est ordonnable si, et seulement si, I est rigide et réduit, autrement dit, si tout isomorphisme et tout endomorphisme de I est une identité.

Il résulte aisément des définitions la

1.12 <u>Proposition</u>. Soient I une petite catégorie ordonnable, K un 1-diagramme de catégories ordonnables de type I. Alors la catégorie $\mathrm{tot}(K)$ est ordonnable.

1.13 Rappelons qu'on dit qu'une catégorie I est finie si l'ensemble des morphismes de I est fini. Nous dirons que la catégorie I est finie à gauche (resp. à droite) si, pour tout $i \in \mathrm{Ob}\, I$, la catégorie I/i (resp. $i\backslash I$) est finie. Evidemment, si I est une catégorie finie, I est finie à gauche et à droite.

Pour tout entier $k\geq 0$ la catégorie simpliciale stricte k-tronquée $(\Delta_{mon})_k$ est évidemment une catégorie ordonnable finie.

1.14 Soit I une catégorie ordonnable et finie à droite (resp. à gauche). Alors il résulte aisément des définitions que l'ordre associé à I (resp. I^{o}) est noethérien ([1], III, p. 51). Nous appellerons récurrence descendente (resp. ascendente) sur I la récurrence noethérienne sur I (resp. I^{o}).

D) <u>Catégories cubiques</u>.

1.15 Soit n un entier ≥ -1. Nous dénoterons par $\square_n^+$ la catégorie produit de $n+1$ copies de la catégorie $\underline{2}$. Les objets de $\square_n^+$ s'identifient aux suites $\alpha = (\alpha_0,\alpha_1,\ldots,\alpha_n)$ telles que $\alpha_i \in \{0,1\}$, pour $0\leq i\leq n$. Pour $n = -1$ on a $\square_{-1}^+ = \underline{1}$ et pour $n = 0$ on a $\square_0^+ = 2$. Nous dénoterons par $\square_n$ la sous-catégorie pleine de $\square_n^+$ formée des objets de $\square_n^+$ différents de l'objet initial $(0,\ldots,0)$. Evidemment, la catégorie $\square_n^+$ s'identifie à la catégorie augmentée de $\square_n$, (voir (1.7)).

La catégorie $\square_n$ (resp. $\square_n^+$) sera appelée catégorie cubique (resp. cubique augmentée) standard d'ordre n . Les $(\square_n)$-objets (resp. $(\square_n^+)$-objets) d'une catégorie C seront appelés objets cubiques (resp. cubiques augmentés) de C .

Si $\alpha \in \square_n^+$, on dénote par $|\alpha|$ la somme $\alpha_0 + \alpha_1 +\ldots+ \alpha_n$.

Il est clair que les catégories $\square_n^+$ et $\square_n$ sont des ensembles ordonnés finis.

1.16 Soient n un entier ≥ -1 , i un entier tel que $0 \leq i \leq n+1$. On dénote par $\delta_i : \square_n^+ \longrightarrow \square_{n+1}^+$ l'application strictement croissante définie par

$$\delta_i(\alpha) = (\alpha_0, \alpha_1, \ldots, \alpha_{i-1}, 0, \alpha_i, \ldots \alpha_n) \ , \ \alpha \in \square_n^+ .$$

Pour $n = -1$, on pose $\delta_0(0) = 0$.

1.17 Nous appellerons foncteur face toute composition d'un nombre fini d'applications de la forme δ_i :

$$\delta = \delta_{i_p} \circ \ldots \circ \delta_{i_1} : \square_n^+ \longrightarrow \square_{n+p}^+ .$$

Un foncteur face $\delta: \square_n^+ \longrightarrow \square_{n+p}^+$ induit, par restriction, un foncteur $\delta: \square_n \longrightarrow \square_{n+p}$ que nous appellerons encore foncteur face.

Nous dénoterons par $(\square)$ (resp. $(\square^+)$) la catégorie dont les objets sont les catégories cubiques $\square_n$ (resp. cubiques augmentées $\square_n^+$), $n \geq -1$, et les morphismes sont les foncteurs face définis ci-dessus. Les catégories $(\square)$ et $(\square^+)$ sont évidemment isomorphes à la catégorie simpliciale stricte augmentée, mais nous sommes plutôt intéressés par la structure de 2-catégorie sur $(\square)$ et $(\square^+)$.

1.18 Exemple. Soient X un espace topologique, $\{Y_i\}_{0 \leq i \leq n}$ une famille finie de sous-espaces de X . Nous appellerons espace topologique cubique associé à $\{Y_i\}_{0 \leq i \leq n}$, le $\square_n$-espace topologique $Y_{\bullet}$ défini par $Y_\alpha = \cap \{Y_i \ ; \ \alpha_i = 1\}$, $\alpha \in \square_n$, avec les morphismes d'inclusion correspondants. On a une augmentation évidente $Y_{\bullet} \longrightarrow X$.

2. Hyperrésolutions cubiques d'un diagramme de schémas.

2.1 Les notations suivantes seront valables dans tout le reste de l'exposé.

Nous fixons un corps k . Nous noterons Sch la catégorie des petits schémas séparés réduits et de type fini sur k , et des morphismes séparés. Nous appellerons schémas et morphismes de schémas les objets et morphismes de Sch , respectivement.

Nous désignerons par I une petite catégorie et appellerons I-schémas les I-objets de Sch . Les I-schémas forment une catégorie que nous dénoterons par I-Sch (voir (1.2)).

Soit X un I-schéma . Nous dirons que X est complet (resp.

lisse, affine, projectif) si, pour tout objet i de I, le schéma X_i possède la propriété correspondante.

Nous dirons que X est relativement propre (resp. projectif) si, pour tout morphisme u de I, le morphisme X_u est un morphisme propre (resp. projectif).

Soit f un morphisme de I-schémas. Nous dirons que f est propre (resp. une immersion ouverte, une immersion fermée) si, pour tout objet i de I, le morphisme f_i possède la propriété correspondante.

Soit $f: X \longrightarrow S$ un morphisme de schémas. Nous rappelons que le discriminant de f est le plus petit sous-schéma fermé D de S tel que f induit un isomorphisme de $X-f^{-1}(D)$ sur $S-D$.

2.2 Définition. Soit $f: X \longrightarrow S$ un morphisme de I-schémas. Nous appellerons discriminant de f le plus petit sous-I-schéma fermé D de S tel que f induit des isomorphismes $f_i: X_i-f_i^{-1}(D_i) \longrightarrow S_i-D_i$, pour tout $i \in \mathrm{Ob}\, I$.

Il résulte aisément de la définition antérieure la

2.3 Proposition. Soient $f: X \longrightarrow S$ un morphisme de I-schémas, D le discriminant de f. Supposons que la catégorie I est finie à droite. Alors on a

$$D_i = \bigcup_{i \to j} \mathrm{Im}(T_j \longrightarrow S_i)^- , \quad i \in \mathrm{Ob}\, I ,$$

où T_j dénote le discriminant de $f_j: X_j \longrightarrow S_j$.

2.4 Soient $f: X \longrightarrow S$ un morphisme de schémas, D le discriminant de f. Si f est une modification propre et si X est irréductible, alors $S-D$ et $X-f^{-1}(D)$ sont des ouverts denses de S et X respectivement. Si de plus X est lisse, on dit que f est une résolution des singularités de S.

La notion de résolution d'un I-schéma que nous utiliserons est la suivante.

2.5 Définition. Soient S un I-schéma, $f: X \longrightarrow S$ un morphisme propre de I-schémas, D le discriminant de f. Nous dirons que f est une résolution de S si X est un I-schéma lisse et $\dim f_i^{-1}(D_i) < \dim S_i$, pour tout $i \in \mathrm{Ob}\, I$.

2.5.1 *Remarque*. Si $I = \underline{1}$, la notion de résolution d'un $\underline{1}$-schéma est plus faible que la définition usuelle.

2.6 *Théorème*. Soit S un I-schéma. Supposons que k soit un corps de caractéristique zéro et que I soit une catégorie ordonnable finie. Alors il existe une résolution de S .

Pour la démonstration de ce théorème, nous utiliserons quelques résultats préliminaires.

2.6.1 *Lemme*. Soient X , Y et Y' des schémas irréductibles, $a: X \longrightarrow Y$ un morphisme dominant, $f: Y' \longrightarrow Y$ une modification propre.

i) La catégorie dont les objets sont les triples (Z,b,g) où Z est un schéma, $g: Z \longrightarrow X$ est une modification propre et $b: Z \longrightarrow Y'$ est un morphisme de schémas tels que le diagramme de morphismes

$$\begin{array}{ccc} Z & \xrightarrow{b} & Y' \\ {\scriptstyle g}\big\downarrow & & \big\downarrow{\scriptstyle f} \\ X & \xrightarrow{a} & Y \end{array}$$

soit commutatif, a un objet final, que nous appellerons transformé strict de a par f .

ii) Etant donnée une modification propre $g: Z \longrightarrow X$, il existe au plus un morphisme $b: Z \longrightarrow Y'$ tel que le diagramme antérieur soit commutatif, et ce morphisme b , s'il existe, est un morphisme dominant.

Preuve de (2.6.1).

i) Soit D le discriminant de f . On pose $U = Y-D$, $U' = f^{-1}U$ et $V = a^{-1}U$, et on définit X' comme l'adhérence de $U'x_U V$ dans $Y'x_Y X$. Alors il est aisé de voir que les morphismes de projection de $Y'x_Y X$ sur Y' et X définissent des morphismes $a': X' \longrightarrow Y'$ et $f': X' \longrightarrow X$ respectivement, tels que (X',a',f') est le transformé strict de a par f .

ii) Cela résulte immédiatement des définitions.

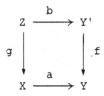

2.6.2 *Lemme*. Soient X_0 un schéma irréductible, $\{f_r: X_r \longrightarrow X_0\}_{1\le r\le n}$ une famille finie de modifications propres de X_0 . Alors la catégorie dont les objets sont les familles de modifications propres $\{h_r: Z \longrightarrow X_r\}_{1\leq r\leq n}$ telles que $f_r \circ h_r = f_1 \circ h_1$ pour tout r , $1<r\leq n$, a un objet final, que nous appellerons enveloppe supérieure de la famille $\{f_r\}_{1\leq r\leq n}$.

Preuve de (2.6.2). Soit D_r le discriminant de f_r , $1\leq r\leq n$. On pose $D = \bigcup_r D^r$ et $U = X-D$, et on définit alors X comme l'adhérence de U dans le produit fibré $X_1 \times_{X_0} X_2 \times_{X_0} \dots \times_{X_0} X_n$, et $g_r: X \longrightarrow X_r$, $1\leq r\leq n$, comme le morphisme induit par la projection. On a évidemment que $\{g_r\}_{1\leq r\leq n}$ est l'enveloppe supérieure de $\{f_r\}_{1\leq r\leq n}$.

2.6.3 Soit S un I-schéma. Nous associons à S un I-ensemble ΣS défini de la façon suivante. Si i est un objet de I , ΣS_i est l'ensemble des sous-schémas irréductibles $S_{i,\alpha}$ de S_i tels qu'il existe un morphisme $u: i \longrightarrow j$ de I et une composante irréductible T_j de S_j vérifiant $S_{i,\alpha} = \overline{S_u(T_j)}$. D'autre part, si $u: i \longrightarrow j$ est un morphisme de I , et si $\beta \in \Sigma S_j$, on définit l'image de l'index β par l'application ΣS_u comme l'index correspondant à l'adhérence de l'image de $S_{j,\beta}$ par le morphisme S_u .

Il est clair que si I est finie à droite, l'ensemble ΣS_i est fini pour tout $i \in \mathrm{Ob}\, I$.

Preuve de (2.6). On va définir, par récurrence ascendente sur I (voir (1.15)), un I-schéma lisse X et un morphisme $f: X \longrightarrow S$ de I-schémas tels que:

i) f induit un isomorphisme de I-ensembles $\Sigma f: \Sigma X \longrightarrow \Sigma S$, et

ii) pour tout $i \in \mathrm{Ob}\, I$ et tout $\alpha \in \Sigma X_i$, le morphisme f_i induit, par restriction, une modification propre $X_{i,\alpha} \longrightarrow S_{i,\alpha}$.

Soit i un objet minimal de I . D'après le théorème d'Hironaka de résolution des singularités ([9]), il existe, pour tout $\alpha \in \Sigma S_i$, une résolution $X_{i,\alpha}$ de $S_{i,\alpha}$. Alors on définit X_i comme le schéma coproduit des $X_{i,\alpha}$, $\alpha \in \Sigma S_i$, et $f_i: X_i \longrightarrow S_i$ comme le morphisme coproduit des morphismes

$$X_{i,\alpha} \longrightarrow S_{i,\alpha} \longrightarrow S_i \ , \ \alpha \in \Sigma S_i \ .$$

Soit maintenant i un objet arbitraire de I et supposons construit X_j pour tout $j<i$. Etant donné un morphisme $u: j \longrightarrow i$ de I tel que $j \neq i$, et $\alpha \in \Sigma S_i$, notons β l'élément $\Sigma S_u(\alpha)$ de ΣS_j

et $W^u_{i,\alpha}$ le transformé strict du morphisme dominant $S_{i,\alpha} \longrightarrow S_{j,\beta}$ par la modification propre $X_{j,\beta} \longrightarrow S_{j,\beta}$. Soient $\{W_{i,\alpha} \longrightarrow W^u_{i,\alpha}\}_u$ l'enveloppe supérieure de la famille de modifications propres $\{W^u_{i,\alpha} \longrightarrow S_{i,\alpha}\}_u$ et $X_{i,\alpha}$ une résolution de $W_{i,\alpha}$. Alors la composition de la suite de morphismes

$$X_{i,\alpha} \longrightarrow W_{i,\alpha} \longrightarrow W^u_{i,\alpha} \longrightarrow S_{i,\alpha}$$

est une résolution de $S_{i,\alpha}$ qui ne dépend pas de u. Nous pouvons alors définir X_i et $f_i\colon X_i \longrightarrow S_i$ comme auparavant.

Finalement, si $u\colon j \longrightarrow i$ est un morphisme de I, on définit le morphisme $X_u\colon X_i \longrightarrow X_j$ comme le morphisme induit par la composition

$$X_{i,\alpha} \longrightarrow W^u_{i,\alpha} \longrightarrow X_{j,u(\alpha)}\ ,\quad \alpha \in \Sigma S_i\ .$$

D'après (2.6.1)(ii), les données X_i et X_u ci-dessus définissent un I-schéma X, et on obtient aisément que le I-morphisme $f\colon X \longrightarrow S$ induit par les morphismes f_i est une résolution de S.

2.7 <u>Définition</u>. Soient S un I-schéma, $Z_{\bullet}$ un $\square^+_1 \times I$-schéma. Nous dirons que $Z_{\bullet}$ est une 2-résolution de S si $Z_{\bullet}$ est défini par le carré cartésien de morphismes de I-schémas suivant

$$\begin{array}{ccc} Z_{11} & \longrightarrow & Z_{01} \\ \downarrow & & \downarrow f \\ Z_{10} & \longrightarrow & Z_{00} \end{array}$$

où:

i) $Z_{00} = S$,

ii) Z_{01} est un I-schéma lisse,

iii) les flèches horizontales sont des immersions fermées de I-schémas,

iv) f est un I-morphisme propre, et

v) Z_{10} contient le discriminant de f, autrement dit, f induit un isomorphisme de $Z_{01i}-Z_{11i}$ sur $Z_{00i}-Z_{10i}$, pour tout $i \in \mathrm{Ob}\, I$.

La proposition suivante, qui résulte aisément des définitions, ne sera utilisée que jusqu'au §3.

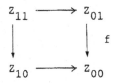

2.8 Proposition. Soient K un I-objet de Cat , S un tot(K)-schéma, $Z_\bullet$ une 2-résolution de S . Alors, pour tout $i \in \mathrm{Ob}\, I$, $Z_{\bullet i}$ est une 2-résolution du K_i-schéma S_i .

2.9 Définition. Soit S un I-schéma. Nous dirons que S est de dimension finie si l'ensemble d'entiers $\{\dim S_i \ ; \ i \in \mathrm{Ob}(I)\}$, est borné. Si S est de dimension finie, l'entier $\sup\{\dim S_i \ ; \ i \in \mathrm{Ob}(I)\}$ sera appelé dimension de S , et noté $\dim S$.

2.10 Proposition. Soient S un I-schéma de dimension finie, $f: X \longrightarrow S$ une résolution de S . Si I est une catégorie finie à droite, il existe une 2-résolution $Z_{\bullet\bullet}$ de S telle que $Z_{0\bullet} = (X \longrightarrow S)$ et $\dim Z_{1\bullet} < \dim S$.

En effet, on définit le sous-espace fermé Z_{10} de S comme le discriminant de f (voir (2.2)). Alors, il suffit de définir Z_{11} par $Z_{11i} = Z_{10i} \times_{S_i} X_i$, $i \in \mathrm{Ob}\, I$.

2.11 Soient r un entier ≥ 1 , $X^n_\bullet$ un $\square^+_n \times I$-schéma, pour $1 \leq n \leq r$. Supposons que pour tout n , $1 \leq n < r$, les $\square^+_{n-1} \times I$-schémas $X^{n+1}_{00\bullet}$ et $X^n_{1\bullet}$ soient égaux. Alors nous définissons, par récurrence sur r , un $\square^+_r \times I$-schéma

$$Z_\bullet = rd(X^1_\bullet, X^2_\bullet, \ldots, X^r_\bullet)$$

que nous appellerons la réduction de $(X^1_\bullet, X^2_\bullet, \ldots, X^r_\bullet)$, de la façon suivante. Si $r = 1$, on définit $Z_\bullet = X^1_\bullet$. Si $r = 2$ on définit $Z_{\bullet\bullet} = rd(X^1_\bullet, X^2_{\bullet\bullet})$ par

$$Z_{\alpha\beta} = \begin{cases} X^1_{0\beta} & , \text{ si } \alpha = (0,0) , \\ X^2_{\alpha\beta} & , \text{ si } \alpha \in \square_1 , \end{cases}$$

pour tout $\beta \in \square^+_0$, avec les morphismes évidents. Si $r > 2$, on définit

$$Z_\bullet = rd(rd(X^1_\bullet, \ldots, X^{r-1}_\bullet), X^r_\bullet) .$$

2.12 Définition. Soit S un I-schéma. Une hyperrésolution cubique augmentée de S est un $\square^+_r \times I$-schéma $Z_\bullet$ tel que

$$Z_\bullet = rd(X^1_\bullet, \dots, X^r_\bullet) \ ,$$

où

i) $X^1_\bullet$ est une 2-résolution de S ,

ii) pour $1 \leq n < r$, $X^{n+1}_\bullet$ est une 2-résolution de $X^n_{1\bullet}$, et

iii) Z_α est lisse pour tout $\alpha \in \Box_r$.

2.13 <u>Exemple</u>. Soit X un schéma. Supposons qu'il existe un recouvrement fermé fini $\{X_i\}_{0 \leq i \leq r}$ de X par des schémas lisses tel que toute intersection des X_i soit un schéma lisse, alors on voit aisément que le schéma cubique augmenté associé à $\{X_i\}_{0 \leq i \leq r}$ (voir (1.18)) est une hyperrésolution cubique augmentée de X .

La proposition suivante ne sera utilisée que jusqu'au §3.

2.14 <u>Proposition</u>. Soient K un I-objet de <u>Cat</u> , S un tot(K)-schéma, $Z_\bullet$ une hyperrésolution cubique augmentée de S . Pour tout $i \in \mathrm{Ob}\ I$, Z_i est une hyperrésolution cubique augmentée du K_i-schéma S_i .

En effet, la proposition résulte de (2.8) et des définitions.

2.15 <u>Théorème</u>. Soit S un I-schéma. Supposons que k soit un corps de caractéristique zéro et que I soit une catégorie ordonnable finie. Alors il existe une hyperrésolution cubique augmentée $Z_\bullet$ de S telle que

$$\dim Z_\alpha \leq \dim S - |\alpha| + 1 \ , \text{ pour tout } \alpha \in \Box_r \ .$$

En effet, on raisonne par récurrence sur $\dim S$. Si $\dim S = 0$ le résultat est trivial. Supposons qu'on ait $\dim S > 0$.

D'après (2.6) et (2.10), il existe une 2-résolution $X^1_{\bullet\bullet}$ de S telle que $\dim X^1_{1\bullet} < \dim S$. Par l'hypothèse de récurrence, il existe une hyperrésolution cubique augmentée

$$X'_\bullet = rd(X^2_\bullet, \dots, X^r_\bullet)$$

de $X^1_{1\bullet}$ qui vérifie

$$\dim X'_{\alpha\beta} \leq \dim X^1_{1\bullet} - |\alpha| + 1 \ , \ (\alpha, \beta) \in \Box_{r-1} \times \Box^+_0 \ .$$

Alors

$$X_\bullet = rd(X^1_\bullet, X^2_\bullet, \dots, X^r_\bullet)$$

est une hyperresolution cubique augmentée de S telle que

$$X_{\alpha\beta} = \begin{cases} X^1_{0\beta} & \text{si } \alpha = 0 , \\ X'_{\alpha\beta} & \text{si } \alpha \in \square_{r-1} , \end{cases}$$

pour tout $\beta \in \square_0^+$, donc $X_\bullet$ vérifie

$$\dim X_{0\beta} \leq \dim S - |\beta| + 1 , \ \beta \in \square_0 ,$$

et

$$\dim X_{\alpha\beta} \leq \dim X^1_{1\bullet} - |\alpha| + 1$$
$$\leq \dim S - |\alpha| - |\beta| + 1 , \ (\alpha,\beta) \in \square_r \times \square_0^+ ,$$

d'où on obtient le théorème.

3. <u>La catégorie des hyperrésolutions cubiques</u>.

Nous étudions, dans ce paragraphe, la catégorie des hyperrésolutions cubiques des schémas. Pour cela, nous introduisons d'abord les hyperrésolutions cubiques itérées.

3.1 <u>Définition</u>. Soit S un I-schéma. Si $X_\bullet$ est une hyperrésolution cubique augmentée de S , nous dirons que $X_\bullet$ est une hyperrésolution cubique augmentée 1-itérée de S .

Soit n un entier ≥ 2 ; nous définissons, par récurrence sur n , la notion d'hyperrésolution cubique augmentée n-itérée de S comme suit. Nous dirons que $X_\bullet$ est une hyperrésolution cubique augmentée n-itérée de S si $X_\bullet$ est une hyperrésolution cubique augmentée 1-itérée d'une hyperrésolution cubique augmentée (n-1)-itérée de S .

Nous appellerons, par abus de langage, hyperrésolution cubique augmentée de S une hyperrésolution cubique augmentée n-itérée de S pour un certain entier $n \geq 1$.

3.2 <u>Définition</u>. Soient $X^+_\bullet$ un $\square^+_r \times I$-schéma, $\pi: \square_r \times I \longrightarrow I$ le foncteur de projection. Si $X^+_\bullet$ est une hyperrésolution cubique augmentée d'un I-schéma S , la restriction de $X^+_\bullet$ à $\square_r \times I$ définit un $\square_r \times I$-schéma $X_\bullet$, muni d'une π-augmentation $a: X_\bullet \longrightarrow S$, telle que $X^+_\bullet = \mathrm{tot}(a)$. Nous dirons alors que a , ou par abus de langage que $X_\bullet$, est une hyperrésolution cubique de S . S'il faut préciser, on dira que $X_\bullet$ est une hyperrésolution cubique itérée ou n-itérée de

S , si $X_\bullet^+$ est une hyperrésolution cubique augmentée n-itérée de S .

3.3 Définition. Soit $u: S \longrightarrow T$ un morphisme de I-schémas. Si $a: X_\bullet \longrightarrow S$ et $b: Y_\bullet \longrightarrow T$ sont des hyperrésolutions cubiques de S et T respectivement, nous appellerons morphisme d'hyperrésolutions cubiques de $X_\bullet$ dans $Y_\bullet$ au-dessus de u tout morphisme $f_\bullet: X_\bullet \longrightarrow Y_\bullet$ de 1-diagrammes tel que $\mathrm{typ}(f_\bullet): I \times \square_r \longrightarrow I \times \square_s$ soit de la forme $id_I \times \delta$, δ étant un foncteur face (voir (1.17)), et le diagramme de morphismes de 1-diagrammes

$$\begin{array}{ccc} X_\bullet & \xrightarrow{f_\bullet} & Y_\bullet \\ {\scriptstyle a}\downarrow & & \downarrow{\scriptstyle b} \\ S & \xrightarrow{u} & T \end{array}$$

soit commutatif.

Nous dénoterons par Hrc(I-Sch) la catégorie des hyperrésolutions cubiques des I-schémas avec les morphismes définis ci-dessus.

On a un foncteur

$$w: \underline{\mathrm{Hrc}}(\mathrm{I}\text{-}\underline{\mathrm{Sch}}) \longrightarrow \mathrm{I}\text{-}\underline{\mathrm{Sch}}$$

défini par $w(X_\bullet) = S$ si $X_\bullet$ est une hyperrésolution cubique de S , et $w(f_\bullet) = u$ si $f_\bullet$ est un morphisme d'hyperrésolutions cubiques au-dessus de u .

3.4 Soit $F: D \longrightarrow C$ un foncteur. Si s est un objet de C , on dénote par $F^{-1}(s)$ la catégorie fibre de F au-dessus de s , définie de la façon suivante. Les objets de $F^{-1}(s)$ sont les objets $x \in \mathrm{Ob}\, D$ tels que $F(x) = s$. Si x , y sont deux objets de $F^{-1}(s)$, un morphisme de x dans y en $F^{-1}(s)$ est un morphisme $f: x \longrightarrow y$ de D tel que $F(f) = id_s$. La composition est définie de la manière évidente. Il est clair que $F^{-1}(s)$ est une sous-catégorie de D .

Si $u: s \longrightarrow t$ est un morphisme de C , on dénote par $F^{-1}(u)$ la catégòrie définie de la façon suivante. Les objets de $F^{-1}(u)$ sont les morphismes f de D tels que $F(f) = u$. Si $f: x \longrightarrow y$, $f': x' \longrightarrow y'$ sont deux objets de $F^{-1}(u)$, un morphisme de f dans f' en $F^{-1}(u)$ est un couple (h,k) de morphismes de D , tels que $F(h) = id_s$, $F(k) = id_t$ et le carré suivant

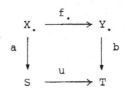

$$\begin{array}{ccc} x & \xrightarrow{f} & y \\ {\scriptstyle h}\downarrow & & \downarrow{\scriptstyle k} \\ x' & \xrightarrow{f'} & y' \end{array}$$

soit commutatif. On définit la composition de deux morphismes $(h,k)\colon f \to f'$, $(h',k')\colon f' \to f''$ de $F^{-1}(u)$, par $(h',k')o(h,k) = (h'oh,\ k'ok)$.

3.5 Si S est un I-schéma, on dénote par $\underline{\mathrm{Hrc}}(S)$ la catégorie $w^{-1}(S)$. De façon analogue, si $u\colon S \to T$ est un morphisme de I-schémas, on dénote par $\underline{\mathrm{Hrc}}(u)$ la catégorie $w^{-1}(u)$.

3.6 Soit $\Sigma_{I\text{-}\underline{Sch}}$ l'ensemble des morphismes f de $\underline{\mathrm{Hrc}}(I\text{-}\underline{\mathrm{Sch}})$ tels que $w(f)$ soit une identité de $I\text{-}\underline{\mathrm{Sch}}$. Nous noterons

$$\underline{\mathrm{Hrc}}(I\text{-}\underline{\mathrm{Sch}}) \longrightarrow \mathrm{Ho}\ \underline{\mathrm{Hrc}}(I\text{-}\underline{\mathrm{Sch}})$$

la localisation de $\underline{\mathrm{Hrc}}(I\text{-}\underline{\mathrm{Sch}})$ par rapport à $\Sigma_{I\text{-}\underline{Sch}}$ (voir [3] pour la notion de localisation). Le foncteur w induit par localisation un foncteur

$$\mathrm{Ho}\ w\colon \mathrm{Ho}\ \underline{\mathrm{Hrc}}(I\text{-}\underline{\mathrm{Sch}}) \longrightarrow I\text{-}\underline{\mathrm{Sch}} .$$

De façon analogue, si S est un I-schéma et si Σ_S dénote l'ensemble de tous les morphismes de $\underline{\mathrm{Hrc}}(S)$, nous noterons

$$\underline{\mathrm{Hrc}}(S) \longrightarrow \mathrm{Ho}\ \underline{\mathrm{Hrc}}(S)$$

la localisation de $\underline{\mathrm{Hrc}}(S)$ par rapport à Σ_S .

3.7 On a un foncteur

$$\mathrm{Ho}\ i_S\colon \mathrm{Ho}\ \underline{\mathrm{Hrc}}(S) \longrightarrow \mathrm{Ho}\ \underline{\mathrm{Hrc}}(I\text{-}\underline{\mathrm{Sch}})$$

induit par localisation du foncteur d'inclusion

$$i_S\colon \underline{\mathrm{Hrc}}(S) \longrightarrow \underline{\mathrm{Hrc}}(I\text{-}\underline{\mathrm{Sch}}) .$$

3.8 Théorème. Supposons que k soit un corps de caractéristique zéro, et que I soit une catégorie ordonnable finie. Alors le foncteur

$$\mathrm{Ho}\, w\colon \mathrm{Ho}\, \underline{\mathrm{Hrc}}(I\text{-}\underline{\mathrm{Sch}}) \longrightarrow I\text{-}\underline{\mathrm{Sch}}$$

est une équivalence de catégories.

Pour la preuve de ce théorème, nous utiliserons quelques lemmes préliminaires. Dans ces lemmes on suppose que le corps k est de caractéristique zéro et que la catégorie I est ordonnable finie.

Le premier lemme est une conséquence immédiate des définitions.

3.8.1 Lemme. Soient S un I-schéma, $a\colon X \longrightarrow S$ une hyperrésolution cubique de S, U' une hyperrésolution cubique de $\mathrm{tot}(a)$. Nous identifierons U' au 1-diagramme total d'un morphisme de 1-diagrammes

$$X' \longrightarrow S' ,$$

où X' et S' sont des hyperrésolutions cubiques de X et S respectivement. Si on pose

$$X^t = \mathrm{tot}(X \longleftarrow X' \longrightarrow S') ,$$

alors X^t est une hyperrésolution cubique (itérée) de S, et on a un diagramme de morphismes d'hyperrésolutions cubiques de S,

$$X \longrightarrow X^t \longleftarrow S' .$$

3.8.2 Lemme. Soit $u\colon S \longrightarrow T$ un morphisme de I-schémas. Si $f\colon X \longrightarrow Y$ est un morphisme de $\mathrm{Ho}\, \underline{\mathrm{Hrc}}(I\text{-}\underline{\mathrm{Sch}})$ au-dessus de u, il existe un diagramme de morphismes d'hyperrésolutions cubiques

$$X \xrightarrow{\ h\ } X_2 \xleftarrow{\ h_1\ } X_1 \xrightarrow{\ f_1\ } Y_1 \xleftarrow{\ k\ } Y$$

au-dessus du diagramme de morphismes de I-schémas

$$S \xrightarrow{\ \mathrm{id}\ } S \xleftarrow{\ \mathrm{id}\ } S \xrightarrow{\ u\ } T \xleftarrow{\ \mathrm{id}\ } T$$

tel que

$$f = k^{-1} \circ f_1 \circ h_1^{-1} \circ h$$

dans $\mathrm{Ho}\, \underline{\mathrm{Hrc}}(I\text{-}\underline{\mathrm{Sch}})$.

<u>Preuve de (3.8.2)</u>. En effet, on déduit de la définition de la catégorie localisée qu'il existe un 2-diagramme de schémas

$$\begin{array}{ccccccccccccccc}
X = X_0 & \overset{f_0}{\longleftarrow} & X_1 & \overset{f_1}{\longrightarrow} & X_2 & \overset{f_2}{\longleftarrow} & X_3 & \longrightarrow & \cdots & \longleftarrow & X_{2n-1} & \overset{f_{2n-1}}{\longrightarrow} & X_{2n} & \overset{f_{2n}}{\longleftarrow} & X_{2n+1} = Y \\
\searrow & & \swarrow & & \searrow & & \swarrow & & & & \swarrow & & \searrow & & \swarrow \\
& S = S_0 & & \overset{u_1}{\longrightarrow} & & S_1 & \overset{u_2}{\longrightarrow} & \cdots & \longrightarrow & S_{n-1} & & \overset{u_n}{\longrightarrow} & & S_n = T &
\end{array} ,$$

tel que on ait $w(f_{2i-1}) = u_i$ si $1 \leq i \leq n$, $w(f_{2i}) = id_{S_i}$ si $0 \leq i \leq n$, $u = u_n \circ \ldots \circ u_1$, et

$$f = f_{2n}^{-1} \circ f_{2n-1} \circ \ldots \circ f_2^{-1} \circ f_1 \circ f_0^{-1}$$

dans Ho <u>Hrc</u>(I-<u>Sch</u>) . Soit Z le diagramme total du 2-diagramme antérieur. En vertu de (1.12), le type de Z est ordonnable fini.

D'après (2.15), il existe une hyperrésolution cubique Z' de Z , qu'on identifie au 1-diagramme total d'un 2-diagramme de schémas

$$\begin{array}{ccccccccccc}
X' = X'_0 & \longleftarrow & X'_1 & \longrightarrow & X'_2 & \longleftarrow & \cdots & \longrightarrow & X'_{2n} & \longleftarrow & X'_{2n+1} = Y' \\
\searrow & & \swarrow & & \searrow & & & & \searrow & & \swarrow \\
& S' = S'_0 & & \longrightarrow & & S'_1 & \longrightarrow & \cdots & \longrightarrow & S'_n = T' &
\end{array} .$$

Le diagramme antérieur induit, en vertu de (3.8.1) et (2.14), un diagramme commutatif de morphismes de <u>Hrc</u>(I-<u>Sch</u>) qui, en utilisant les notations de (3.8.1), s'écrit sous la forme

$$\begin{array}{ccccccccccc}
X = X_0 & \longleftarrow & X_1 & \longrightarrow & X_2 & \longleftarrow & \cdots & \longrightarrow & X_{2n} & \longleftarrow & X_{2n+1} = Y \\
\downarrow & & \downarrow & & \downarrow & & & & \downarrow & & \downarrow \\
X^t = X_0^t & \longleftarrow & X_1^t & \longrightarrow & X_2^t & \longleftarrow & \cdots & \longrightarrow & X_{2n}^t & \longleftarrow & X_{2n+1}^t = Y^t \\
\nwarrow & & \nearrow & & \nwarrow & & & & \nwarrow & & \nearrow \\
& S' = S'_0 & & \longrightarrow & & S'_1 & \longrightarrow & \cdots & \longrightarrow & S'_n = T' &
\end{array} ,$$

et on en déduit que f est la composition de la suite de morphismes

$$X \longrightarrow X^t \longleftarrow S' \longrightarrow Y^t \longleftarrow Y ,$$

où le morphisme $S' \longrightarrow Y^t$ est la composition de la suite de morphismes

$$S'_0 \longrightarrow S'_1 \longrightarrow S'_2 \longrightarrow \dots \longrightarrow S'_{n-1} \longrightarrow S'_n \longrightarrow Y^t .$$

3.8.3 Lemme. Soit S un I-schéma. La catégorie $(\mathrm{Ho}\ w)^{-1}(S)$ est un groupoïde connexe et simplement connexe.

Preuve de (3.8.3). En effet, on déduit aisément de (3.8.2) que $(\mathrm{Ho}\ w)^{-1}(S)$ est un groupoïde.

Prouvons que $(\mathrm{Ho}\ w)^{-1}(S)$ est connexe. Soient X , Y des objets de $\underline{\mathrm{Hrc}}(S)$. Si Z est le 1-diagramme total du 2-diagramme de schémas défini par

$$X \longrightarrow S \longleftarrow Y ,$$

il existe, d'après (2.15) et (1.12), une hyperrésolution cubique Z' de Z qu'on identifie au 1-diagramme total d'un 2-diagramme de schémas

$$X' \longrightarrow S' \longleftarrow Y' .$$

Avec les notations de (3.8.1), le diagramme antérieur induit une suite de morphismes de $\underline{\mathrm{Hrc}}(S)$,

$$X \longrightarrow X^t \longleftarrow S' \longrightarrow Y^t \longleftarrow Y ,$$

donc la catégorie $(\mathrm{Ho}\ w)^{-1}(S)$ est connexe.

Finalement, si $f\colon X \longrightarrow X$ est un morphisme de $(\mathrm{Ho}\ w)^{-1}(S)$, on déduit de (3.8.2) que f est la composition d'une suite de morphismes de $\underline{\mathrm{Hrc}}(S)$

$$X = Z_0 \longrightarrow Z_1 \longleftarrow Z_2 \longrightarrow Z_3 \longleftarrow Z_4 = X .$$

Soit U le 1-diagramme total du 2-diagramme de schémas défini par

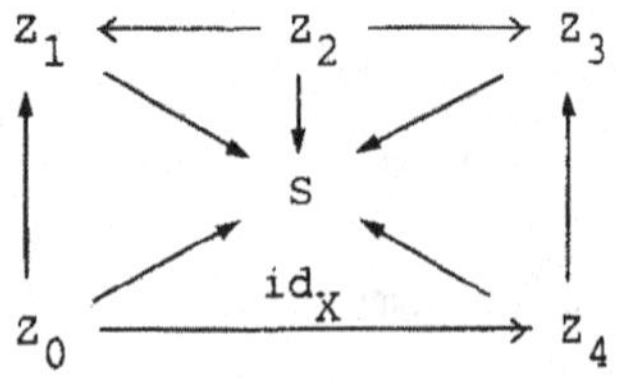

Puisque le type de U est ordonnable fini, il existe, en vertu de (2.15), une hyperrésolution cubique U' de U , qu'on identifie au

1-diagramme total d'un 2-diagramme de schémas

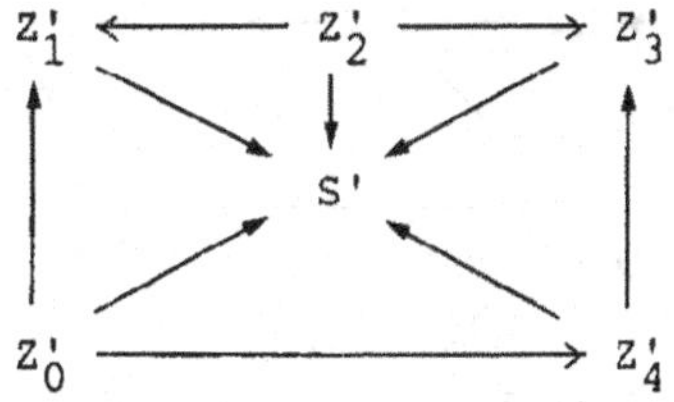

Finalement, avec les notations de (3.8.1), le diagramme antérieur induit un diagramme commutatif de morphismes de $(\mathrm{Ho}\ w)^{-1}(S)$,

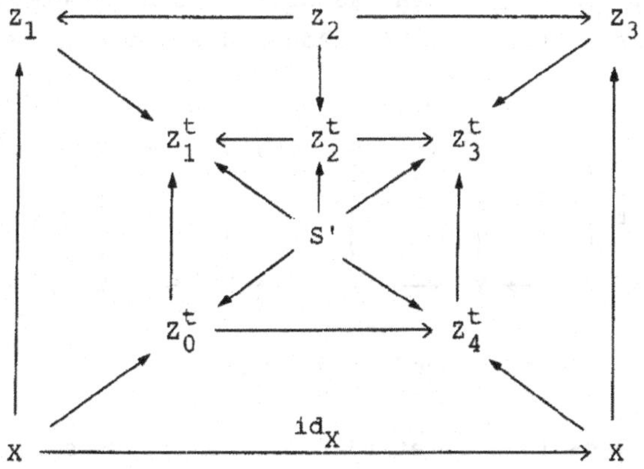

d'où on déduit que f est l'identité de X dans $(\mathrm{Ho}\ w)^{-1}(S)$.

3.8.4 Remarque . La démonstration antérieure prouve aussi que le groupoïde Ho Hrc(S) est connexe et simplement connexe. En particulier, le foncteur Ho i_S (voir (3.7)) induit une équivalence entre les catégories Ho Hrc(S) et $(\mathrm{Ho}\ w)^{-1}(S)$, car elles sont non vides. Il en résulte immédiatement que les catégories Ho Hrc(S) et $(\mathrm{Ho}\ w)^{-1}(S)$ sont équivalentes à la catégorie ponctuelle $\underline{1}$.

3.8.5 Lemme. Soit $u: S \longrightarrow T$ un morphisme de I-schémas. La catégorie $(\mathrm{Ho}\ w)^{-1}(u)$ est connexe non vide.

Preuve de (3.8.5). Soit $U = \mathrm{tot}(u)$. D'après (2.15) il existe une hyperrésolution cubique U' de U , qu'on identifie, d'après (2.14), au diagramme total d'un morphisme $f: X \longrightarrow Y$ de Hrc(I-Sch) au-dessus de u , donc $(\mathrm{Ho}\ w)^{-1}(u)$ est non vide.

Si f et g sont deux objets de la catégorie $(\mathrm{Ho}\ w)^{-1}(u)$, en vertu de (3.8.2), il existe un 2-diagramme de schémas

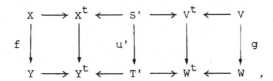

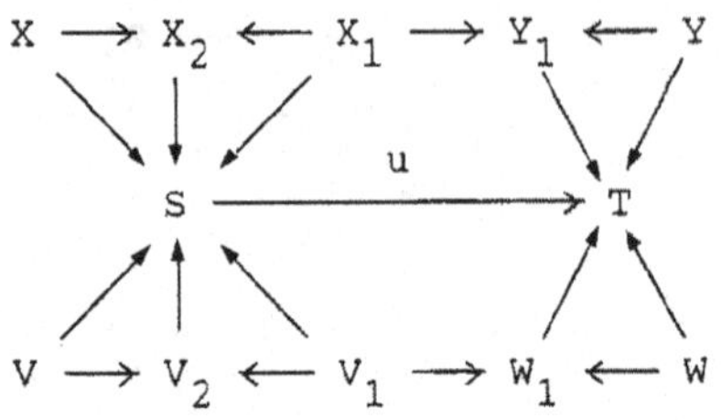

où la composition de la ligne supérieure (resp. inférieure) est f (resp. g). Prenons, d'après (1.12) et (2.15), une hyperrésolution cubique U' du 1-diagramme total associé au 2-diagramme antérieur. Avec les notations de (3.8.1), U' induit une suite de morphismes de $(\mathrm{Ho}\, w)^{-1}(u)$,

$$\begin{array}{ccccccccc} X & \longrightarrow & X^t & \longleftarrow & S' & \longrightarrow & V^t & \longleftarrow & V \\ {\scriptstyle f}\downarrow & & \downarrow & & \downarrow{\scriptstyle u'} & & \downarrow & & \downarrow{\scriptstyle g} \\ Y & \longrightarrow & Y^t & \longleftarrow & T' & \longrightarrow & W^t & \longleftarrow & W \end{array} ,$$

qui relie f à g , d'où on déduit que $(\mathrm{Ho}\, w)^{-1}(u)$ est connexe.

D'après les lemmes (3.8.3) et (3.8.5), le théorème (3.8) résulte immédiatement du

3.8.6 <u>Lemme</u>. Soit $F: A \longrightarrow C$ un foncteur tel que :

i) pour tout objet x de C , la catégorie $F^{-1}(x)$ soit un groupoïde simplement connexe, et

ii) pour tout morphisme $u: x \longrightarrow y$ de C , la catégorie $F^{-1}(u)$ soit connexe non vide.

Alors F est une équivalence de catégories.

<u>Preuve de (3.8.6)</u>. D'abord, si x est un objet de C , puisque $F^{-1}(id_X)$ est non vide, il en est de même de $F^{-1}(x)$, donc F est exhaustif.

Prouvons que F est plein. Si u est un morphisme de C , comme $F^{-1}(u)$ est non vide, il existe un objet f de $F^{-1}(u)$, donc f est un morphisme de A tel que $F(f) = u$, d'où il résulte que F est un foncteur plein.

Finalement, soient a et b deux objets de A , f et g deux morphismes $a \longrightarrow b$ de A tels que $F(f) = F(g) = u$. Puisque

$F^{-1}(u)$ est connexe et $F^{-1}(x)$, $F^{-1}(y)$ sont des groupoïdes, il existe un diagramme commutatif de morphismes de A

$$\begin{array}{ccc} a & \xrightarrow{\ f\ } & b \\ h\big\downarrow & & \big\downarrow k \\ a & \xrightarrow[\ g\ ]{} & b \end{array}$$

tel que $F(h) = id_x$ et $F(k) = id_y$. Comme $F^{-1}(x)$ et $F^{-1}(y)$ sont simplement connexes, on a $h = id_a$ et $k = id_b$, donc $f = g$ et on en déduit que F est fidèle.

3.9 Soit $Ob\ w: Ob\ \underline{Hrc}(I\text{-}\underline{Sch}) \longrightarrow Ob\ I\text{-}\underline{Sch}$ l'application d'objets induite par le foncteur w . En vertu de (3.8), pour toute section $Ob\ \eta: Ob\ I\text{-}\underline{Sch} \longrightarrow Ob\ \underline{Hrc}(I\text{-}\underline{Sch})$ de $Ob\ w$, il existe une unique extension de $Ob\ \eta$ à un foncteur

$$\eta: I\text{-}\underline{Sch} \longrightarrow Ho\ \underline{Hrc}(I\text{-}\underline{Sch})$$

quasi-inverse de $Ho\ w$. En plus, si $Ob\ \eta$ et $Ob\ \eta'$ sont deux sections de $Ob\ w$, il existe une unique équivalence naturelle de foncteurs

$$\theta: \eta' \Longleftrightarrow \eta \ .$$

En particulier, d'après (2.15) et grâce à l'axiome du choix, il existe un quasi-inverse η de $Ho\ w$ tel que

i) $\eta(S) = S$ si S est un I-schéma lisse, et
ii) $\dim \eta(S)_\alpha \leq \dim S - |\alpha| + 1$, pour tout $\alpha \in \square_r$.

Le résultat suivant (cf.[14](5.1.8)) est une conséquence immédiate de (3.8).

3.10 Corollaire. (Descente cubique) Soit C une catégorie. Notons

$$w^*: Hom_{\underline{Cat}}(I\text{-}\underline{Sch}, C) \longrightarrow Hom_{\underline{Cat}}(\underline{Hrc}(I\text{-}\underline{Sch}), C)$$

le foncteur défini par

$$w^*(F) = F \circ w \ .$$

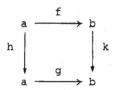

Alors w^* induit une équivalence entre la catégorie $\mathrm{Hom}_{\underline{\mathrm{Cat}}}(\mathrm{I}\text{-}\underline{\mathrm{Sch}},\mathrm{C})$ et la sous-catégorie pleine de $\mathrm{Hom}_{\underline{\mathrm{Cat}}}(\underline{\mathrm{Hrc}}(\mathrm{I}\text{-}\underline{\mathrm{Sch}}),\mathrm{C})$ définie par les foncteurs

$$G: \underline{\mathrm{Hrc}}(\mathrm{I}\text{-}\underline{\mathrm{Sch}}) \longrightarrow \mathrm{C}$$

qui vérifient la condition suivante:

(DC) Pour tout morphisme f de $\Sigma_{\mathrm{I}\text{-}\underline{\mathrm{Sch}}}$, $G(f)$ est un isomorphisme de la catégorie C .

En particulier, si η est un quasi-inverse de Ho w , pour tout foncteur $G: \underline{\mathrm{Hrc}}(\mathrm{I}\text{-}\underline{\mathrm{Sch}}) \longrightarrow \mathrm{C}$ satisfaisant la condition (DC), il existe une équivalence naturelle de foncteurs

$$\tau_\eta: w^*(G_\eta) \Longleftrightarrow G \ ,$$

où $G_\eta: \mathrm{I}\text{-}\underline{\mathrm{Sch}} \longrightarrow \mathrm{C}$ est le foncteur défini par

$$G_\eta = (\mathrm{Ho}\ G)\circ\eta \ .$$

Si η' est un autre quasi-inverse de Ho w , il existe une équivalence naturelle de foncteurs $G_\Theta: G_{\eta'} \Longleftrightarrow G_\eta$, telle que $\tau_{\eta'} = \tau_\eta \circ (G_\Theta * w)$, où G_Θ est définie par $G_\Theta = (\mathrm{Ho}\ G) * \Theta$.

Les données antérieures induisent le diagramme de foncteurs suivant,

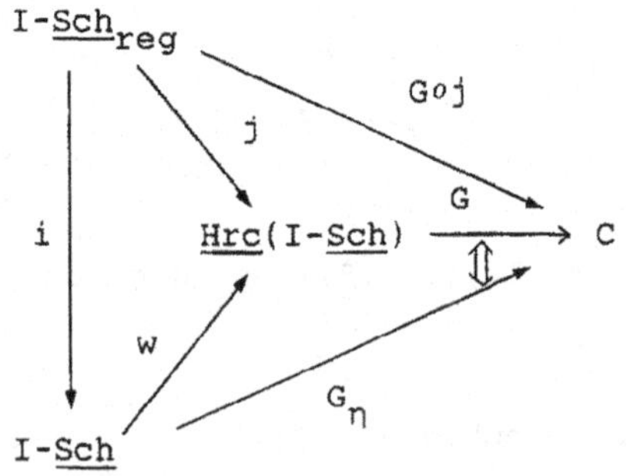

où $\mathrm{I}\text{-}\underline{\mathrm{Sch}}_{\mathrm{reg}}$ est la sous-catégorie pleine de $\mathrm{I}\text{-}\underline{\mathrm{Sch}}$ définie par les I-schémas lisses, i et j sont les foncteurs d'inclusion évidents, et G est un foncteur satisfaisant la condition (DC). Dans ce diagramme le triangle gauche est commutatif, et il en est de même du triangle extérieur si η satisfait la condition i) de (3.9).

3.11 La méthode des hyperrésolutions cubiques qu'on vient d'exposer s'étend à d'autres contextes. Par exemple, on considérera dans les exposés suivants ces variantes:

3.11.1 Soient S un schéma, $\{T_i\}$ une famille finie de sous-schémas fermés de S . D'après le théorème d'Hironaka, il existe une résolution des singularités de S , $f: X \longrightarrow S$, telle que $f^{-1}T_i$ soit un diviseur à croisements normaux pour tout i . Avec cette notion de résolution, on peut obtenir des hyperrésolutions cubiques de $(S,\{T_i\})$.

3.11.2 Pour obtenir les hyperrésolutions cubiques d'un espace analytique S , il suffit de substituer le mot schéma par le mot espace analytique.

3.11.3 Soit D un schéma de base arbitraire. Pour tout D-schéma S il existe, en vertu du lemme de Chow, une modification propre $f: X \longrightarrow S$ telle que X soit quasi-projectif sur D . Si on substitue la propriété d'être lisse par la propriété d'être quasi-projectif sur D , on obtient une théorie d'hyperrésolutions cubiques quasi-projectives sur D .

3.11.4 Si on considère la catégorie d'espaces algébriques relatives à un germe d'espace analytique $(D,0)$, on peut considérer des hyperrésolutions cubiques lisses et quasi-projectives sur D .

Bien que nous aurions pu chercher à donner un formalisme axiomatique qui engloberait les différentes situations envisagées (comparer avec [14]), nous avons préféré développer un cas particulier suffisamment intéressant et illustratif.

4. Compactifications d'un diagramme de schémas.

4.1 Définition. Soit X un I-schéma. Nous dirons qu'un morphisme de I-schémas $f: X \longrightarrow \bar{X}$, ou pour abréger que $\bar{X}$, est une compactification de X si, pour tout $i \in \mathrm{Ob}\, I$, le morphisme $f_i: X_i \longrightarrow \bar{X}_i$ est une immersion ouverte dense et $\bar{X}_i$ est un schéma complet.

D'après un théorème de Nagata, tout schéma (voir (2.1)) admet une compactification. A partir de ce résultat, on peut compactifier un morphisme. Plus généralement, on obtient le résultat suivant (cf. [2], (3.12)).

4.2 Proposition. Soit X un I-schéma. Supposons que I soit une catégorie finie à gauche. Alors il existe une compactification de X .

En effet, en vertu du théorème de Nagata ([12]), pour tout $i \in \mathrm{Ob}\, I$, il existe une compactification $X_i \longrightarrow Y_i'$ de X_i . Soit Y le I-schéma défini par

$$Y_i = \prod_{v: k \to i} Y_k' \ , \ i \in \mathrm{Ob}\, I \ ,$$

et tel que, pour tout morphisme $u: i \longrightarrow j$ de I , le morphisme $Y_u: Y_j \longrightarrow Y_i$ soit induit par la projection associée à l'application $v \longrightarrow u \circ v$ de $\mathrm{Ob}\, I/i$ dans $\mathrm{Ob}\, I/j$. On a évidemment une immersion de I-schémas $X \longrightarrow Y$. Alors il suffit de définir $\bar{X}$ comme l'adhérence de X dans Y .

Il est clair que, si $\bar{f}: \bar{X}_1 \longrightarrow \bar{X}_0$ est une compactification d'un morphisme propre $f: X_1 \longrightarrow X_0$, alors $\bar{f}$ a sur X_0 les mêmes fibres que f . Plus généralement, on obtient aisément le résultat suivant.

4.3 Proposition. Soit X un I-schéma relativement propre (voir (2.1)). Si $f: X \longrightarrow \bar{X}$ est une compactification de X , alors, pour tout morphisme $u: i \longrightarrow j$ de I , le diagramme

$$\begin{array}{ccc} X_j & \longrightarrow & \bar{X}_j \\ {\scriptstyle X_u}\downarrow & & \downarrow{\scriptstyle \bar{X}_u} \\ X_i & \longrightarrow & \bar{X}_i \end{array}$$

est cartésien.

4.4 Proposition. Soit X un I-schéma. Si $\bar{X}^1$, $\bar{X}^2$ sont deux compactifications de X , il existe une compactification $\bar{X}$ de X et un diagramme commutatif de morphismes de I-schémas

$$\begin{array}{ccccc} & & \bar{X}^1 & & \\ & \nearrow & & \nwarrow & \\ X & & \longrightarrow & & \bar{X} \\ & \searrow & & \swarrow & \\ & & \bar{X}^2 & & \end{array}$$

En effet, il suffit de définir $\bar{X}$ comme l'adhérence de X dans le

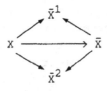

I-schéma $\bar{X}^1 \times \bar{X}^2$ défini par $\bar{X}^1_i \times \bar{X}^2_i$, $i \in \mathrm{Ob}\, I$.

4.5 <u>Proposition</u>. Soit X un I-schéma lisse. Supposons que I soit une catégorie ordonnable finie et que k soit un corps de caractéristique zéro. Alors il existe une compactification $\bar{X}$ de X telle que $\bar{X}$ soit un I-schéma lisse.

En effet, d'après le théorème de Nagata, il existe, pour tout $i \in \mathrm{Ob}\, I$, une compactification $\bar{X}'_i$ de X_i . Nous allons construire $\bar{X}$ par récurrence ascendante sur I (voir (1.14)). Supposons d'abord que $i \in \mathrm{Ob}\, I$ soit minimal. D'après le théorème d'Hironaka, il existe une résolution $\bar{X}_i$ de $\bar{X}'_i$ qui est un isomorphisme sur X_i , donc $\bar{X}_i$ est une compactification lisse de X_i . Soit maintenant $i \in \mathrm{Ob}\, I$ arbitraire et supposons $\bar{X}_j$ défini pour tout $j<i$. Posons

$$\bar{X}''_i = \mathrm{Im}(X_i \longrightarrow \bar{X}'_i \times \prod_{\substack{u:j \to i \\ j \neq i}} \bar{X}_j)^- .$$

Alors il existe une résolution $\bar{X}_i$ de $\bar{X}''_i$ qui est un isomorphisme sur X_i , donc $\bar{X}_i$ est une compactification lisse de X_i . Evidemment, les schémas $\bar{X}_i$, $i \in \mathrm{Ob}\, I$, et les morphismes induits par les projections définissent un I-schéma $\bar{X}$ qui est une compactification lisse de X , ce qui prouve la proposition.

4.6 <u>Proposition</u>. Soient S un I-schéma, $Z_\bullet$ une hyperrésolution cubique de S . Supposons que I soit une catégorie ordonnable finie et que k soit un corps de caractéristique zéro. Alors, pour toute compactification $\bar{S}$ de S , il existe un carré cartésien de morphismes

$$\begin{array}{ccc} Z_\bullet & \longrightarrow & \bar{Z}_\bullet \\ \downarrow & & \downarrow \\ S & \longrightarrow & \bar{S} \end{array}$$

tel que $\bar{Z}_\bullet$ soit une hyperrésolution cubique de $\bar{S}$.

En effet, on peut se ramener, d'après la définition des hyperrésolutions cubiques, au cas où $Z_\bullet$ est une 2-résolution de S . Supposons donc que $Z_\bullet$ est une 2-résolution de S définie par le carré cartésien suivant

$$\begin{array}{ccc} Y & \longrightarrow & X \\ \downarrow & & \downarrow \\ T & \longrightarrow & S \end{array}$$

Nous allons d'abord construire $\bar{X}$ par récurrence ascendente sur I. D'après le théorème de Nagata il existe, pour tout $i \in \mathrm{Ob}\, I$, une compactification $\bar{X}'_i$ de X_i. Supposons que $i \in \mathrm{Ob}\, I$ soit minimal, et posons

$$X''_i = \mathrm{Im}(X_i \longrightarrow \bar{X}'_i \times \bar{S}_i)^- .$$

Alors, d'après le théorème d'Hironaka, il existe une résolution $\bar{X}_i$ de $\bar{X}'_i$ qui est un isomorphisme sur X_i, donc $\bar{X}_i$ est une compactification lisse de X_i. Soit maintenant $i \in \mathrm{Ob}\, I$ arbitraire et supposons X_j défini pour tout $j < i$. Posons

$$\bar{X}''_i = \mathrm{Im}(X_i \longrightarrow \bar{X}'_i \times \bar{S}_i \times \prod_{\substack{u:j \to i \\ j \neq i}} \bar{X}_j)^- .$$

Alors il existe une résolution $\bar{X}_i$ de $\bar{X}''_i$ qui est un isomorphisme sur X_i, donc $\bar{X}_i$ est une compactification lisse de X_i. Evidemment les schémas $\bar{X}_i$, $i \in \mathrm{Ob}\, I$, avec les morphismes induits par les projections, définissent un I-schéma $\bar{X}$ qui est une compactification lisse de X. D'ailleurs, les projections $\bar{X}_i \longrightarrow \bar{S}_i$ définissent un morphisme de I-schémas $\bar{X} \longrightarrow \bar{S}$ tel que le diagramme

$$\begin{array}{ccc} X & \longrightarrow & \bar{X} \\ \downarrow & & \downarrow \\ S & \longrightarrow & \bar{S} \end{array}$$

est cartésien en vertu de (4.3), car $X \longrightarrow S$ est un morphisme propre. Si on dénote par $\bar{T}$ l'adhérence de la réunion de T et du discriminant de $\bar{X} \longrightarrow \bar{S}$, et par $\bar{Y}$ l'image réciproque de $\bar{T}$ dans $\bar{X}$, alors il résulte immédiatement que le carré cartésien

$$\begin{array}{ccc} \bar{Y} & \longrightarrow & \bar{X} \\ \downarrow & & \downarrow \\ \bar{T} & \longrightarrow & \bar{S} \end{array}$$

définit une 2-résolution $\bar{Z}_\bullet$ de $\bar{S}$, d'où découle aisément la proposition.

5. Faisceaux sur les diagrammes d'espaces topologiques.

5.1 Soit <u>Top</u> la catégorie des petits espaces topologiques. Rappelons qu'on peut identifier un espace topologique X à la catégorie des ouverts de X , et une application continue $f: X \longrightarrow Y$ au foncteur f^{-1} entre les catégories des ouverts de Y et de X , respectivement. Cela permet d'identifier $\underline{Top}^{o}$ à une sous-catégorie de <u>Cat</u> . Si F est un préfaisceau sur X , à valeurs dans une catégorie C , on identifie F à un foncteur de la catégorie opposée de la catégorie des ouverts de X dans C , c'est-à-dire que F est un 1-diagramme de C de type X .

Soient X , Y des espaces topologiques, $f: X \longrightarrow Y$ une application continue. Si F est un préfaisceau sur X à valeurs dans une catégorie C , l'image directe f_*F de F par f est le préfaisceau sur Y défini par $(f_*F)(V) = F(f^{-1}(V))$, pour tout ouvert V de Y . Si C est une catégorie cocomplète (i.e., telle que les petites limites inductives sont représentables) le foncteur f_* admet un adjoint à gauche, noté f^* et appelé foncteur d'image réciproque. Si G est un préfaisceau sur Y , alors f^*G est le préfaisceau sur X défini par

$$(f^*G)(U) = \varinjlim_{f^{-1}/U} G(V)$$

pour tout ouvert U de X .

Soit $f: X \longrightarrow Y$ une application continue. Etant donnés des préfaisceaux F et G sur X et Y respectivement, on rappelle qu'un f-morphisme de préfaisceaux de G dans F est un morphisme $G \longrightarrow f_*F$ de préfaisceaux sur Y , autrement dit, un f^{-1}-morphisme de 1-diagrammes de G dans F .

5.2 Si $X_\bullet$ est un I-objet de <u>Top</u> , nous dirons que $X_\bullet$ est un I-espace topologique. Nous identifierons $X_\bullet$ à un I^{o}-objet de <u>Cat</u> , et $tot(X_\bullet)$ dénotera la catégorie totale associée à $X_\bullet$.

5.3 Soit $X_\bullet$ un I-espace topologique. Nous appellerons préfaisceau sur $X_\bullet$ à valeurs dans une catégorie C , tout 2-diagramme

$F^{\bullet}: I \longrightarrow \underline{\text{Diagr}}_1(C)$ de C, tel que $\text{typ}_1(F^{\bullet}) = X_{\bullet}$ (voir (1.4)), ou, de façon équivalente (voir (1.6)), un $\text{tot}(X_{\bullet})$-objet de C,

$$\text{tot}(F^{\bullet}): \text{tot}(X_{\bullet})^{o} \longrightarrow C .$$

La donnée de $F^{\bullet}$ est donc équivalente aux données suivantes:

i) un préfaisceau F^{i} sur X_i à valeurs dans C, pour tout $i \in \text{Ob}\, I$, et

ii) un X_u-morphisme de préfaisceaux, $F^{u}: F^{i} \longrightarrow F^{j}$, pour tout morphisme $u: i \longrightarrow j$ de I.

5.4 Définition. Soient $X_{\bullet}$ un I-espace topologique, C une catégorie. Si $F^{\bullet}$ est un préfaisceau sur $X_{\bullet}$ à valeurs dans C, nous dirons que $F^{\bullet}$ est un faisceau si, pour tout $i \in \text{Ob}\, I$, F^{i} est un faisceau sur X_i. Nous dénoterons par $\underline{\text{Faisc}}(X_{\bullet},C)$ la catégorie des faisceaux sur $X_{\bullet}$ à valeurs dans C.

5.5 Soient $X_{\bullet}$ et $Y_{\bullet}$ des 1-diagrammes d'espaces topologiques de types I et J respectivement, $\varphi: I \longrightarrow J$ un foncteur, $f_{\bullet}: X_{\bullet} \longrightarrow Y_{\bullet}$ un φ-morphisme d'espaces topologiques. Si $G^{\bullet}$ est un faisceau sur $Y_{\bullet}$ à valeurs dans une catégorie cocomplète C, on dénote par $f_{\bullet}^{*}G^{\bullet}$ le faisceau sur $X_{\bullet}$ défini par

$$(f_{\bullet}^{*}G^{\bullet})^{i} = f_{i}^{*}(G^{\varphi(i)}) ,$$

pour tout $i \in \text{Ob}\, I$. On obtient de cette façon un foncteur

$$f_{\bullet}^{*}: \underline{\text{Faisc}}(Y_{\bullet},C) \longrightarrow \underline{\text{Faisc}}(X_{\bullet},C) .$$

Si de plus C est une catégorie complète (i.e. les petites limites projectives sont représentables), le foncteur $f_{\bullet}^{*}$ admet un adjoint à droite

$$f_{\bullet *}: \underline{\text{Faisc}}(X_{\bullet},C) \longrightarrow \underline{\text{Faisc}}(Y_{\bullet},C)$$

([11], cf. [5]§5), défini comme suit. Si $F^{\bullet}$ est un faisceau sur $X_{\bullet}$ à valeurs dans C, $f_{\bullet *}F^{\bullet}$ est le faisceau sur $Y_{\bullet}$ défini par

$$(f_{\bullet *}F^{\bullet})^{j} = \varprojlim_{j\backslash\varphi} (Y_u)_{*}(f_{i*}F^{i}) , \quad j \in \text{Ob}\, J ,$$

où (i,u) parcourt la catégorie $j\backslash\varphi$.

5.6 Exemples. i) Nous dénoterons par $*$ l'espace topologique ponctuel, et par I le I-espace topologique constant défini par l'espace topologique ponctuel $*$. Si S est un espace topologique arbitraire, nous dénoterons par $S\times I$ le I-espace topologique constant défini par S . Avec ces notations on a, pour toute catégorie C , des isomorphismes canoniques

$$\underline{\mathrm{Faisc}}(I,C) = \mathrm{Hom}_{\underline{\mathrm{Cat}}}(I,C)$$

et

$$\underline{\mathrm{Faisc}}(S\times I,C) = \mathrm{Hom}_{\underline{\mathrm{Cat}}}(I,\underline{\mathrm{Faisc}}(S,C)) .$$

ii) Soit $X_{\bullet}$ un I-espace topologique. Si G est un objet d'une catégorie cocomplète C , on dénote par $G_{X_{\bullet}}$ le faisceau sur $X_{\bullet}$ à valeurs dans C , défini par

$$(G_{X_{\bullet}})^i = G_{X_i} , \ i \in \mathrm{Ob}\, I ,$$

où G_{X_i} est le faisceau sur X_i associé au préfaisceau constant défini par G .

5.7 Soient $X_{\bullet}$ un I-espace topologique, $a_{\bullet}: X_{\bullet} \longrightarrow I$ le I-morphisme canonique d'espaces topologiques de $X_{\bullet}$ dans le I-espace topologique ponctuel I . Si $F^{\bullet}$ est un faisceau sur $X_{\bullet}$ à valeurs dans une catégorie complète C , nous dénoterons par $\Gamma^{\bullet}(X_{\bullet},F^{\bullet})$ le faisceau sur I défini par

$$\Gamma^{\bullet}(X_{\bullet},F) = a_{\bullet *}F ,$$

autrement dit, $\Gamma^{\bullet}(X_{\bullet},F)$ est le I^{o}-objet de C défini par

$$\Gamma^{i}(X_{\bullet},F^{\bullet}) = \Gamma(X_i,F^{i}) , \ i \in \mathrm{Ob}\, I ,$$

où Γ est le foncteur des sections globales.

Supposons que C soit une catégorie complète. Si $\varepsilon: X_{\bullet} \longrightarrow *$ dénote l'augmentation de $X_{\bullet}$ vers l'espace topologique ponctuel $*$, alors, pour tout faisceau $F^{\bullet}$ sur $X_{\bullet}$ à valeurs dans C , nous noterons $\Gamma(X_{\bullet},F^{\bullet})$ l'objet de C défini par

$$\Gamma(X_{\bullet},F^{\bullet}) = \varepsilon_{*}F^{\bullet} .$$

On a donc

$$\Gamma(X_\bullet, F^\bullet) = \varprojlim_{I} \Gamma^\bullet(X_\bullet, F^\bullet) \ .$$

5.8 Soit $\underline{Ab}$ la catégorie des petits groupes abéliens. Si $X_\bullet$ est un I-espace topologique, on sait, d'après Grothendieck, que la catégorie $\underline{Faisc}(X_\bullet, \underline{Ab})$ est une catégorie abélienne, où les limites projectives ou injectives se calculent sur chaque étage X_i , $i \in Ob\ I$, et qui possède suffisamment d'objets injectifs. En effet, nous allons prouver cette dernière affirmation. Soient I^{dis} la catégorie discrète associée à I , φ: $I^{dis} \longrightarrow I$ le foncteur d'inclusion, $X_\bullet^{dis}$ le I^{dis}-espace topologique $X_\bullet \times_I I^{dis}$, et $e_\bullet$: $X_\bullet^{dis} \longrightarrow X_\bullet$ le φ-morphisme d'espaces topologiques associé. Comme le foncteur d'image inverse

$$e_\bullet^*: \underline{Faisc}(X_\bullet, \underline{Ab}) \longrightarrow \underline{Faisc}(X_\bullet^{dis}, \underline{Ab})$$

est exact, son adjoint à droite,

$$e_{\bullet *}: \underline{Faisc}(X_\bullet^{dis}, \underline{Ab}) \longrightarrow \underline{Faisc}(X_\bullet, \underline{Ab})$$

transforme les objets injectifs en objets injectifs.

Puisqu'un faisceau $K^\bullet$ sur $X_\bullet^{dis}$ est injectif si et seulement si K^i est injectif sur X_i , pour tout $i \in Ob\ I$, et, pour tout faisceau $F^\bullet$ sur $X_\bullet$, le morphisme d'adjonction

$$F^\bullet \longrightarrow e_{\bullet *} e_\bullet^* F^\bullet$$

est un monomorphisme, il résulte que, si $F^\bullet$ est un faisceau sur $X_\bullet$ et si $e_\bullet^* F^\bullet \longrightarrow K^\bullet$ est un plongement de $e_\bullet^* F^\bullet$ dans un faisceau injectif $K^\bullet$ sur $X_\bullet^{dis}$, alors le morphisme $F^\bullet \longrightarrow e_{\bullet *} K^\bullet$ obtenu par adjonction est un plongement de $F^\bullet$ dans un faisceau injectif sur $X_\bullet$, donc la catégorie $\underline{Faisc}(X_\bullet, \underline{Ab})$ possède suffisamment d'objets injectifs.

5.9 Soit $X_\bullet$ un I-espace topologique. Nous dénotons par $D^+(X_\bullet, \underline{Ab})$ la catégorie dérivée obtenue en localisant la catégorie des complexes bornés inférieurement de faisceaux abéliens sur $X_\bullet$ par rapport aux quasi-isomorphismes, i.e., les morphismes u: $F^\bullet \longrightarrow G^\bullet$ tels que u^i: $F^i \longrightarrow G^i$ soit un quasi-isomorphisme pour tout $i \in Ob\ I$.

Soient, en outre, J une petite catégorie, $Y_\bullet$ un J-espace topologique, $\varphi: I \longrightarrow J$ un foncteur. Si $f_\cdot: X_\cdot \longrightarrow Y_\cdot$ est un φ-morphisme d'espaces topologiques, le foncteur

$$f_\cdot^*: \underline{\mathrm{Faisc}}(Y_\cdot,\underline{\mathrm{Ab}}) \longrightarrow \underline{\mathrm{Faisc}}(X_\cdot,\underline{\mathrm{Ab}})$$

est exact, donc il définit trivialement un foncteur

$$f_\cdot^*: D^+(Y_\cdot,\underline{\mathrm{Ab}}) \longrightarrow D^+(X_\cdot,\underline{\mathrm{Ab}}) .$$

D'autre part, le foncteur

$$f_{\cdot *}: \underline{\mathrm{Faisc}}(X_\cdot,\underline{\mathrm{Ab}}) \longrightarrow \underline{\mathrm{Faisc}}(Y_\cdot,\underline{\mathrm{Ab}})$$

est exact à gauche, donc il admet un foncteur derivé à droite

$$\mathbb{R}f_{\cdot *}: D^+(X_\cdot,\underline{\mathrm{Ab}}) \longrightarrow D^+(Y_\cdot,\underline{\mathrm{Ab}}) .$$

Les deux propositions suivantes résultent aisément des définitions.

5.10 Proposition. Soit $f_\cdot: X_\cdot \longrightarrow Y_\cdot$ un morphisme de I-espaces topologiques. Si $F^\cdot$ est un complexe borné inférieurement de faisceaux abéliens sur $X_\cdot$, on a

$$(\mathbb{R}f_{\cdot *}F^\cdot)^i = \mathbb{R}f_{i*}F^i ,$$

pour tout $i \in \mathrm{Ob}\, I$.

5.11 Proposition. Soient $Y_\cdot$ un J-espace topologique, $\varphi: I \longrightarrow J$ un foncteur. Dénotons par

$$\varphi_\cdot: Y_\cdot x_J I \longrightarrow Y_\cdot$$

le φ-morphisme d'espaces topologiques induit par la transformation naturelle identique de $Y_\cdot o\varphi$. Si $G^\cdot$ est un complexe borné inférieurement de faisceaux abéliens sur $Y_\cdot x_J I$, on a

$$(\mathbb{R}\varphi_{\cdot *}G^\cdot)^j = \mathbb{R}\varprojlim_{j\backslash\varphi} G^i ,$$

pour tout $j \in \mathrm{Ob}\, J$.

5.12 Soient $\varphi: I \longrightarrow J$ un foncteur, $f_{.}: X_{..} \longrightarrow Y_{.}$ un φ-morphisme d'espaces topologiques. Dénotons par

$$f_{..}: X_{..} \longrightarrow Y_{.} \times_J I$$

le I-morphisme d'espaces topologiques défini par $(f_{..})_i = (f_{.})_i$, $i \in \mathrm{Ob}\, I$, et dénotons par

$$\varphi_{.}: Y_{.} \times_J I \longrightarrow Y_{.}$$

le φ-morphisme d'espaces topologiques induit par la transformation naturelle identique de $Y_{.} \circ \varphi$. On a une factorisation

$$f_{.} = \varphi_{.} \circ f_{..} .$$

5.13 <u>Corollaire</u>. Sous les hypothèses de (5.12), on a

$$\mathbb{R}f_{.*} = \mathbb{R}\varphi_{.*} \circ \mathbb{R}f_{..*} .$$

En particulier, si $F^{\cdot}$ est un complexe borné inférieurement de faisceaux abéliens sur $X_{.}$, on a

$$(\mathbb{R}f_{.*}F^{\cdot})^j = \mathbb{R}\varprojlim_{j\backslash\varphi} (\mathbb{R}f_{i*}F^i) , \quad j \in \mathrm{Ob}\, J ,$$

où (i,u) parcourt la catégorie $j\backslash\varphi$.

5.14 <u>Corollaire</u>. Soient $K_{.}$ un I-objet de <u>Cat</u>, $\pi: \mathrm{tot}(K_{.}) \longrightarrow I$ le foncteur de projection. Si $X_{..}$ est un $\mathrm{tot}(K_{.})$-espace topologique muni d'une π-augmentation $a_{.}: X_{..} \longrightarrow S_{.}$ vers un I-espace topologique $S_{.}$, alors, pour tout complexe borné inférieurement de faisceaux abéliens $F^{\cdot\cdot}$ sur $X_{..}$, on a

$$(\mathbb{R}a_{.*}F^{\cdot\cdot})^i = \mathbb{R}a_{i*}F^{i\cdot} , \quad i \in \mathrm{Ob}\, I ,$$

où $a_i: X_{i.} \longrightarrow S_i$ est l'augmentation du K_i-espace topologique $X_{i.}$ induite par $a_{.}$. Autrement dit, si les composantes de a_i sont dénotées par $a_{ik}: X_{ik} \longrightarrow S_i$, $k \in \mathrm{Ob}\, K_i$, on a

$$(\mathbb{R}a_{.*}F^{\cdot\cdot})^i = \mathbb{R}\varprojlim_{K_i} \mathbb{R}a_{ik*}F^{ik} , \quad i \in \mathrm{Ob}\, I .$$

En effet, la proposition résulte de (5.13), compte tenu que, pour tout $i \in \mathrm{Ob}\, I$, K_i est une sous-catégorie initiale de la catégorie $i\backslash\pi$.

Nous donnerons dans (6.6) une expression explicite de $\mathbb{R}\varprojlim_{K_i}$ dans le cas particulier où les K_i soient des catégories cubiques.

5.15 Définition. Soit $X_\bullet$ un I-espace topologique. La cohomologie de $X_\bullet$ à valeurs dans un complexe borné inférieurement de faisceaux abéliens $F^\bullet$ sur $X_\bullet$ est le groupe abélien gradué $H^*(X_\bullet, F^\bullet)$ défini par

$$H^*(X_\bullet, F^\bullet) = H^*(\mathbb{R}\Gamma(X_\bullet, F^\bullet)) .$$

5.16 Définition. Soient $K_\bullet$ un I-objet de Cat, π: $\mathrm{tot}(K_\bullet) \longrightarrow I$ le foncteur de projection associé. Si $X_{\bullet\bullet}$ est un $\mathrm{tot}(K_\bullet)$-espace topologique muni d'une π-augmentation

$$a_\bullet : X_{\bullet\bullet} \longrightarrow S_\bullet$$

vers un I-espace topologique $S_\bullet$, nous dirons que $a_\bullet$, ou par abus de langage que $X_{\bullet\bullet}$, est de descente cohomologique sur $S_\bullet$ si, pour tout faisceau abélien $F^\bullet$ sur $S_\bullet$, le morphisme d'adjonction

$$F^\bullet \longrightarrow \mathbb{R}a_{\bullet *}a_\bullet^* F^\bullet$$

est un quasi-isomorphisme.

5.17 Proposition. Avec les notations de (5.16), $a_\bullet : X_{\bullet\bullet} \longrightarrow S_\bullet$ est de descente cohomologique sur $S_\bullet$ si, et seulement si, pour tout $i \in \mathrm{Ob}\, I$, l'augmentation $a_i : X_{i\bullet} \longrightarrow S_i$ du K_i-espace topologique $X_{i\bullet}$ est de descente cohomologique sur S_i.

En effet, la proposition résulte immédiatement de (5.14).

5.18 Remarque. Soit $X_\bullet$ un I-espace topologique. Alors $X_\bullet$ définit un site fibré $\mathrm{tot}(X_\bullet) \longrightarrow I^\circ$ ([6], §7), et la catégorie totale $\mathrm{tot}(X_\bullet)$ du 1-diagramme de catégories associé à $X_\bullet$ est la catégorie sous-jacente du site total associé au site fibré $\mathrm{tot}(X_\bullet) \longrightarrow I^\circ$ (voir loc. cit.)

Si $X_\bullet$ est un I-espace topologique, la topologie totale sur

$tot(X_{\bullet})$ (voir loc. cit.) est telle qu'un préfaisceau $tot(F)$ sur $tot(X_{\bullet})$ est un faisceau si, et seulement si, pour tout $i \in Ob\ I$, F^i est un faisceau sur X_i. Pour éviter l'utilisation de cette topologie de Grothendieck sur $tot(X_{\bullet})$, nous avons adopté dans (5.4) cette caractérisation comme la définition de faisceau sur $X_{\bullet}$.

Avec les notations de (5.5), $f_{\bullet}^{*}$ et $f_{\bullet *}$ sont les foncteurs d'image réciproque et directe respectivement, associés au morphisme des sites totaux $tot(X_{\bullet}) \longrightarrow tot(Y_{\bullet})$ induit par $f_{\bullet}$.

Le foncteur Γ défini dans (5.7) coïncide avec le foncteur des sections globales du topos associé à $X_{\bullet}$, c'est-à-dire qu'on a

$$\Gamma(X_{\bullet}, F^{\bullet}) = \varprojlim_{tot(X_{\bullet})^{o}} tot(F^{\bullet}) ,$$

pour tout faisceau $F^{\bullet}$ sur $X_{\bullet}$. Voir aussi [10], chap. VI, pour toutes ces questions.

6. Descente cubique abéliênne.

6.1 Soit A une catégorie abélienne. On notera $C^{+}(A)$ la catégorie des complexes $K^{\bullet}$ de A bornés inférieurement.

Si n est un entier ≥ 1, on désignera par e_i le i-ème vecteur de base de Z^n, i.e., $e_i = (0,\ldots,1,\ldots,0)$ (1 à la i-ème place). Nous appellerons complexe n-uple de A la donnée de

a) un objet Z^n-gradué $(K^{\alpha})_{\alpha \in Z^n}$ de A, et

b) une famille $\{d_i\}_{1 \leq i \leq n}$ de différentielles de $K^{\bullet}$ telle que les d_i soient de degré e_i et permutables deux à deux.

Nous dirons qu'un complexe n-uple $K^{\bullet}$ de A est borné inférieurement s'il existe des entiers r_i, $1 \leq i \leq n$, tels que pour $\alpha \in Z^n$ on ait $K^{\alpha} = 0$ si $\alpha_i \leq r_i$ pour un i, $1 \leq i \leq n$. Nous noterons $n\text{-}C^{+}(A)$ la catégorie des complexes n-uples de A bornés inférieurement. On a un foncteur "complexe simple associé"

$$s : n\text{-}C^{+}(A) \longrightarrow C^{+}(A) ,$$

dont nous rappelons la définition: si K est un complexe n-uple de A, $s(K)$ est le complexe de A tel que

$$s(K)^p = \sum_{\Sigma p_i = p} K^{p_1 \dots p_n} \ , \ p \in \mathbb{Z} \ ,$$

la différentielle d de $s(K)$ étant donnée par

$$d = \sum_j (-1)^{\varepsilon_j} d_j \ , \text{ sur } K^{p_1 \dots p_n} \ ,$$

où $\varepsilon_j = \sum_{i<j} p_i$.

6.2 Soient A une catégorie abélienne, n un entier ≥ 0 . Si $K^{\bullet}: \square_n \longrightarrow C^+(A)$ est un objet cocubique de $C^+(A)$, $K^{\bullet}$ définit un complexe (n+2)-uple borné inférieurement de A , par

$$K^{\alpha_0 \dots \alpha_n q} = \begin{cases} K^{\alpha q} \ , \text{ si } \alpha \in \square_n \ , \\ 0 \ , \text{ si } \alpha \in \mathbb{Z}^{n+1} - \square_n \ , \end{cases}$$

la différentielle (i+1)-ième étant induite par les morphismes $\alpha \longrightarrow \alpha + e_i$ de $\square_n$, si $0 \leq i \leq n$, et la différentielle (n+2)-ième étant donnée par la différentielle des objets de $C^+(A)$.

Dorénavant, on identifiera un $\square_n^{\circ}$-objet de $C^+(A)$ au (n+2)-complexe de A défini ci-dessous. Cette identification, composée avec le foncteur simple défini dans (6.1), donne un foncteur simple

$$s: \mathrm{Hom}_{\underline{\mathrm{Cat}}}(\square_n, C^+(A)) \longrightarrow C^+(A) \ .$$

Si $K^{\bullet}$ est un $\square_n^{\circ}$-objet de $C^+(A)$, le complexe $s(K^{\bullet})$ est muni de la filtration induite par l'index cubique, notée L , qui est définie par

$$L^p s(K) = \sum_{|\alpha| \geq p+1} K^{\alpha q} \ .$$

On utilisera les mêmes notations pour les objets cocubiques augmentés de $C^+(A)$.

6.3 Soit S un espace topologique. Si n est un entier ≥ 0 , le foncteur composé de l'isomorphisme

$$C^+(\underline{\mathrm{Faisc}}(S \times \square_n, \underline{\mathrm{Ab}})) = \mathrm{Hom}_{\underline{\mathrm{Cat}}}(\square_n, C^+(\underline{\mathrm{Faisc}}(S, \underline{\mathrm{Ab}}))) \ ,$$

et du foncteur simple défini dans (6.2), induit un foncteur simple

$$s\colon C^+(\underline{\mathrm{Faisc}}(S\times\square_n,\underline{\mathrm{Ab}}) \longrightarrow C^+(\underline{\mathrm{Faisc}}(S,\underline{\mathrm{Ab}}))\ ,$$

qui, étant exact, définit trivialement un foncteur

$$s\colon D^+(S\times\square_n,\underline{\mathrm{Ab}}) \longrightarrow D^+(S,\underline{\mathrm{Ab}})\ .$$

Le résultat suivant est une conséquence immédiate des définitions.

6.4 Proposition. Soient S un espace topologique, n un entier ≥ 0 , $a\colon S\times\square_n \longrightarrow S$ l'augmentation canonique de $S\times\square_n$ vers S .

i) Si $F^\bullet$ est un faisceau abélien sur $S\times\square_n$, on a un isomorphisme naturel

$$a_*F^\bullet \approx H^1(sF^\bullet)$$

dans $\underline{\mathrm{Faisc}}(S,\underline{\mathrm{Ab}})$.

ii) Si $K^\bullet$ est un complexe borné inférieurement de faisceaux abéliens sur $S\times\square_n$, on a un isomorphisme naturel

$$\mathbb{R}a_*K^\bullet \approx s(K^\bullet)[1]$$

dans $D^+(S,\underline{\mathrm{Ab}})$.

On obtient aussitôt les corollaires suivants.

6.5 Corollaire. Soient n un entier ≥ 0 , X un $\square_n$-espace topologique, $F^\bullet$ un complexe borné inférieurement de faisceaux abéliens sur X . Si on dénote par $Go^\bullet(F^\alpha)$ la résolution canonique flasque de Godement du complexe de faisceaux F^α sur X_α , pour tout $\alpha\in\square_n$, on a

$$H^*(X_\bullet,F^\bullet) = H^*(s\Gamma^\bullet(X_\bullet,Go^\bullet(F^\bullet))[1])$$

6.6 Corollaire. Soient $K_\bullet\colon I^o \longrightarrow (\square)$ un diagramme de catégories cubiques, $\pi\colon \mathrm{tot}(K_\bullet) \longrightarrow I$ le foncteur de projection, $X_{\bullet\bullet}$ un $\mathrm{tot}(K_\bullet)$-espace topologique, $S_\bullet$ un I-espace topologique. Si $a_\bullet\colon X_{\bullet\bullet} \longrightarrow S_\bullet$ est une π-augmentation de $X_{\bullet\bullet}$ vers $S_\bullet$, et $F^{\bullet\bullet}$ est un complexe borné inférieurement de faisceaux abéliens sur $X_{\bullet\bullet}$, alors on a un quasi-isomorphisme naturel

$$\mathbb{R}a_{\bullet *}F^{\bullet\bullet} \approx s^\bullet(\mathbb{R}a_{\bullet\bullet *}F^{\bullet\bullet})[1]\ ,$$

où $a_{..}: X_{..} \longrightarrow S_{.}\times_I \mathrm{tot}(K_{.})$ est le morphisme de $\mathrm{tot}(K_{.})$-espaces topologiques associé à $a_{.}$ (voir (5.12)), et $s^{\cdot}$ est le foncteur simple

$$D^+(S_{.}\times_I \mathrm{tot}(K_{.}),\underline{Ab}) \longrightarrow D^+(S_{.},\underline{Ab})$$

induit par la famille des foncteurs "simple"

$$D^+(S_i \times K_i,\underline{Ab}) \longrightarrow D^+(S_i,\underline{Ab}) \ , \ i \in \mathrm{Ob}\, I \ .$$

6.7 Avec les notations de (6.6), le complexe de faisceaux abéliens sur $S_{.}$ $\mathbb{R}a_{.*}F^{\cdot\cdot}$ est muni de la filtration induite par l'index cubique, notée L , qui est définie par

$$L^p(\mathbb{R}a_{.*}F^{\cdot\cdot})^i = \sum_{|\alpha|\geq p+1} \mathbb{R}a_{\alpha i *}F^{\alpha i} \ , \ i \in \mathrm{Ob}\, I \ ,$$

où α parcourt la catégorie cubique K_i .

Dans le cas particulier où I se réduit à la catégorie $\underline{1}$, et S se réduit à l'espace ponctuel $*$, la suite spectrale associée à la filtration L est telle que

$$E_1^{pq} = \sum_{|\alpha|=p+1} H^q(X_\alpha,F^\alpha) \Longrightarrow H^{p+q}(X_{.},F^{\cdot}) \ .$$

6.8 Proposition (cf.[14](4.1.2)). Soit

$$\begin{array}{ccc} Y' & \xrightarrow{\ i'\ } & X' \\ {\scriptstyle g}\downarrow & & \downarrow{\scriptstyle f} \\ Y & \xrightarrow{\ i\ } & X \end{array}$$

un carré cartésien de morphismes de I-schémas. On suppose vérifiées les hypothèses suivantes:

i) les morphismes i et i' sont des immersions fermées,

ii) le morphisme f est propre, et

iii) le I-schéma Y contient le discriminant de f , autrement dit, f induit un isomorphisme de $X_i'-Y_i'$ sur X_i-Y_i , pour tout $i \in \mathrm{Ob}\, I$.

Dans ces conditions, si on pose

$$Z_{\bullet} = \mathrm{tot}(Y \xleftarrow{\ g\ } Y' \xrightarrow{\ i'\ } X')$$

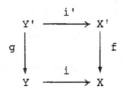

et on note $\pi\colon \Box_1 \times I \longrightarrow I$ le foncteur de projection, alors on a une π-augmentation de diagrammes d'espaces topologiques $Z_\bullet \longrightarrow X$ qui est de descente cohomologique sur X .

En effet, d'après (5.17), on peut supposer que I se réduit à la catégorie $\underline{1}$, et, en vertu de (6.4), il suffit de prouver, pour tout faisceau abélien F sur X , l'acyclicité du complexe simple associé au carré commutatif de morphismes de complexes de faisceaux sur X ,

$$\begin{array}{ccc} \mathbb{R}h_*h^*F & \longleftarrow & \mathbb{R}f_*f^*F \\ \uparrow & & \uparrow \\ i_*i^*F & \longleftarrow & F \end{array} ,$$

où $h = i\circ g = f\circ i'$. Or, on a des suites exactes de faisceaux

$$0 \longrightarrow j_!j^*F \longrightarrow F \longrightarrow i_*i^*F \longrightarrow 0 ,$$

$$0 \longrightarrow j'_!j'^*f^*F \longrightarrow f^*F \longrightarrow i'_*i'^*f^*F \longrightarrow 0 ,$$

où $j\colon X-Y \longrightarrow X$ et $j'\colon X'-Y' \longrightarrow X'$ dénotent les morphismes d'inclusion. Compte tenu que f est propre, les morphismes d'adjonction définissent un morphisme de triangles distingués de $D^+(X,\underline{Ab})$,

$$\begin{array}{ccccccc} j_!j^*F & \longrightarrow & F & \longrightarrow & i_*i^*F & \xrightarrow{+1} & \\ \downarrow & & \downarrow & & \downarrow & & \\ \mathbb{R}f_*j'_!j'^*f^*F & \longrightarrow & \mathbb{R}f_*f^*F & \longrightarrow & \mathbb{R}h_*h^*F & \xrightarrow{+1} & . \end{array}$$

En vertu de iii), on a $f\circ j' \approx j$, d'où on a un isomorphisme

$$\mathbb{R}f_*j'_!j'^*f^*F \approx j_!j^*F$$

dans $D^+(X,\underline{Ab})$, et la proposition se déduit du lemme suivant, qui est une variante de l'axiome de l'octaèdre.

6.8.1 Lemme. Soit

$$\begin{array}{ccc} F^{01} & \xrightarrow{f^1} & F^{11} \\ {\scriptstyle g^0}\uparrow & & \uparrow{\scriptstyle g^1} \\ F^{00} & \xrightarrow{f^0} & F^{10} \end{array}$$

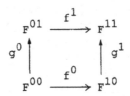

un carré commutatif de morphismes de complexes bornés inférieurement d'une catégorie abélienne. Si on pose

$$f^{\bullet} = (f^0, f^1): s(g^0) \longrightarrow s(g^1)$$

et

$$g^{\bullet} = (g^0, g^1): s(f^0) \longrightarrow s(f^1) ,$$

les conditions suivantes sont équivalentes

i) $f^{\bullet}$ est un quasiisomorphisme,

ii) $g^{\bullet}$ est un quasiisomorphisme,

iii) le complexe simple associé au $(\square_1^+)^{\circ}$-complexe $F^{\bullet}$, défini par le diagramme ci-dessus, est acyclique.

Preuve de (6.8.1). Le lemme résulte des isomorphismes évidents

$$s(g^{\bullet}) \approx s(F^{\bullet}) \approx s(f^{\bullet}) ,$$

car un morphisme h de complexes est un quasi-isomorphisme si et seulement si $s(h)$ est acyclique.

6.9 Théorème. Soit S un I-schéma. Si $X_{\bullet} \longrightarrow S$ est une hyperrésolution cubique de S, $X_{\bullet}$ est de descente cohomologique sur S.

En effet, d'après (5.17) et (2.14), on peut supposer que I se réduit à la catégorie $\underline{1}$. Alors, si $X_{\bullet}$ est une hyperrésolution cubique n-itérée de S, on raisonne par récurrence sur n et on se ramène immédiatement au cas $n=1$. Dans ce cas, si $\square_r$ est le type de $X_{\bullet}$ on raisonne par récurrence sur r et on se ramène aussitôt au cas où $r=1$, et le théorème résulte de la proposition antérieure.

Bibliographie

1. N. Bourbaki: Théorie des ensembles, Hermann, 1970.
2. Ph. Du Bois: Complexe de De Rham filtré d'une variété singulière, Bull. Soc. Math. France, 109 (1981), 41-81.
3. P. Gabriel, M. Zisman: Calculus of fractions and homotopy theory, Springer-Verlag, 1967.
4. A. Grothendieck: Catégories fibrées et descente, dans SGA 1, Lect. Notes in Math., 224, Springer-Verlag, 1971.
5. A. Grothendieck, J.L. Verdier: Préfaisceaux, dans SGA 4, tome 1, Lect. Notes in Math., 269, Springer-Verlag, 1972.

6. A. Grothendieck, J.L. Verdier: Conditions de finitude. Topos et sites fibrés. Applications aux questions de passage à la limite, dans SGA 4, tome 2, Lect. Notes in Math., 270, Springer-Verlag, 1972.

7. F. Guillén: Une relation entre la filtration par le poids de Deligne et la filtration de Zeeman, Comp. Math., 61 (1987), 201-227.

8. F. Guillén, F. Puerta: Hyperrésolutions cubiques et applications à la théorie de Hodge-Deligne, dans Hodge Theory, Lect. Notes in Math., 1246, Springer-Verlag, 1987.

9. H. Hironaka: Resolution of singularities of an algebraic variety over a field of characteristic zero, Ann. of Math., 79 (1964), 109-326.

10. L. Illusie: Complexe cotangent et déformations II, Lect. Notes in Math., 283, Springer-Verlag, 1971.

11. D.M. Kan: Adjoint functors, Trans. Am. Math. Soc., 87 (1958), 294-329.

12. M. Nagata: Imbedding of an abstract variety in a complete variety, Journal of Math. of Kyoto Univ, 2 (1962), 1-10.

13. P. Pascual-Gainza: On the simple object associated to a diagram in a closed model category, Math. Proc. Camb. Phil. Soc., 100 (1986), 459-474.

14. B. Saint-Donat: Techniques de descente cohomologique, dans SGA 4, tome 2, Lect. Notes in Math., 270, Springer-Verlag, 1972.

Exposé II

THEOREMES SUR LA MONODROMIE

par P. PASCUAL GAINZA

Dans cet exposé nous donnons deux applications des résultats de l'exposé I sur les hyperrésolutions cubiques à l'étude de la monodromie d'une famille à un paramètre d'espaces analytiques.

La première application est une preuve du théorème de la monodromie qui assure que l'action de la monodromie est quasi-unipotente sous des hypothèses plus générales que celles considérées antérieurement, cf. [3]-[5], [7]-[10], [12] et [14]. Cette preuve, qui est dans la ligne de celles de Clemens ([4]) et Grothendieck ([7]), se base sur le calcul de la monodromie locale d'une famille de variétés lisses qui dégénère en un diviseur à croisements normaux; dans le cas général, on se ramène à cette situation à l'aide des hyperrésolutions cubiques d'un couple. Nous donnons aussi des bornes pour le niveau de quasi-unipotence de la monodromie (cf. [12]).

Dans la deuxième application donnée, on calcule la fonction Z de la monodromie autour de 0 d'un morphisme $f: X \longrightarrow \mathbb{D}$, où X est un espace analytique, en termes d'une hyperrésolution cubique du couple $(X,f^{-1}(0))$, en se basant aussi sur le calcul de la fonction Z de la monodromie locale d'une famille où (X,Y) est un couple lisse, cas etudié par A'Campo (cf. [2]).

Dans le premier paragraphe, on rappelle le formalisme des cycles évanescents suivant l'exposé de P. Deligne dans SGA 7(II), et on l'adapte à la situation cubique.

Cet exposé correspond aux exposés oraux de V. Navarro Aznar pendant le séminaire du printemps 1982. Je veux remercier ici F. Guillén et V. Navarro Aznar pour l'aide qu'ils m'ont apportée dans la rédaction de ce texte.

1. Le formalisme des cycles évanescents ([6]).

(1.1) Dans ce qui suit nous noterons $\mathbb{D}$ un disque de $\mathbb{C}$ centré à l'origine et de rayon δ , qu'on supposera suffisamment petit selon le contexte, et $\mathbb{D}^*$ le disque épointé $\mathbb{D}-\{0\}$. S'il est nécessaire de préciser le rayon du disque, nous écrirons $\mathbb{D}_\delta$, $\mathbb{D}^*_\delta$.

Si $\tilde{\mathbb{D}}^*$ est le demi-plan de Poincaré, $\tilde{\mathbb{D}}^* = \{z \in \mathbb{C} \ / \ \mathrm{Im}\, z > 0\}$, l'application exponentielle

$$\begin{array}{ccc} \tilde{\mathbb{D}}^* & \longrightarrow & \mathbb{D}^*_\delta \\ & & \\ z & \longrightarrow & \delta \exp(2\pi i z) \end{array}$$

permet de considérer $\tilde{\mathbb{D}}^*$ comme un recouvrement universel de $\mathbb{D}^*$. Le morphisme de translation

$$\begin{array}{ccc} \tilde{\mathbb{D}}^* & \longrightarrow & \tilde{\mathbb{D}}^* \\ & & \\ z & \longrightarrow & z+1 \end{array}$$

définit un générateur du groupe fondamental $\pi_1(\mathbb{D}^*) \cong \mathbb{Z}$ qu'on notera T .

(1.2) Soient X un espace analytique réduit, $f: X \longrightarrow \mathbb{D}$ un morphisme analytique, $Y = f^{-1}(0)$ et $\tilde{X}^* = X \times_{\mathbb{D}} \tilde{\mathbb{D}}^*$. Si $k: \tilde{X}^* \longrightarrow X$ est la projection naturelle, on a un diagramme commutatif

$$\begin{array}{ccccccc} X_t & \longrightarrow & \tilde{X}^* & \overset{k}{\longrightarrow} & X & \overset{i}{\longleftarrow} & Y \\ \downarrow & & \downarrow & & \downarrow & & \downarrow \\ t & \longrightarrow & \tilde{\mathbb{D}}^* & \longrightarrow & \mathbb{D} & \longleftarrow & 0 \end{array}$$

Le complexe des cycles proches du morphisme f est le complexe de faisceaux de $\mathbb{Q}$-espaces vectoriels sur Y défini par

$$\psi^\cdot \mathbb{Q}_X = i^{-1}(\mathbb{R}k_*)k^*\mathbb{Q}_X \ .$$

Le groupe $\pi_1(\mathbb{D}^*)$ agit sur ce complexe et son générateur T induit un morphisme, encore noté T ,

$$T: \psi^\cdot \mathbb{Q}_X \longrightarrow \psi^\cdot \mathbb{Q}_X$$

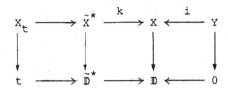

qu'on appelle l'automorphisme de monodromie. Pour tout $x \in Y$ l'action de T sur $\psi^{\bullet}\mathbb{Q}_X$ induit une action sur les fibres de ce complexe en x,

$$T: (\psi^{\bullet}\mathbb{Q}_X)_x \longrightarrow (\psi^{\bullet}\mathbb{Q}_X)_x$$

qu'on appelle la monodromie locale en x, et une action sur le complexe de sections globales

$$T: \mathbb{R}\Gamma(Y, \psi^{\bullet}\mathbb{Q}_X) \longrightarrow \mathbb{R}\Gamma(Y, \psi^{\bullet}\mathbb{Q}_X)$$

qu'on appelle la monodromie globale.

(1.3) Le théorème de fibration de [11] permet de donner une interprétation topologique de la fibre $H^p(\psi^{\bullet}\mathbb{Q}_X)_x$, $x \in Y$. En effet, il résulte de [11] que, si δ est suffisamment petit et on change X par un voisinage de x dans X, alors $f_{|\tilde{X}^*}$ est une fibration topologique localement triviale, donc la fibre de f est un espace topologique F_x bien défini à homéomorphisme près, qu'on appelle la fibre de Milnor de f en x. Alors, on a

$$H^p(\psi^{\bullet}\mathbb{Q}_X)_x \simeq H^p(F_x, \mathbb{Q})$$

et l'action de la monodromie T sur $H^p(\psi^{\bullet}\mathbb{Q}_X)_x$ coïncide avec l'action sur $H^p(F_x, \mathbb{Q})$ induite par la monodromie géométrique de la fibration de Milnor.

(1.4) Dans le cas global, si f est propre, on a un isomorphisme

$$\mathbb{H}^*(Y, \psi^{\bullet}\mathbb{Q}_X) \simeq H^*(X_t, \mathbb{Q})$$

et l'action de la monodromie T sur $H^p(X_t, \mathbb{Q})$ correspond à l'action de $\pi_1(\mathbb{D}^*)$ sur le système local $R^pf_*\mathbb{Q}_{\tilde{X}^*}$ (voir [5]).

(1.5) Soient $X_{\bullet}$ un espace analytique cubique et $f_{\bullet}: X_{\bullet} \longrightarrow \mathbb{D}$ un morphisme analytique. La construction du complexe de cycles proches étant fonctorielle, les complexes de cycles proches sur chaque sommet, $\psi^{\bullet}\mathbb{Q}_{X_\alpha}$, définissent un complexe de faisceaux $\psi^{\bullet}\mathbb{Q}_{X_{\bullet}}$ sur le sous-espace cubique $Y_{\bullet} = f_{\bullet}^{-1}(0)$ de $X_{\bullet}$. L'action du groupe fondamental $\pi_1(\mathbb{D}^*)$ sur chaque sommet de $X_{\bullet}$ est compatible avec tous les morphismes de transition de l'espace cubique et on obtient donc un morphisme de monodromie du complexe de faisceaux sur $Y_{\bullet}$

$$T: \Psi^{\bullet}\mathbb{Q}_{X_{\bullet}} \longrightarrow \Psi^{\bullet}\mathbb{Q}_{X_{\bullet}} .$$

On a alors:

(1.6) Proposition. Soient $f: X \longrightarrow \mathbb{D}$ une fonction analytique (non constante) et $a: X_{\bullet} \longrightarrow X$ un espace analytique cubique augmenté sur X . Si $X_{\bullet}$ est propre et de descente cohomologique sur X , on a un quasi-isomorphisme

$$\Psi^{\bullet}\mathbb{Q}_X \longrightarrow \mathbb{R}a_* \Psi^{\bullet}\mathbb{Q}_{X_{\bullet}}$$

compatible avec l'action de la monodromie.

Démonstration. Le quasi-isomorphisme de l'énoncé s'obtient par la composition des quasi-isomorphismes suivants qui proviennent du théorème de changement de base, de la suite spectrale de Leray et de la propriété de descente cohomologique:

$$\begin{aligned}
\mathbb{R}a_* \Psi^{\bullet}\mathbb{Q}_{X_{\bullet}} &= \mathbb{R}a_* i_{\bullet}^{-1}\mathbb{R}k_{\bullet *}k_{\bullet}^{*}\mathbb{Q}_{X_{\bullet}} \\
&= i^{-1}\mathbb{R}a_*\mathbb{R}k_{\bullet *}k_{\bullet}^{*}\mathbb{Q}_{X_{\bullet}} \\
&= i^{-1}\mathbb{R}k_*\mathbb{R}a_*k_{\bullet}^{*}\mathbb{Q}_{X_{\bullet}} \\
&= i^{-1}\mathbb{R}k_*k^{*}\mathbb{R}a_*\mathbb{Q}_{X_{\bullet}} \\
&= i^{-1}\mathbb{R}k_*k^{*}\mathbb{Q}_X \\
&= \Psi^{\bullet}\mathbb{Q}_X .
\end{aligned}$$

L'équivariance de ce quasi-isomorphisme par rapport à $\pi_1(\mathbb{D}^*)$ est immédiate.

(1.7) Rappelons finalement que le morphisme d'adjonction

$$\mathbb{Q}_X \longrightarrow \mathbb{R}k_*\mathbb{Q}_{\tilde{X}^*}$$

permet de définir le complexe de cycles évanescents, $\Phi^{\bullet}\mathbb{Q}_X$, par le triangle distingué

$$i^{-1}\mathbb{Q}_X \longrightarrow \psi^{\cdot}\mathbb{Q}_X \longrightarrow \Phi^{\cdot}\mathbb{Q}_X \xrightarrow{+1} .$$

Si on considère l'identité sur $i^{-1}\mathbb{Q}_X$ comme morphisme de monodromie, le morphisme antérieur est compatible avec l'action de la monodromie, et donc $\Phi^{\cdot}\mathbb{Q}_X$ est muni d'un morphisme de monodromie

$$T: \Phi^{\cdot}\mathbb{Q}_X \longrightarrow \Phi^{\cdot}\mathbb{Q}_X$$

induit. Évidemment, on trouve un résultat de descente analogue à (1.6) pour $\Phi^{\cdot}\mathbb{Q}_X$.

2. Le théorème de la monodromie.

Le théorème de la monodromie concerné affirme que les actions locale et globale, f propre, de T sont quasi-unipotentes, c'est à dire qu'il existe des entiers $N, r > 0$ tels que

$$(T^N - 1)^r = 0 .$$

(2.1) Rappelons d'abord le cas bien connu d'un diviseur à croisements normaux, (cf. aussi [4]).

Soit $f: \mathbb{C}^n \longrightarrow \mathbb{C}$ la fonction analytique définie par

$$f(z_1,\ldots,z_n) = z_1^{m_1}\ldots z_s^{m_s}$$

avec $m_1 \geq m_2 \geq \ldots \geq m_s > 0$. On pose

$$N(f,0) = \text{pgdc}\ \{m_1,\ldots,m_s\}$$

et

$$K(f,0) = s .$$

Alors on a la

(2.2) Proposition. 1) $\psi^{\cdot}\mathbb{Q}_X$ est un complexe à cohomologie bornée et constructible.

2) f est analytiquement triviale en dehors de l'origine et la monodromie locale T sur $H^p(\psi^\bullet \mathbb{C}_X)_0$ vérifie

$$T^N - 1 = 0 ,$$

où $N = N(f,0)$.

<u>Démonstration</u>. La fibre de Milnor de f en 0 est homotopiquement équivalente à une somme disjointe de N tores de dimension $K-1$, où $K = K(f,0)$. En effet, les ensembles

$$V_\varepsilon = B_\varepsilon \cap f^{-1}(\mathbb{D}) ,$$

où B_ε est une boule de $\mathbb{C}^n$ de centre 0 et rayon ε , forment un système fondamental de voisinages de $0 \in \mathbb{C}^n$ pour $\varepsilon \longrightarrow 0$, et

$$k^{-1}(V_\varepsilon) = \{(z,t) \in B_\varepsilon \times \tilde{\mathbb{D}}^*;\ \prod_{i=1}^{s} z_i^{m_i} = \exp(2\pi i t)\} .$$

Ainsi, si on pose

$$F = \{z \in \mathbb{C}^n;\ z_1^{m_1} \dots z_s^{m_s} = 1\} ,$$

on voit aisément que l'application

$$g\colon k^{-1}(V_\varepsilon) \longrightarrow F \times \tilde{\mathbb{D}}^*$$

définie par

$$g(z,t) = (z_1 \exp(-2\pi i a_1 t/N), \dots, z_s \exp(-2\pi i a_s t/N), z_{s+1}, \dots, z_n, t) ,$$

où les a_i sont des nombres tels que $\sum_{i=1}^{s} a_i m_i = N$, est une équivalence topologique, et donc F est la fibre de Milnor de f en 0 , qui se rétracte sur une somme disjointe de N tores de dimension $K-1$.

La monodromie géométrique est alors donnée par

$$z \longrightarrow (z_1 \exp(\frac{2\pi i}{K m_1}), \dots, z_s \exp(\frac{2\pi i}{K m_s}), z_{s+1}, \dots, z_n)$$

et donc, l'expression en coordonnées polaires devient:

$$\theta \longrightarrow (\theta_1 + \frac{1}{Km_1}, \ldots, \theta_s + \frac{1}{Km_s}, \theta_{s+1}, \ldots, \theta_n)$$

qui correspond à la permutation cyclique des N tores qui forment la fibre de Milnor. Ainsi on trouve bien que

$$T^N - 1 = 0 .$$

Il reste à prouver que $\psi^{\bullet}\mathbb{C}_X$ est à cohomologie bornée et constructible. Soit $Y = f^{-1}(0)$, c'est à dire, Y_{red} est la réunion des hiperplans coordonnés $H_i = \{z_i = 0\}$, $1 \le i \le s$. Étant donné une application strictement croissante $I: [1,i] \longrightarrow [1,s]$, on pose $|I| = i$ et $H_I = \bigcap_{j=1}^{i} H_{I(j)}$. Ainsi on définit une stratification de Y par des sous-espaces fermés

$$Y = Y_1 \supset Y_2 \supset \ldots \supset Y_s \supset 0$$

telle que $Y_i = \bigcup_{|I|=i} H_I$. De la description qu'on a donnée des fibres de $H^p(\psi^{\bullet}\mathbb{C}_X)$, il résulte aisément que ce faisceau est localement constant et de dimension finie sur chaque $Y_i - Y_{i+1}$, et zéro sauf pour un nombre fini des p, ce qui achève la preuve.

(2.3) Soit $f: X \longrightarrow \mathbb{D}$ un morphisme d'une variété lisse X sur le disque $\mathbb{D}$ tel que $Y = f^{-1}(0)$ est un diviseur à croisements normaux de X. Pour tout sous-espace compact E de Y, on pose

$$N(E) = \text{ppcm}\,\{N(f,x)\ ;\ x \in E\}$$

et

$$K(E) = \max\,\{K(f,x)\ ;\ x \in E\} .$$

On remarque que si Y est la somme de diviseurs lisses de multiplicités $m_1, \ldots, m_s$, alors

$$N(Y) = \text{ppcm}\,\{m_1, \ldots, m_s\} .$$

Avec ces notations on a:

(2.4) Proposition. Pour tout sous-espace compact E de Y, la monodromie T sur $\mathbb{H}^p(E, \psi^{\cdot}\mathbb{Q}_X)$ vérifie

$$(T^N - 1)^r = 0 ,$$

où $N = N(E)$ et $r = \min\{p+1, K(E)\}$.

Démonstration. On considère la suite spectrale,

$$E_2^{pq} = H^p(E, H^q(\psi^{\cdot}\mathbb{Q}_X)) \Longrightarrow \mathbb{H}^{p+q}(E, \psi^{\cdot}\mathbb{Q}_X) ,$$

qui est équivariante par rapport à l'action de T.

D'après la proposition (2.2), la monodromie est quasi-unipotente sur chaque fibre $H^q(\psi^{\cdot}\mathbb{Q}_X)_x$, $x \in E$, avec $T^{N(x)}-1 = 0$. Ainsi, pour $N = N(E)$, on a

$$T^N - 1 = 0$$

sur les termes E_r^{pq} de la suite spectrale.

Puisque $H^q(\psi^{\cdot}\mathbb{Q}_X)_x \simeq H^q(F_x, \mathbb{Q})$, où F_x est du type d'homotopie d'une somme disjointe de tores de dimension $K(f,x)-1$, il s'ensuit que la longeur de la filtration induite sur $\mathbb{H}^p(E, \psi^{\cdot}\mathbb{Q}_X)$ est $\leq \min\{p+1, K(E)\}$. Ainsi, le résultat découle du lemme élémentaire ci-dessous.

(2.5) Lemme. Soit (K,F) un complexe filtré d'une catégorie abélienne, tel que

$$K = F^0 \supset F^1 \supset \dots \supset F^s \supset 0 ,$$

et soit u un endomorphisme filtré de (K,F) tel que pour tout p, $0 \leq p \leq s$, $u = 0$ sur $Gr_F^p K$. Alors

$$u^{s+1} = 0 , \text{ sur } K .$$

(2.6) Revenons maintenant au cas général. Soient $f: X \longrightarrow \mathbb{D}$ un morphisme d'espaces analytiques et $Y = f^{-1}(0)$. D'après le théorème de Hironaka on a une modification propre $\pi: \tilde{X} \longrightarrow X$ telle que $\tilde{X}$ est lisse et $\pi^{-1}(Y)$ est un diviseur à croisements normaux, et pour δ suffisamment petit, on peut supposer, d'après les théorèmes de Thom-

Mather, que $f\circ\pi\colon \tilde{X} \longrightarrow \mathbb{D}$ est une fibration topologique hors de l'origine. Ainsi, par la même démarche que dans l'exposé I, on prouve le

(2.7) Théorème. Avec les notations de (2.6), il existe une hyperrésolution cubique $a\colon X_\bullet \longrightarrow X$ de X telle que $Y_\alpha = (fa_\alpha)^{-1}(0)$ sont des diviseurs à croisements normaux dans X_α et les morphismes $f_\alpha\colon X_\alpha \longrightarrow \mathbb{D}$ sont des fibrations topologiques hors de l'origine.

(2.8) Soit E un sous-espace analytique compact de Y et $E_\bullet = a^{-1}(E)$. On pose

$$N(E_\bullet) = \text{ppcm}\,\{N(E_\alpha)\ ;\ \alpha \in \square\}$$

et

$$K(E_\bullet) = \max\,\{K(E_\alpha)\ ;\ \alpha \in \square\}\ ,$$

où $N(E_\alpha)$, $K(E_\alpha)$ sont définis dans (2.3). Alors on a:

(2.9) Théorème. Avec les notations antérieures:

1) Le complexe de faisceaux $\psi^\bullet \mathbb{Q}_X$ est à cohomologie bornée et constructible.

2) La monodromie T sur $\mathbb{H}^p(E, \psi^\bullet\mathbb{Q}_X)$ vérifie

$$(T^N - 1)^r = 0\ ,$$

où $N = N(E_\bullet)$ et $r = \min\,\{p+1, K(E_\bullet)\}$.

Démonstration. 1) En effet, d'après (2.2), (1.6) et le théorème de finitude ([13]), on a que $\psi^\bullet\mathbb{Q}_X$ est à cohomologie bornée et constructible.

2) Par (1.6) il existe une suite spectrale, équivariante par rapport à l'action de T ,

$$E_2^{pq} = H^p(E_\bullet, H^q(\psi^\bullet\mathbb{Q}_{X_\bullet})) \Longrightarrow \mathbb{H}^{p+q}(E, \psi^\bullet\mathbb{Q}_X)\ .$$

De (2.2) on déduit que la monodromie est quasi-unipotente sur chaque E_2^{pq} , vérifiant $T^N - 1 = 0$, et donc aussi sur E_r^{pq} , $r \geq 2$. Maintenant, il ne reste qu'à appliquer le lemme (2.5) pour finir la démonstration du théorème, compte tenu qu'on a

$$E_2^{pq} \neq 0\ ,\ \text{seulement si}\ \ p \geq 0\ ,\ 0 \leq q \leq K(E_\bullet)\ .$$

Les cas les plus souvent considérés du théorème qu'on vient de prouver sont les deux cas extrêmes où E est soit un point, soit tout Y :

(2.10) Corollaire (théorème de la monodromie locale). Soit $f: (X,0) \longrightarrow (\mathbb{D},0)$ un germe de morphisme d'espaces analytiques. Alors il existe $N>0$ et $r \leq p+1$ tels que la monodromie locale T sur $H^p(\psi^{\bullet}\mathbb{Q}_X)_0$ vérifie

$$(T^N-1)^r = 0 .$$

(2.11) Corollaire (théorème de la monodromie globale). Soit $f: X \longrightarrow \mathbb{D}$ un morphisme propre d'espaces analytiques et $Y = f^{-1}(0)$. La monodromie globale T sur $\mathbb{H}^p(Y, \psi^{\bullet}\mathbb{Q}_X)$ vérifie

$$(T^N-1)^r = 0$$

où $N = N(Y_{\bullet})$ et $r = \min\{p+1, K(Y_{\bullet})\}$, $(X_{\bullet}, Y_{\bullet})$ étant une hyperrésolution du couple (X,Y) .

Pour les cycles évanescents, le théorème (2.9) et le lemme des cinq permettent d'établir le:

(2.12) Corollaire. Avec les notations de (2.9), la monodromie T sur $\mathbb{H}^p(E, \Phi^{\bullet}\mathbb{Q}_X)$ est quasi-unipotente.

3. La fonction zêta de la monodromie.

Le but de ce paragraphe est de déterminer la fonction zêta de la monodromie d'un morphisme d'espaces analytiques $f: X \longrightarrow \mathbb{D}$, en termes des données d'une hyperrésolution cubique du couple $(X, f^{-1}(0))$.

On rappelle d'abord le cas où X est lisse et $f^{-1}(0)$ est un diviseur à croisements normaux dans X .

(3.1) Soient H^* un $\mathbb{Q}$-espace vectoriel gradué de dimension finie et $T: H^* \longrightarrow H^*$ un endomorphisme gradué de H^* . On rappelle que le nombre de Lefschetz et la fonction zêta de T sont définis par

$$\Lambda(T) = \sum_{i\geq 0} (-1)^i \mathrm{tr}(T_i: H^i \longrightarrow H^i)$$

et

$$Z(t) = \prod_{i\geq 0} \det(1-tT_i)^{(-1)^{i+1}}$$

respectivement.

Il est bien connu que la fonction zêta de T est reliée aux entiers $\Lambda(T^k)$ par la formule suivante: soient s_i les entiers définis par récurrence selon

$$\Lambda(T^k) = \sum_{i|k} s_i \qquad k \geq 1 ,$$

alors on a

$$Z(t) = \prod_{i\geq 1} (1-t^i)^{-(s_i/i)} .$$

Dans ce qui suit nous ferons usage du lemme suivant, de démonstration élémentaire:

(3.2) <u>Lemme</u>. Soit $\{E_r^{pq}\}$, $r\geq 2$, une suite spectrale d'espaces vectoriels de dimension finie, telle que $E_r^{pq} = 0$ sauf pour un nombre fini des p,q et qui a par aboutissement l'espace vectoriel M , et soit $u\colon E_r^{pq} \longrightarrow E_r^{pq}$ un endomorphisme de la suite spectrale. Alors on a

$$\Lambda(u;M) = \sum_q (-1)^q \Lambda(u;E_2^{*q}) .$$

(3.3) Soit maintenant $f\colon \mathbb{C}^n \longrightarrow \mathbb{C}$ la fonction analytique définie par

$$f(z_1, \ldots, z_n) = z_1^{m_1} \ldots z_s^{m_s}$$

avec $m_1 \geq \ldots \geq m_s > 0$. Si on pose $X = \mathbb{C}^n$ et compte tenu que la fibre de Milnor de f en 0 est une somme disjointe de tores et que T correspond à la permutation cyclique de ces tores, (voir la démonstration de (2.2)), on en déduit aisément que

$$\Lambda(T^k;H^{\bullet}(\psi^{\bullet}\mathbb{C}_X)_0) = \begin{cases} 0 , & \text{pour } s > 1 , \\ 0 , & \text{pour } s = 1 \text{ et } m_1 \nmid k , \\ m_1 , & \text{pour } s = 1 \text{ et } m_1 | k ' \end{cases}$$

et donc on a

$$Z(t) = \begin{cases} 1 , & \text{pour } s > 1 , \\ (1-t^m)^{-1} , & \text{pour } s = 1 \text{ et } m = m_1 . \end{cases}$$

(3.4) Proposition. Soient X une variété complexe et $f: X \longrightarrow \mathbb{D}$ un morphisme de X dans le disque $\mathbb{D}$, tel que $Y = f^{-1}(0)$ soit un diviseur à croisements normaux. Soit E un sous-espace compact de Y, et posons

$$E^m = \{x \in E \; ; \; (Y,x) = (z^m=0,0)\} .$$

Alors on a

$$\Lambda(T^k;\mathbb{H}^*(E, \psi^{\bullet}\mathbb{Q}_X)) = \sum_{m|k} m\chi(E^m)$$

et

$$Z(t) = \prod_{m\geq 1} (1-t^m)^{-\chi(E^m)} .$$

Pour la démonstration de ce résultat, nous aurons besoin des deux lemmes suivants:

(3.5) Lemme. Soient X un espace analytique compact et F un faisceau constructible de $\mathbb{Q}$-espaces vertoriels de dimension finie sur X. Soit $\{X_i\}$ une stratification adaptée à F, (c'est à dire, F est localement constant sur chaque X_i) et soit $u: F \longrightarrow F$ un endomorphisme de F localement constant sur les strates X_i. Alors la trace de $u_x: F_x \longrightarrow F_x$ est constante sur chaque strate, $\mathrm{tr}(u_{X_i})$, et on a

$$\Lambda(u;H^*(X,F)) = \sum \mathrm{tr}(u_{X_i})\chi(X_i) .$$

Démonstration. On raisonne par récurrence sur la dimension du support de F. Il existe un ouvert dense et lisse U de X tel que F est localement constant sur U et $Y = X-U$ est un fermé analytique de X ([13]). Si on note $j: U \longrightarrow X$ l'inclusion, on a la suite exacte

$$0 \longrightarrow j_!F_U \longrightarrow F \longrightarrow F_Y \longrightarrow 0 .$$

Alors par l'hypothèse de récurrence et en vertu de l'additivité de la trace, le problème se réduit à prouver le résultat pour $j_!F_U$. Il suffit donc de prouver que, si U est un ouvert connexe et lisse, on a

$$\Lambda(u;H^*_c(U, F_U)) = \mathrm{tr}(u_U;F_U)\chi(U) .$$

Soit $\{U_i\}_I$ un recouvrement ouvert de U tel que F et u soient constants sur chaque U_i . Associée au recouvrement $\{U_i\}$, on a une résolution de F définie par le complexe de faisceaux

$$G^n = \sum_{|\sigma|=n} j_{\sigma *} F_{U_\sigma} \ , \ n \geq 0 \ ,$$

où $\sigma : [0,n] \longrightarrow I$, et si $|\sigma|=n$, $U_\sigma = U_{\sigma(0)} \cap \ldots \cap U_{\sigma(n)}$ et $j_\sigma : U_\sigma \longrightarrow U$ est l'inclusion. Sur chaque U_σ le morphisme u est constant et par conséquent

$$\Lambda(u; H_c^*(U_\sigma, F_{U_\sigma})) = \operatorname{tr}(u_{U_\sigma}) \chi(U_\sigma)$$

puisque $\chi(U_\sigma) = \chi_c(U_\sigma)$. Maintenant, par le théorème de dualité et (3.1.1), on a les égalités:

$$\begin{aligned}
\Lambda(u; H_c^*(U, F_U)) &= \Lambda(u^*; H^*(U, F_U^*)) \\
&= \sum_{i \geq 0} (-1)^i \sum_{|\sigma|=i} \Lambda(u^*; H^*(U_\sigma, F_{U_\sigma}^*)) \\
&= \sum_{i \geq 0} (-1)^i \sum_{|\sigma|=i} \Lambda(u; H_c^*(U_\sigma, F_{U_\sigma})) \\
&= \sum_{i \geq 0} (-1)^i \sum_{|\sigma|=i} \operatorname{tr}(u_{U_\sigma}) \chi(U_\sigma) \\
&= \operatorname{tr}(u) \sum_{i \geq 0} (-1)^i \sum_{|\sigma|=i} \chi(U_\sigma) \\
&= \operatorname{tr}(u) \chi(U) \ .
\end{aligned}$$

(3.6) Lemme. Soient X un espace analytique compact, $K^{\bullet}$ un complexe de $\mathbb{Q}$-espaces vectoriels à cohomologie bornée et constructible, et u un endomorphisme de $K^{\bullet}$. Alors on a

$$\Lambda(u; \mathbb{H}^*(X, K^{\bullet})) = \sum \Lambda(u_{X_i}; H^*(K^{\bullet})_{X_i}) \chi(X_i) \ ,$$

$\{X_i\}$ étant une stratification adaptée à $H^*(K^{\bullet})$.

Démonstration. Ce résultat est une conséquence du lemme antérieur et de (3.2), puisqu'on a la suite spectrale d'hypercohomologie

$$E_2^{pq} = H^q(X, H^p(K^{\bullet})) \Longrightarrow \mathbb{H}^{p+q}(X, K^{\bullet}) \ .$$

Démonstration de (3.4). Par (2.7), le complexe $\psi^{\cdot}\mathbb{Q}_X$ est à cohomologie bornée et constructible. Ainsi d'après (3.3) et (3.6), il résulte que

$$\Lambda(T^k;\mathbb{H}^*(E,\ \psi^{\cdot}\mathbb{Q}_X)) = \sum_m \Lambda(T^k;H^*(\psi^{\cdot}\mathbb{Q}_X)_{E^m})\chi(E^m)$$

$$= \sum_{m|k} m\chi(E^m)\ .$$

(3.7) Soient maintenant X un espace analytique et $f\colon X \longrightarrow \mathbb{D}$ un morphisme d'espaces analytiques. Soient $Y = f^{-1}(0)$, E un sous-espace analytique compact de Y , et $a\colon (X_{\bullet},Y_{\bullet}) \longrightarrow (X,Y)$ une hyperrésolution du couple (X,Y) , $E_{\bullet} = a_{\bullet}^{-1}(E)$, cf. (2.7), (2.8).

(3.8) Théorème. Soit T la monodromie sur $\mathbb{H}^*(E,\ \psi^{\cdot}\mathbb{Q}_X)$, alors on a

$$\Lambda(T^k;\mathbb{H}^*(E,\ \psi^{\cdot}\mathbb{Q}_X)) = \sum_{m|k} m\chi(E^m_{\bullet})\ ,$$

et

$$Z(t) = \prod_{m\geq 1} (1-t^m)^{-\chi(E^m_{\bullet})}\ ,$$

où on a écrit

$$\chi(E^m_{\bullet}) = \sum_{\alpha\in\square} (-1)^{|\alpha|-1}\,\chi(E^m_{\alpha})\ .$$

Démonstration. Par (3.1), il suffit de prouver la première des égalités antérieures. Puisque $X_{\bullet} \longrightarrow X$ est de descente cohomologique, on a les suites spectrales

$$\bigoplus_{|\alpha|=j+1} H^i(E_{\alpha},\ H^q(\psi^{\cdot}\mathbb{Q}_{X_{\alpha}})) \Longrightarrow H^{i+j}(E_{\bullet},\ H^q(\psi^{\cdot}\mathbb{Q}_{X_{\bullet}}))$$

et

$$H^p(E_{\bullet},\ H^q(\psi^{\cdot}\mathbb{Q}_{X_{\bullet}})) \Longrightarrow \mathbb{H}^{p+q}(E,\ \psi^{\cdot}\mathbb{Q}_X)\ ,$$

donc, par application de (3.4) et (3.2), on a

$$\Lambda(T^k;\mathbb{H}^*(E,\psi^{\cdot}\mathbb{Q}_X)) = \sum_q(-1)^q\,\Lambda(T^k;H^*(E_{\bullet},\ H^q(\psi^{\cdot}\mathbb{Q}_{X_{\bullet}}))$$

$$= \sum_q(-1)^q \sum_{\alpha}(-1)^{|\alpha|-1}\,\Lambda(T^k;H^*(E_{\alpha},\ H^q(\psi^{\cdot}\mathbb{Q}_{X_{\alpha}}))$$

$$= \sum_{\alpha}(-1)^{|\alpha|-1} \Lambda(T^k;\mathbb{H}^*(E_\alpha, \psi^{\bullet}\mathbb{Q}_{X_\alpha}))$$

$$= \sum_{\alpha}(-1)^{|\alpha|-1} \sum_{m|k} m\chi(E_\alpha^m)$$

$$= \sum_{m|k} m\chi(E_{\bullet}^m) .$$

(3.9) Corollaire. Les entiers $\chi(E_{\bullet}^m)$ sont des invariants topologiques du morphisme $f: (X,0) \longrightarrow (\mathbb{D},0)$.

(3.10) De même que dans (2.10) et (2.11), on pourrait énoncer ici les résultats local et global correspondants, ce que nous laissons au lecteur intéressé.

(3.11) Si $(X,0)$ est lisse, A'Campo ([1]) a montré que, pour toute fonction analytique $f: X \longrightarrow \mathbb{D}$ singulière en 0 , on a $\Lambda T = 0$. Ceci n'est pas le cas en général si $(X,0)$ est singulier. Par exemple, si on considère $X \subset \mathbb{C}^3$ défini par

$$y^2 - x^3 + tx^2 = 0$$

et $f(x,y,t) = t$, on trouve aussi que $\Lambda T = 0$, mais si on prend $X \subset \mathbb{C}^3$ défini par

$$y^2 - x^4 + tx^2 = 0$$

et $f(x,y,t) = t$, on trouve alors que $\Lambda T \neq 0$.

Bibliographie

1. N. A'Campo: Le nombre de Lefschetz d'une monodromie, Indag. Math., 35 (1973), 113-118.
2. N. A'Campo: La fonction zêta d'une monodromie, Comm. Math. Helvetici, 50 (1975), 233-248.
3. E. Brieskorn: Die Monodromie der isolierter Singularitäten von Hyperflächen, Manuscripta Math., 29 (1970), 103-162.
4. H. Clemens: Picard-Lefschetz theorem for families of non singular algebraic varieties acquiring ordinary singularities, Trans. Amer. Math. Soc., 136 (1969), 93-108.
5. P. Deligne: Equations différentielles à points singuliers réguliers. Lect. Notes in Math., 163, Springer-Verlag, 1970.
6. P. Deligne: Exposés sur les cycles évanescents. n. XIII, XIV dans SGA 7 II., 82-165, Lect. Notes in Math., 340, Springer-Verlag, 1973.

7. A. Grothendieck: Classes de Chern et représentations linéaires des groupes discrets, dans "Dix exposés sur la cohomologie des schémas", 215-306, North-Holland, 1968.

8. A. Grothendieck: Résumé des premiers exposés de A. Grothendieck, rédigé par P. Deligne dans SGA VII, 1-24, Lect. Notes in Math, 288, Springer-Verlag, 1972.

9. N. Katz: Nilpotent connections and the monodromy theorem. Applications of a result of Turittin, Publ. Math. I.H.E.S., 39 (1970), 175-232.

10. A. Landman: On Picard-Lefschetz transformation for algebraic manifolds acquiring general singularities. Trans. Amer. Math. Soc., 181 (1973), 89-126.

11. Lê D.T.: Remarks on relative monodromy, dans "Real and complex singularities, Oslo 1976", 397-403, Sijthoff & Noordhoff, Alphen aan den Rijn, 1977.

12. Lê D.T.: Le théorème de la monodromie singulier, C. R. Acad. Sci. Paris, 288 (1979), 985-988.

13. J.L. Verdier: Classe d'homologie associée à un cycle, Séminaire de géométrie analytique, Astérisque, 36-37 (1976), 101-152.

14. W. Schmid: Variation of Hodge structure: the singularities of the period mapping, Invent. Math., 22 (1973), 211-319.

Exposé III

DESCENTE CUBIQUE DE LA COHOMOLOGIE DE DE RHAM ALGEBRIQUE

par F. GUILLEN

Soit X une variété algébrique définie sur un corps k de caractéristique zéro. D'après Grothendieck ([4]), on sait que, si $k = \mathbb{C}$ et si X est lisse, l'hypercohomologie du complexe $\Omega^{\bullet}_{X/k}$ des formes différentielles régulières est isomorphe à la cohomologie singulière à coefficients complexes de X^{an}. Ce résultat est faux, en général, si X n'est pas lisse sur $\mathbb{C}$. Plusieurs auteurs ont obtenu algébriquement la cohomologie singulière d'une variété algébrique arbitraire (Deligne, non publié, Herrera-Lieberman [7], Saint-Donat [11], Ogus [9], Hartshorne [6]).

Dans le présent exposé, nous reprenons la ligne de [6], où l'on a montré que si X est une sous-variété fermée d'une variété lisse Z, l'hypercohomologie du completé formel du complexe $\Omega^{\bullet}_{Z/k}$ le long de X a les "bonnes" propriétés envisagées, et par conséquent, Hartshorne a appelé cohomologie de De Rham de X cette hypercohomologie. Nous suivrons la dénomination de Hartshorne, tout en prévenant que d'autres auteurs ont appelé cohomologie de De Rham de X l'hypercohomologie du complexe $\Omega^{\bullet}_{X/k}$.

Dans (1.3) nous prouvons algébriquement que le foncteur $\Omega^{\bullet}_{X/k}$, X lisse, satisfait la propriété de la descente cubique (condition (DC) de (I.3.10)) (cf. [11], qui contient une preuve transcendente du résultat analogue pour les hyperrésolutions simpliciales). A partir de la descente cubique nous déduisons quelques propriétés de la cohomologie de De Rham. Concrètement, dans (1.15) nous montrons que le complexe de De Rham est un facteur direct du complexe des formes différentielles, ce qui donne une version algébrique d'un résultat de Bloom-Herrera [1] (cf. [1] et [3]), et dans (1.20) nous prouvons l'existence d'un morphisme de Gysin pour les sections hyperplanes suffisamment générales d'une variété quasi-projective. Ces résultats nous ont permis de prouver, dans (3.11), quelques théorèmes d'annulation pour la cohomologie de De Rham des variétés affines, et, par conséquent, les théorèmes correspondants du type de Lefschetz, dans (3.12) (cf. [10] et [6]). Dans (2.3), nous démontrons le théorème de descente cubique pour le complexe de De Rham homologique, ce qui nous a permis de définir l'homologie de De Rham des variétés non plongeables (cf. [6]).

Je remercie vivement V. Navarro Aznar qui m'a donné l'idée d'appliquer les hyperrésolutions cubiques dans ce contexte. Je remercie aussi P. Pascual-Gainza avec qui j'ai eu de nombreuses conversations sur ce sujet.

1. Le complexe de De Rham cohomologique.

Dans tout cet exposé k désigne un corps de caractéristique zéro. Nous appellerons schéma tout schéma séparé et de type fini sur k. Si X est un schéma, nous appellerons plongement de X une immersion fermée $X \longrightarrow Z$ de X dans un schéma Z lisse sur k.

1.1 Soit X un schéma, Ω_X^p le $\underline{O}_X$-Module des p-formes différentielles de X par rapport à k. La différentielle extérieure $d: \Omega_X^p \longrightarrow \Omega_X^{p+1}$ est un morphisme k-linéaire de faisceaux, et la suite

$$\Omega_X^0 \xrightarrow{d} \Omega_X^1 \xrightarrow{d} \Omega_X^2 \xrightarrow{d} \cdots$$

est un complexe de faisceaux de k-espaces vectoriels sur X qu'on dénote par $\Omega_X^\bullet$. On appelle filtration de Hodge de $\Omega_X^\bullet$ la filtration F_X définie par

$$F_X^p = \sum_{i \geq p} \Omega_X^i .$$

On a que $Gr_F^p \Omega_X^\bullet = \Omega_X^p[-p]$.

Si $f: X \longrightarrow Y$ est un morphisme de schémas, il existe un morphisme k-linéaire naturel de complexes de faisceaux sur Y

$$f^*: \Omega_Y^\bullet \longrightarrow \mathbb{R}f_*\Omega_X^\bullet ,$$

qui est un morphisme filtré par rapport à la filtration F_Y de $\Omega_Y^\bullet$ et la filtration $\mathbb{R}f_*(F_X)$ de $\mathbb{R}f_*\Omega_X^\bullet$, donc $(\Omega_X^\bullet, F_X)$ définit un foncteur de la catégorie des schémas dans la catégorie fibrée des complexes filtrés de faisceaux sur des schémas variables.

1.2 Si Z est un schéma lisse, on appelle complexe de De Rham cohomologique de Z le complexe de faisceaux $\Omega_Z^\bullet$. Si $X \longrightarrow Z$ est un plongement de X , l'analogue du point vue "topologique" du complexe de De Rham cohomologique de X est la complétation $\Omega_Z^\bullet \hat{|} X$ du complexe de De Rham cohomologique de Z le long de X . Ce complexe définit un objet de la catégorie dérivée $D^+(X,k)$ des faisceaux de k-espaces vectoriels sur X , qui ne dépend pas, à isomorphisme unique près, du plongement et qui est fonctoriel en X (voir [6](II.1)). Dans ce qui suit nous donnons la propriété de descente cubique (cf. (I.6.9)) pour ce complexe.

1.3 Théorème. Soient X un schéma, $a: X_\bullet \longrightarrow X$ une hyperrésolution cubique de X . Si $i: X \longrightarrow Z$ est un plongement de X , les complexes de faisceaux $\Omega^\bullet_{X_\alpha}$ et les morphismes naturels associés aux morphismes de transition de $X_\bullet$ définissent un complexe de faisceaux $\Omega^\bullet_{X_\bullet}$ sur $X_\bullet$, et on a un quasi-isomorphisme

$$\Omega_Z^\bullet \hat{|} X \longrightarrow \mathbb{R}a_*\Omega^\bullet_{X_\bullet} \ .$$

Pour la preuve de (1.3), nous utiliserons deux propriétés du complexe de De Rham d'un schéma plongé: la suite spectrale de Mayer-Vietoris associée à un recouvrement fermé fini (1.4) et la suite exacte d'un morphisme propre (1.5), résultats qui généralisent [6](I.1.18) et [6](II.4.4), respectivement.

1.4 Proposition. Soient X un schéma, $X \longrightarrow Z$ un plongement de X , $\{Y_r\}_{1\le r\le n}$ un recouvrement fermé fini de X . Si $i: Y_\bullet \longrightarrow X$ est le schéma cubique augmenté vers X associé à $\{Y_r\}_{1\le r\le n}$ (voir (I.1.18)), les complexes de faisceaux $\Omega_Z^\bullet \hat{|} Y_\alpha$ et les morphismes de restriction définissent un complexe de faisceaux $\Omega_Z^\bullet \hat{|} Y_\bullet$ sur $Y_\bullet$, et on a un quasi-isomorphisme

$$\Omega_Z^\bullet \hat{|} X \longrightarrow i_*\Omega_Z^\bullet \hat{|} Y_\bullet \ . \tag{1.4.1}$$

En effet, on raisonne par récurrence sur l'entier n . Le cas où $n=2$ a été prouvé au cours de la démonstration de [6](II.4.1). Pour $n > 2$, on pose

$$X' = Y_1 \cup \ldots \cup Y_{n-1} \ ,$$
$$Y'_r = Y_r \ , \text{ pour } 1\le r\le n-1 \ ,$$
$$X'_n = X' \cap Y_n \ ,$$

$$Y'_{n,r} = Y_r \cap Y_n \text{ , pour } 1 \le r \le n-1 \text{ ,}$$

et on note $Y'_{\bullet}$ et $Y'_{n\bullet}$ les schémas cubiques associés aux recouvrements $\{Y'_r\}_{1\le r\le n-1}$ et $\{Y'_{n,r}\}_{1\le r\le n-1}$ de X' et X'_n respectivement. On a alors un diagramme commutatif de morphismes de 1-diagrammes

$$\begin{array}{ccccc} Y'_{n,\bullet} & \longrightarrow & X'_n & \longrightarrow & Y_n \\ \downarrow & & \downarrow & & \downarrow \\ Y'_{\bullet} & \longrightarrow & X' & \longrightarrow & X \end{array}$$

tel que

$$Y_{\bullet} = \mathrm{tot}(Y'_{\bullet} \longleftarrow Y'_{n,\bullet} \longrightarrow Y_n) \text{ .}$$

Par définition, le complexe simple du morphisme (1.4.1) s'identifie au complexe simple du carré commutatif de morphismes de complexes de faisceaux sur X ,

$$\begin{array}{ccc} i_*\Omega^{\bullet}_Z\hat{|}Y'_{n,\bullet} & \longleftarrow & i_*\Omega^{\bullet}_Z\hat{|}Y_n \\ \uparrow & & \uparrow \\ i_*\Omega^{\bullet}_Z\hat{|}Y'_{\bullet} & \longleftarrow & \Omega^{\bullet}_Z\hat{|}X \text{ ,} \end{array} \qquad (1.4.2)$$

qui admet la factorisation

$$\begin{array}{ccccc} i_*\Omega^{\bullet}_Z\hat{|}Y'_{n,\bullet} & \xleftarrow{\;i'^*_n\;} & i_*\Omega^{\bullet}_Z\hat{|}X'_n & \longleftarrow & i_*\Omega^{\bullet}_Z\hat{|}Y_n \\ \uparrow & & \uparrow & & \uparrow \\ i_*\Omega^{\bullet}_Z\hat{|}Y'_{\bullet} & \xleftarrow{\;i'^*\;} & \mathbb{R}i_*\Omega^{\bullet}_Z\hat{|}X' & \longleftarrow & \Omega^{\bullet}_Z\hat{|}X \text{ ,} \end{array}$$

où les flèches notées i'^*_n et i'^* sont des quasi-isomorphismes par l'hypothèse de récurrence, et le carré droit est acyclique, d'après le cas $n=2$. Ceci prouve l'acyclicité de (1.4.2), d'où la proposition.

1.5 <u>Théorème</u>. Soit

$$\begin{array}{ccc} Y' & \xrightarrow{\;i'\;} & X' \\ g\downarrow & & \downarrow f \\ Y & \xrightarrow{\;i\;} & X \end{array} \qquad (1.5.1)$$

un carré cartésien de morphismes de schémas. On suppose vérifiées les hypothèses suivantes:

i) les morphismes i et i' sont des immersions fermées,

ii) le morphisme f est propre et induit un isomorphisme de schémas de $U' = X'-Y'$ sur $U = X-Y$,

iii) il existe des plongements $X' \longrightarrow Z'$ et $X \longrightarrow Z$ de X' et X respectivement, et un morphisme propre $h: Z' \longrightarrow Z$ tel que $h|_{X'} = f$.

Dans ces conditions les morphismes naturels induisent un carré commutatif de morphismes de complexes de faisceaux sur X ,

$$\begin{array}{ccc} i_*\mathbb{R}g_*\Omega_{Z'}\hat{|}Y' & \longleftarrow & \mathbb{R}f_*\Omega_{Z'}\hat{|}X' \\ \uparrow & & \uparrow \\ i_*\Omega_Z\hat{|}Y & \longleftarrow & \Omega_Z\hat{|}X \end{array} \qquad (1.5.2)$$

dont le complexe simple associé est acyclique.

La démonstration se fait en plusieurs étapes.

1) On peut d'abord se ramener au cas où f est birationnel. En effet, si X_1 , resp. X_1' , est l'adhérence de U , resp. U' , dans X , resp. X' , f induit un morphisme birationnel propre

$$f_1 : X_1' \longrightarrow X_1$$

tel que, si l'on note $Y_1 = Y \cap X_1$ et $Y_1' = Y' \cap X_1'$, f_1 soit un isomorphisme de $U' = X_1'-Y_1'$ sur $U = X_1-Y_1$.

Le diagramme (1.5.1) se factorise en

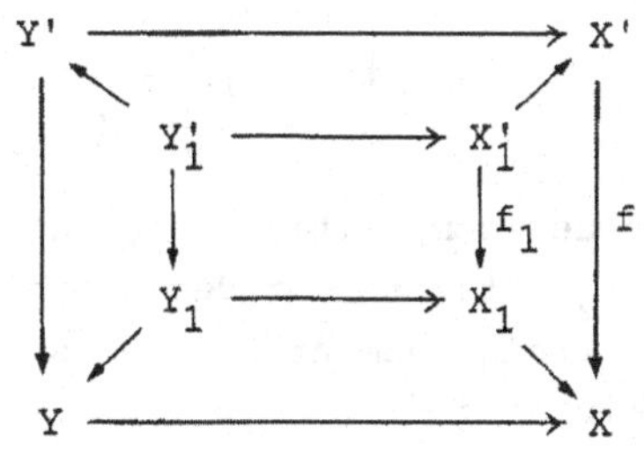

et comme le théorème est vrai pour les carrés supérieur et inférieur, en vertu de (1.4), et il en est de même pour le carré central si l'on suppose que le théorème se vérifie si f est birationnel, on en déduit l'acyclicité de (1.5.2).

2) Supposons maintenant que f soit birationnel. On va se ramener au

cas où X soit irréductible. En effet, f , étant birationnel, induit une bijection entre la famille $\{X'_r\}_{1\le r\le n}$ des composantes irréductibles de X' et la famille $\{X'_r\}_{1\le r\le n}$ des composantes irréductibles de X .

Si on pose

$$Y_r = Y \cap X_r \ , \text{ pour } 1 \le r \le n \ ,$$
$$Y'_r = Y' \cap X'_r \ , \text{ pour } 1 \le r \le n \ ,$$

et on note $X'_\bullet$, $Y'_\bullet$, $X_\bullet$ et $Y_\bullet$ les schémas cubiques associés aux recouvrements $\{X'_r\}$, $\{Y'_r\}$, $\{X_r\}$ et $\{Y_r\}$ de X' , Y' , X et Y respectivement, alors, en vertu de (1.4), il suffit de prouver le théorème pour le diagramme induit

$$\begin{array}{ccc} Y'_\alpha & \longrightarrow & X'_\alpha \\ \downarrow & & \downarrow{\scriptstyle f_\alpha} \\ Y_\alpha & \xrightarrow{i_\alpha} & X_\alpha \end{array} \ ,$$

pour tout $\alpha \in \square_n$. Mais dans le diagramme antérieur X_α est irréductible et, ou bien f_α est birationnel, ou bien i_α est l'identité. Dans le dernier cas, le résultat est trivial.

3) Supposons que f soit birationnel et X soit irréductible. D'après un résultat d'Hironaka, il existe un diagramme commutatif

$$\begin{array}{ccccc} \bar{X}' & \xrightarrow{f_4} & \bar{X} & & \\ & {\scriptstyle f_3}\searrow & \downarrow{\scriptstyle f_2} & \searrow{\scriptstyle f_1} & \\ & & X' & \xrightarrow{f} & X \end{array} \qquad (1.5.3)$$

tel que f_1 , f_3 soient des compositions d'éclatements relativement à des centres lisses, et f_2 , f_4 soient des morphismes birationnels propres. Si on éclate Z relativement aux mêmes centres que X on obtient un diagramme commutatif

$$\begin{array}{ccccc} \bar{Y} & \longrightarrow & \bar{X} & \longrightarrow & Z \\ \downarrow & & \downarrow{\scriptstyle f_1} & & \downarrow{\scriptstyle g_1} \\ Y & \longrightarrow & X & \longrightarrow & Z \end{array}$$

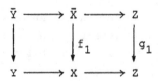

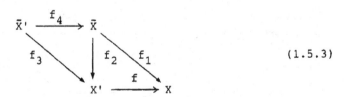

où $\bar{Y} = f_1^{-1}(Y)$, et le théorème est vrai pour le carré gauche, d'après les arguments donnés au cours de la démonstration de [6](II.4.4).

Le diagramme (1.5.3) induit un diagramme de complexes de faisceaux

$$\begin{array}{ccccc} s(\bar{X}'/\bar{Y}') & \xleftarrow{\;f_4^*\;} & s(\bar{X}/\bar{Y}) & & \\ & \nwarrow^{f_3^*} & \uparrow f_2^* & \nwarrow^{f_1^*} & \\ & & s(X'/Y') & \xleftarrow{\;f^*\;} & s(X/Y) \end{array}$$

où $s(X/Y)$ dénote le complexe simple du morphisme

$$\Omega_Z^{\bullet}\hat{|}X \longrightarrow i_*\Omega_Z^{\bullet}\hat{|}Y ,$$

etc.. L'assertion du théorème est équivalente à que f^* soit un quasi-isomorphisme, mais, d'après le raisonnement antérieur, f_1^* (et aussi f_3^* , par le même argument) est un quasi-isomorphisme, d'où on déduit la même propriété pour f_2^* et, donc, pour f^* , ce qui prouve le théorème.

<u>Preuve de (1.3)</u>. Si $X_{\bullet}$ est une hyperrésolution cubique n-itérée de X , on raisonne par récurrence sur n et on se ramène aussitôt au cas où $n=1$. Dans ce cas, si $X_{\bullet}$ est un $\square_r$-schéma, on raisonne par récurrence sur r , et on se ramène immédiatement au cas où $r=1$, et le théorème résulte de (1.5).

1.6 <u>Proposition</u>. Soient X un schéma, $a\colon X_{\bullet}^1 \longrightarrow X$ et $b\colon X_{\bullet}^2 \longrightarrow X$ deux hyperrésolutions cubiques de X . Alors tout morphisme $f\colon X_{\bullet}^1 \longrightarrow X_{\bullet}^2$ d'hyperrésolutions cubiques induit un quasi-isomorphisme de complexes de faisceaux sur X

$$f^*\colon \mathbb{R}b_*\Omega^{\bullet}_{X_{\bullet}^2} \longrightarrow \mathbb{R}a_*\Omega^{\bullet}_{X_{\bullet}^1} .$$

En effet, puisque le morphisme f^* est défini de façon naturelle, la question est locale sur X , donc on peut se borner au cas où X est plongeable et, dans ce cas, la proposition résulte de (1.3).

1.7 Si X est un schéma, le produit extérieur munit le complexe $\Omega_X^{\bullet}$ d'une structure de faisceau de k-algèbres dgc (voir [8] pour les notations). Si $f\colon X \longrightarrow Y$ est un morphisme de schémas, le morphisme

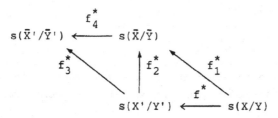

$$f^{-1}\Omega_Y^{\bullet} \longrightarrow \Omega_X^{\bullet}$$

induit par f est un morphisme de faisceaux de k-algèbres dgc sur X. Il résulte donc que le morphisme

$$f_{TW}^{*}: \Omega_Y^{\bullet} \longrightarrow \mathbb{R}_{TW}f_*\Omega_X^{\bullet}$$

est aussi un morphisme de faisceaux de k-algèbres dgc. D'après [8], le morphisme intégral induit un quasi-isomorphisme de complexes de faisceaux sur Y

$$I: \mathbb{R}_{TW}f_*\Omega_X^{\bullet} \longrightarrow \mathbb{R}f_*\Omega_X^{\bullet}$$

tel que le diagramme

$$\begin{array}{ccc} \Omega_Y^{\bullet} & \xrightarrow{f_{TW}^{*}} & \mathbb{R}_{TW}f_*\Omega_X^{\bullet} \\ & {\scriptstyle f^{*}}\searrow & \downarrow{\scriptstyle I} \\ & & \mathbb{R}f_*\Omega_X^{\bullet} \end{array}$$

est commutatif.

Soit $a_{\bullet}: X_{\bullet} \longrightarrow X$ une hyperrésolution cubique de X. D'après la construction [5](2.1.6), on obtient un schéma simplicial strict qu'on dénote encore par $a: X_{\bullet} \longrightarrow X$. Alors les faisceaux de k-algèbres dgc $\mathbb{R}_{TW}a_{\alpha *}\Omega_{X_\alpha}^{\bullet}$ définissent un objet cosimplicial strict de la catégorie $\underline{A}(X,k)$ des faisceaux de k-algèbres dgc sur X, dont le simple de Thom-Whitney (loc. cit.) sera dénoté par $\mathbb{R}_{TW}a_*\Omega_{X_\bullet}^{\bullet}$. Alors le morphisme intégral induit un quasi-isomorphisme de complexes de faisceaux sur X

$$I: \mathbb{R}_{TW}a_*\Omega_{X_\bullet}^{\bullet} \longrightarrow \mathbb{R}a_*\Omega_{X_\bullet}^{\bullet} ,$$

d'où, avec (1.6), on déduit aisément la

1.8 <u>Proposition</u>. Sous les hypothèses de (1.6), le morphisme

$$f_{TW}^{*}: \mathbb{R}_{TW}b_*\Omega_{X_\bullet^2}^{\bullet} \longrightarrow \mathbb{R}_{TW}a_*\Omega_{X_\bullet^1}^{\bullet}$$

est un isomorphisme dans Ho $\underline{A}(X,k)$.

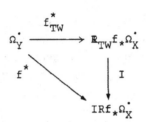

1.9 Rappelons que, d'après (I.3.9), on peut choisir pour tout schéma X une hyperrésolution cubique $a: \eta(X) \longrightarrow X$ de X, fonctorielle en X dans la catégorie Ho Hrc(Sch), telle que $\dim \eta(X)_\alpha \leq \dim X-|\alpha|+1$ si $\alpha \in \mathrm{typ}\, \eta(X)$, et qui pour X lisse vérifie $\eta(X) = X$. Les résultats (1.6) et (I.3.10) permettent de donner la

1.10 Définition. Soit X un schéma; nous appellerons complexe de De Rham cohomologique de X l'objet $DR_X^{\bullet}$ de $D^+(X,k)$ défini par

$$DR_X^{\bullet} = \mathbb{R}a_*\Omega^{\bullet}_{\eta(X)} .$$

Si $f: X \longrightarrow Y$ est un morphisme de schémas, $\eta(f)$ induit un morphisme

$$f^*: DR_Y^{\bullet} \longrightarrow \mathbb{R}f_*DR_X^{\bullet}$$

dans $D^+(Y,k)$.

1.11 Avec les définitions antérieures $DR^{\bullet}$ est un foncteur de la catégorie des schémas dans la catégorie fibrée au-dessus de la catégorie des schémas, dont la fibre au-dessus d'un schéma X est la catégorie dérivée $D^+(X,k)$. Si η' est un autre choix pour le quasi-inverse de Ho w (voir (I.3.10)), les foncteurs $DR_\eta^{\bullet}$ et $DR_{\eta'}^{\bullet}$ sont naturellement équivalents.

D'après (1.8), le complexe de faisceaux $DR_X^{\bullet}$ est muni d'une structure de faisceau de k-algèbres dgc, définie à quasi-équivalence unique près. Cette structure est aussi fonctorielle. Nous n'insisterons plus sur ce point, mais la plupart des énoncés que nous donnerons par la suite ont leur contrepartie multiplicative.

1.12 Proposition. Soit X un schéma.

i) Si $a: X_{\bullet} \longrightarrow X$ est une hyperrésolution cubique de X, on a un isomorphisme

$$\mathbb{R}a_*\Omega^{\bullet}_{X_{\bullet}} \simeq DR_X^{\bullet}$$

dans $D^+(X,k)$.

ii) Si $i: Y \longrightarrow X$ est une immersion fermée de schémas, on a un isomorphisme

$$DR_X^{\bullet}\hat{|}Y \simeq DR_Y^{\bullet}$$

dans $D^+(Y,k)$.

iii) Si $j: U \longrightarrow X$ est un morphisme étale, on a un isomorphisme

$$j^*(DR_X^\bullet) \approx DR_U^\bullet$$

dans $D^+(U,k)$.

iv) (Mayer-Vietoris). Soient $\{Y_r\}_{0\leq r\leq n}$ un recouvrement fermé fini de X , $i: Y_\bullet \longrightarrow X$ le schéma cubique augmenté sur X associé à $\{Y_r\}_{0\leq r\leq n}$. Alors les complexes de faisceaux $DR_{Y_\alpha}^\bullet$, $\alpha \in \square_n$, définissent un complexe de faisceaux $DR_{Y_\bullet}^\bullet$ sur $Y_\bullet$ et on a un isomorphisme

$$DR_X^\bullet \approx i_* DR_{Y_\bullet}^\bullet$$

dans $D^+(X,k)$.

v) (Cech). Soient $\{U_r\}_{0\leq r\leq n}$ un recouvrement ouvert fini de X , $j: U_\bullet \longrightarrow X$ le schéma cubique augmenté vers X associé à $\{U_r\}_{0\leq r\leq n}$. Alors les complexes de faisceaux $DR_{U_\alpha}^\bullet$, $\alpha \in \square_n$, définissent un complexe de faisceaux $DR_{U_\bullet}^\bullet$ sur $U_\bullet$ et on a un isomorphisme

$$DR_X^\bullet \approx \mathbb{R}j_* DR_{U_\bullet}^\bullet$$

dans $D^+(X,k)$.

vi) Sous les hypothèses i) à iii) du théorème (1.5), on a un diagramme commutatif

$$\begin{array}{ccc} i_*\mathbb{R}g_*DR_{Y'}^\bullet & \longleftarrow & \mathbb{R}f_*DR_{X'}^\bullet \\ \uparrow & & \uparrow \\ i_*DR_Y^\bullet & \longleftarrow & DR_X^\bullet \end{array}$$

de morphismes de complexes de faisceaux sur X dont le complexe simple associé est acyclique.

vii) (Künneth). Si X et Y sont deux schémas, on a un isomorphisme

$$DR_{X\times Y}^\bullet \approx DR_X^\bullet \boxtimes DR_Y^\bullet$$

dans $D^+(X\times Y,k)$.

viii) (Changement de corps de base). Si k' est une extension de k , et on pose $X' = X\times_k k'$, on a un isomorphisme

$$DR_{X'}^\bullet \approx DR_X^\bullet \otimes_k k'$$

dans $D^+(X',k')$.

En effet, i) résulte de (1.6).

Prouvons ii). Le morphisme

$$i^*: DR^{\bullet}_X \longrightarrow i_*DR^{\bullet}_Y$$

induit un morphisme sur les complétés le long de Y, donc la question est locale. Cela étant, on peut supposer que X admet un plongement $X \longrightarrow Z$. On a alors un diagramme commutatif de morphismes

$$\begin{array}{ccc} DR^{\bullet}_X \hat{|} Y & \longrightarrow & DR_Y \\ \uparrow & & \uparrow \\ (\Omega^{\bullet}_Z|X)\hat{|}Y & \longrightarrow & (\Omega^{\bullet}_Z\hat{|}Y) \end{array} ,$$

où, en vertu de (1.5), les flèches verticales sont des isomorphismes, et il en est évidemment de même de la flèche horizontale inférieure, d'où ii).

Prouvons iii). Si $X_{\bullet} \longrightarrow X$ est une hyperrésolution cubique de X et l'on pose $U_{\bullet} = X_{\bullet} \times_X U$, alors $U_{\bullet} \longrightarrow U$ est une hyperrésolution cubique de U et $U_{\bullet} \longrightarrow X_{\bullet}$ est un morphisme étale de schémas cubiques, d'où iii).

Nous allons prouver iv). D'abord on va définir le morphisme

$$DR_X \longrightarrow i_*DR_{Y_{\bullet}} .$$

Pour cela, soit $Y^+_{\bullet} = \mathrm{tot}(i: Y_{\bullet} \longrightarrow X)$. Prenons une hyperrésolution cubique $a^+_{\bullet}: Y^+_{\bullet\bullet} \longrightarrow Y^+_{\bullet}$ de $Y^+_{\bullet}$. Alors on identifie $Y^+_{\bullet\bullet}$ au 1-diagramme total d'un morphisme de 1-diagrammes

$$i_{\bullet}: Y_{\bullet\bullet} \longrightarrow X_{\bullet} ,$$

où $a: X_{\bullet} \longrightarrow X$, resp. $a_{\bullet}: Y_{\bullet\bullet} \longrightarrow Y_{\bullet}$, est une hyperrésolution cubique de X, resp. $Y_{\bullet}$. On a un diagramme commutatif de morphismes de 1-diagrammes

$$\begin{array}{ccc} Y_{\bullet\bullet} & \xrightarrow{i_{\bullet}} & X_{\bullet} \\ {\scriptstyle a_{\bullet}}\downarrow & & \downarrow{\scriptstyle a} \\ Y_{\bullet} & \xrightarrow{i} & X \end{array}$$

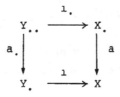

Puisque le complexe de faisceaux $\mathbb{R}a_{\alpha *}\Omega^{\cdot}_{Y_{\alpha \cdot}}$ est isomorphe dans $D^{+}(Y_{\alpha},k)$ à $DR^{\cdot}_{Y_{\alpha}}$, pour tout $\alpha \in \square^{+}_{n}$, les $\mathbb{R}a_{\alpha *}\Omega^{\cdot}_{Y_{\alpha \cdot}}$, $\alpha \in \square_{n}$, définissent un complexe de faisceaux $\mathbb{R}a_{\cdot *}\Omega^{\cdot}_{Y_{\cdot\cdot}}$ sur $Y_{\cdot}$, qui est une incarnation de $DR^{\cdot}_{Y_{\cdot}}$, et le diagramme antérieur induit un morphisme

$$DR^{\cdot}_{X} \approx \mathbb{R}a_{*}\Omega^{\cdot}_{X_{\cdot}} \longrightarrow \mathbb{R}i_{\cdot *}\mathbb{R}a_{*}\Omega^{\cdot}_{Y_{\cdot\cdot}} \approx i_{*}\mathbb{R}a_{\cdot *}\Omega^{\cdot}_{Y_{\cdot\cdot}} \approx i_{*}DR^{\cdot}_{Y_{\cdot}}$$

dans la catégorie $D^{+}(X,k)$.

Pour prouver que ce morphisme est un isomorphisme, la question étant locale, on peut supposer que X est plongeable. Dans ce cas la propriété iv) résulte de (1.4).

Pour prouver v), on remarque d'abord que, si $a: X_{\cdot} \longrightarrow X$ est une hyperrésolution cubique de X, les schémas cubiques $U_{\alpha \cdot} = U_{\alpha} \times_{X} X_{\cdot}$, $\alpha \in \square_{n}$, définissent une hyperrésolution cubique $a_{\cdot}: U_{\cdot\cdot} \longrightarrow U_{\cdot}$ de $U_{\cdot}$, d'où il résulte que $\mathbb{R}a_{\cdot *}\Omega^{\cdot}_{U_{\cdot\cdot}}$ est une incarnation de $DR^{\cdot}_{U_{\cdot}}$. D'ailleurs on a un morphisme de 1-diagrammes $j_{\cdot}: U_{\cdot\cdot} \longrightarrow X_{\cdot}$, et un diagramme commutatif de morphismes

$$\begin{array}{ccc} U_{\cdot\cdot} & \xrightarrow{j_{\cdot}} & X_{\cdot} \\ {\scriptstyle a_{\cdot}}\downarrow & & \downarrow{\scriptstyle a} \\ U_{\cdot} & \xrightarrow{j} & X \end{array}$$

qui induit des isomorphismes

$$\begin{aligned} DR^{\cdot}_{X} &\approx \mathbb{R}a_{*}\Omega^{\cdot}_{X_{\cdot}} \\ &\approx \mathbb{R}a_{*}\mathbb{R}j_{\cdot *}\Omega^{\cdot}_{U_{\cdot\cdot}} \\ &\approx \mathbb{R}j_{*}\mathbb{R}a_{\cdot *}\Omega^{\cdot}_{U_{\cdot\cdot}} \\ &\approx \mathbb{R}j_{*}DR^{\cdot}_{U_{\cdot}} \end{aligned}$$

dans la catégorie $D^{+}(X,k)$, d'où v).

vi) résulte de (1.5) en utilisant un raisonnement analogue à celui employé dans iv).

La formule de Künneth vii) se déduit de la même formule pour les faisceaux cohérents, et de la compatibilité de la formation de $\Omega^{\cdot}$ avec les produits.

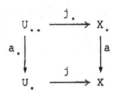

La formule viii) résulte aisément de la compatibilité de la formation de $\Omega^{\bullet}$ avec le changement de corps de base, compte tenu que, si $X_{\bullet} \longrightarrow X$ est une hyperrésolution cubique de X, $X_{\bullet} \times_k k'$ est alors une hyperrésolution cubique de X'.

1.13 Hartshorne a utilisé la résolution de Cech pour étendre la cohomologie de De Rham aux schémas qui ne sont pas globalement plongeables (voir [6](II.1.Remark)). Nous allons montrer maintenant la coïncidence de cette extension avec celle définie dans (1.10).

D'abord nous rappelons la construction de Hartshorne. Soient X un schéma, $\{i_r: U_r \longrightarrow Z_r\}_{0\le r\le n}$ un système fini de plongements locaux de X, c'est-à-dire que $\{U_r\}_{0\le r\le n}$ est un recouvrement ouvert fini de X et $i_r: U_r \longrightarrow Z_r$ est un plongement de U_r, pour tout r. Soit $j: U_{\bullet} \longrightarrow X$ le schéma cubique augmenté vers X associé au recouvrement $\{U_r\}_{0\le r\le n}$. Posons

$$Z_\alpha = \Pi\{Z_r ; \alpha_r = 1\} , \alpha \in \square_n .$$

Alors $Z_{\bullet}$, muni des morphismes de projection, est un $\square_n$-schéma lisse et les immersions fermées $U_r \longrightarrow Z_r$, $0\le r\le n$, induisent une immersion fermée $i_{\bullet}: U_{\bullet} \longrightarrow Z_{\bullet}$ de $\square_n$-schémas.

Il résulte de (1.3) et (1.12.v) la

1.14 __Proposition__. Sous les hypothèses de (1.13), les complexes de faisceaux $\Omega^{\bullet}_{Z_\alpha} \hat{|} U_\alpha$, $\alpha \in \square_n$, définissent un complexe de faisceaux $\Omega^{\bullet}_{Z_{\bullet}} \hat{|} U_{\bullet}$ sur $U_{\bullet}$, et on a un isomorphisme

$$\mathbb{R}j_*\Omega^{\bullet}_{Z_{\bullet}} \hat{|} U_{\bullet} \approx DR^{\bullet}_X$$

dans $D^+(X,k)$.

Le résultat suivant est une version algébrique d'un théorème de Bloom-Herrera [1].

1.15 __Théorème__. Soit X un schéma. Le morphisme naturel

$$a^* : \Omega^{\bullet}_X \longrightarrow DR^{\bullet}_X ,$$

induit par l'hyperrésolution cubique $a: \eta(X) \longrightarrow X$ de X, possède une section naturelle

$$\sigma\colon DR_X^{\bullet} \longrightarrow \Omega_X^{\bullet}$$

dans la catégorie dérivée $D^+(X,k)$.

En effet, puisque X est de type fini sur k , il existe un système fini $\{i_r\colon U_r \longrightarrow Z_r\}_{0\le r\le n}$ de plongements locaux de X . Avec les notations de (1.13), compte tenu de (1.3), on a des quasi-isomorphismes $\Omega_{Z_\alpha}^{\bullet}\hat{|}U_\alpha \to DR_{U_\alpha}^{\bullet}$ qui se factorisent en

$$\begin{array}{ccc} & \Omega_{U_\alpha}^{\bullet} & \\ \nearrow & & \searrow \\ \Omega_{Z_\alpha}^{\bullet}\hat{|}U_\alpha & \longrightarrow & DR_{U_\alpha}^{\bullet} \end{array} ,$$

pour tout $\alpha \in \square_n$, d'où il résulte un triangle commutatif de morphismes de complexes de faisceaux sur X ,

$$\begin{array}{ccc} & \mathbb{R}j_*\Omega_{U_\bullet}^{\bullet} & \\ \nearrow & & \searrow \\ \mathbb{R}j_*\Omega_{Z_\bullet}^{\bullet}\hat{|}U_\bullet & \longrightarrow & \mathbb{R}j_*DR_{U_\bullet}^{\bullet} \end{array}$$

qui induit, d'après (1.12.v), un triangle commutatif de morphismes de $D^+(X,k)$,

$$\begin{array}{ccc} & \Omega_X^{\bullet} & \\ {\scriptstyle\sigma}\nearrow & & \searrow \\ \mathbb{R}j_*\Omega_{Z_\bullet}^{\bullet}\hat{|}U_\bullet & \longrightarrow & DR_X^{\bullet} \end{array}$$

tel que la flèche horizontale est un isomorphisme, d'où le théorème.

1.16 Soit X un schéma. Posons $X_\bullet = \eta(X)$ et $a\colon X_\bullet \longrightarrow X$ l'augmentation correspondante. On considère pour tout α la filtration de Hodge F_α sur $\Omega_{X_\alpha}^{\bullet}$. Puisqu'on a $DR_X^{\bullet} = \mathbb{R}a_*\Omega_{X_\bullet}^{\bullet}$, on obtient une filtration F_η sur $DR_X^{\bullet}$, définie par

$$(DR_X^{\bullet},F_\eta) = \mathbb{R}a_*(\Omega_{X_\bullet}^{\bullet},F_\bullet) .$$

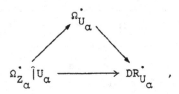

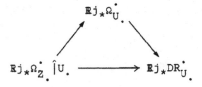

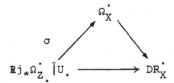

A priori, cette filtration dépend essentiellement du choix de η, mais on peut prouver, avec la théorie de Hodge-Deligne (voir (VI.3.3)), que, si $k = \mathbb{C}$, la filtration est indépendante de η. Le théorème de changement de corps de base (1.12.ix) et le principe de Lefschetz ([2] (V, p. 112)) montrent l'unicité de cette filtration pour tout corps k de caractéristique zéro. Ici nous n'utiliserons pas ce résultat, car il nous suffira de faire un choix particulier de F_η pour obtenir les résultats sur $DR_X^\bullet$ que nous cherchons.

1.17 Proposition. Soit X un schéma. Si F_η est la filtration de Hodge sur $DR_X^\bullet$ induite par l'hyperrésolution cubique $\eta(X)$, alors

i) les faisceaux de cohomologie $H^n Gr^p_{F_\eta} DR_X^\bullet$ sont des $\underline{O}_X$-Modules cohérents,

ii) $\dim \operatorname{supp} H^n Gr^p_{F_\eta} DR_X^\bullet \leq \dim X - n + p$, et

iii) $Gr^p_{F_\eta} DR_X^\bullet = 0$, si $p > \dim X$.

En effet, soit $X_\bullet = \eta(X)$ et $a: X_\bullet \longrightarrow X$ l'augmentation correspondante, alors la première assertion résulte aussitôt de la suite spectrale

$$E_1^{ij} = \sum_{|\alpha|=i+1} R^{j-p} a_{\alpha *} \Omega^p_{X_\alpha} \Longrightarrow H^{i+j} Gr^p_{F_\eta} DR_X^\bullet .$$

La condition $\dim X_\alpha \leq \dim X - |\alpha| + 1$ (voir (1.9)) entraîne

$$\dim \operatorname{supp} R^{j-p} a_{\alpha *} \Omega^p_{X_\alpha} \leq \dim X - i - j + p ,$$

d'où on déduit

$$\dim \operatorname{supp} H^{i+j} Gr^p_{F_\eta} DR_X^\bullet \leq \dim X - (i+j) + p ,$$

ce qui montre la deuxième assertion.

La dernière affirmation est immédiate, à partir de la relation $\dim X_\alpha \leq \dim X$ pour tout α, et de l'isomorphisme

$$Gr^p_{F_\eta} DR_X^\bullet \approx \mathbb{R} a_* Gr^p_{F_\bullet} \Omega^\bullet_{X_\bullet} .$$

1.18 Soit X un schéma. Si $X \longrightarrow Z$ est un plongement de X, la filtration de Hodge F_Z sur le complexe $\Omega_Z^\bullet$ induit une filtration sur $\Omega_Z^\bullet \hat{|} X$, notée momentanément F_Z. Ogus ([10]) a appelé cette filtration la filtration de Hodge formelle du plongement.

Il est aise de voir qu'on a un morphisme filtré

$$(\Omega_Z^{\bullet}\hat{|}X, F_Z) \longrightarrow (DR_X^{\bullet}, F_\eta) \ ,$$

qui induit un morphisme sur les faisceaux de cohomologie

$$H^n(Gr_{F_Z}^p \Omega_Z^{\bullet}\hat{|}X) \longrightarrow H^n(Gr_{F_\eta}^p DR_X^{\bullet}) \ ,$$

et il résulte aussitôt de la définition de F_Z que ce morphisme est nul pour $n \neq p$.

1.19 Corollaire. Soit X un schéma, alors les faisceaux de cohomologie $H^n(DR_X^{\bullet})$ sont nuls pour $n > \dim X$ et $n < 0$.

En effet, avec les notations de (1.18), on a des suites spectrales

$$'E_1^{pq} = H^{p+q}(Gr_{F_Z}^p \Omega_Z^{\bullet}\hat{|}X) \Longrightarrow H^{p+q}(\Omega_Z^{\bullet}|X) \ ,$$

et

$$''E_1^{pq} = H^{p+q}(Gr_{F_\eta}^p DR_X^{\bullet}) \Longrightarrow H^{p+q}(DR_X^{\bullet})$$

et le morphisme filtré $(\Omega_Z^{\bullet}\hat{|}X, F_Z) \longrightarrow (DR_X^{\bullet}, F_\eta)$ induit un morphisme de suites spectrales tel que le morphisme

$$'E_1^{pq} \longrightarrow {''E_1^{pq}}$$

est nul pour $p+q > \dim X$, en vertu de (1.18) et (1.17 iii)), d'où il résulte que le morphisme $H^n(\Omega_Z^{\bullet}\hat{|}X) \longrightarrow H^n(DR_X^{\bullet})$ est nul pour $n > \dim X$.

D'après (1.3), on obtient $H^n(DR_X^{\bullet}) = 0$ si $n > \dim X$. Pour $n < 0$, on a trivialement $H^n(DR_X^{\bullet}) = 0$.

1.20 Proposition. Soit X un schéma quasi-projectif. Si Y est une section hyperplane de X suffisamment générale, il existe un morphisme de Gysin

$$DR_Y^{\bullet} \longrightarrow \mathbb{R}\Gamma_Y DR_X^{\bullet}[2]$$

et c'est un quasi-isomorphisme.

En effet, si $X_{\bullet} \longrightarrow X$ est une hyperrésolution cubique de X et si Y est une section hyperplane en position générale par rapport à $X_\alpha \longrightarrow X$, pour tout α, alors $Y_\bullet = X_\bullet \times_X Y$ est une hyperrésolution cubique de Y et il existe une immersion fermée $Y_\bullet \longrightarrow X_\bullet$ telle que $Y_\alpha \longrightarrow X_\alpha$ soit de codimension 1, pour tout α. D'après [6](II.3.1), le morphisme trace

$$\Omega^\bullet_{Y_\alpha} \longrightarrow \mathbb{R}\Gamma_{Y_\alpha}\Omega^\bullet_{X_\alpha}[2]$$

est un quasi-isomorphisme compatible avec les morphismes de transition, d'où il résulte un quasi-isomorphisme

$$\mathbb{R}a_*\Omega^\bullet_{Y_\bullet} \longrightarrow \mathbb{R}a_*\mathbb{R}\Gamma_{Y_\bullet}\Omega^\bullet_{X_\bullet}[2] \approx \mathbb{R}\Gamma_Y\mathbb{R}a_*\Omega^\bullet_{X_\bullet}[2] ,$$

qui implique (1.20).

2. Le complexe de De Rham homologique.

Dans l'article qui a fondé la cohomologie de De Rham algébrique [5], Grothendieck a donné la définition de l'homologie pour un schéma plongeable. Cette définition a été reprise par Hartshorne qui a développé la théorie dans [6]. Du point de vue des hyperrésolutions cubiques, on a pour l'homologie des résultats et des démonstrations analogues à ceux de la cohomologie. Nous donnerons ces résultats dans le présent paragraphe, ainsi que les changements que l'on doit faire dans les démonstrations correspondantes.

2.1 Si Z est un schéma lisse, purement de dimension N, nous appellerons complexe de De Rham homologique de Z, noté $DR^Z_\bullet$, le complexe de faisceaux de k-espaces vectoriels sur Z défini par

$$DR^Z_\bullet = DR^\bullet_Z[2N] .$$

2.2 Si $X \longrightarrow Z$ est un plongement d'un schéma X, l'analogue du complexe de De Rham homologique de X est $\mathbb{R}\Gamma_X DR^Z_\bullet$. Ce complexe définit un objet de $D^+(X,k)$ qui ne dépend pas, à isomorphisme unique près, du plongement, et il est fonctoriel en X (voir [6](II.3)). Dans (2.3) nous donnons le théorème de descente cubique pour ce complexe. La démonstration est analogue à celle de (1.3), en remplaçant $\Omega^\bullet_Z\hat{|}X$ par $\mathbb{R}\Gamma_X DR^\bullet_Z$, et les morphismes de restriction par les morphismes trace [6](II.2.3).

2.3 Théorème. Sous les hypothèses de (1.3), les complexes de faisceaux $\mathbb{R}a_{\alpha *}DR_{\cdot}^{X_\alpha}$, et les morphismes trace ([6](II.2.3)), définissent un complexe de faisceaux cubique sur X , noté $\mathbb{R}a_* DR_{\cdot}^{X_\cdot}$, tel que le morphisme trace induit par a ,

$$\mathbb{R}a_* DR_{\cdot}^{X_\cdot} \longrightarrow \mathbb{R}\Gamma_X DR_{\cdot}^{Z} ,$$

est un quasi-isomorphisme.

Les résultats (2.4) et (2.5) suivants, analogues à (1.4) et (1.5) respectivement, se déduisent aisément en utilisant le triangle distingué de cohomologie locale de faisceaux. Ils généralisent les résultats [6](II.4.2) et [6](II.4.5) respectivement, et sont nécessaires pour la preuve de (2.3).

2.4 Proposition. Sous les hypothèses de (1.4), les complexes de faisceaux $\mathbb{R}\Gamma_{Y_\alpha} DR_{\cdot}^{Z}$, et les morphismes trace associés aux inclusions $Y_\alpha \longrightarrow Y_\beta$ plongées dans Z , définissent un complexe de faisceaux cubique sur Z , noté $\mathbb{R}\Gamma_{Y_\cdot} DR_{\cdot}^{Z}$, tel que la trace de i induit un quasi-isomorphisme

$$i_* \mathbb{R}\Gamma_{Y_\cdot} DR_{\cdot}^{Z} \longrightarrow \mathbb{R}\Gamma_X DR_{\cdot}^{Z} .$$

2.5 Théorème. Sous les hypothèses de (1.5), les morphismes trace induisent un carré commutatif de morphismes de complexes de faisceaux sur X ,

$$\begin{array}{ccc} i_* \mathbb{R}g_* \mathbb{R}\Gamma_{Y'} DR_{\cdot}^{Z'} & \longrightarrow & \mathbb{R}f_* \mathbb{R}\Gamma_{X'} DR_{\cdot}^{Z'} \\ \downarrow & & \downarrow \\ i_* \mathbb{R}\Gamma_Y DR_{\cdot}^{Z} & \longrightarrow & \mathbb{R}\Gamma_X DR_{\cdot}^{Z} \end{array} ,$$

dont le complexe simple associé est acyclique.

2.6 Proposition. Sous les hypothèses de (1.6), le morphisme trace associé à f induit un quasi-isomorphisme de complexes de faisceaux sur X

$$f_* : \mathbb{R}a_* DR_{\cdot}^{X_\cdot^1} \longrightarrow \mathbb{R}b_* DR_{\cdot}^{X_\cdot^2} .$$

2.7 <u>Définition</u>. Soit X un schéma; nous appellerons complexe de De Rham homologique de X l'objet $DR_{\bullet}^{X}$ de $D^{+}(X,k)$ défini par

$$DR_{\bullet}^{X} = \mathbb{R}a_{*}DR_{\bullet}^{\eta(X)} \ .$$

Si $f\colon X \longrightarrow Y$ est un morphisme propre de schémas, $\eta(f)$ induit un morphisme

$$f_{*}\colon \mathbb{R}f_{*}DR_{\bullet}^{X} \longrightarrow DR_{\bullet}^{Y}$$

dans $D^{+}(Y,k)$.

2.8 Le complexe $DR_{\bullet}^{X}$ est covariante en X pour les morphismes propres, et il possède des propriétés analogues à (1.12). En particulier nous remarquons les résultats suivants:

i) Si $i\colon Y \longrightarrow X$ est une immersion fermée de schémas, on a un isomorphisme

$$DR_{\bullet}^{Y} \approx \mathbb{R}\Gamma_{Y}DR_{\bullet}^{X}$$

dans $D^{+}(Y,k)$.

ii) Si $j\colon U \longrightarrow X$ est un morphisme étale, on a un isomorphisme

$$j^{*}(DR_{\bullet}^{X}) \approx DR_{\bullet}^{U}$$

dans $D^{+}(U,k)$.

iii) Sous les hypothèses de (1.12.v), les complexes de faisceaux $DR_{\bullet}^{U_{\alpha}}$, $\alpha \in \square_{n}$, définissent un complexe de faisceaux $DR_{\bullet}^{U_{\bullet}}$ sur $U_{\bullet}$ et on a un isomorphisme

$$DR_{\bullet}^{X} \approx \mathbb{R}j_{*}DR_{\bullet}^{U_{\bullet}}$$

dans $D^{+}(X,k)$.

2.9 Soit $\{i_{r}\colon U_{r} \longrightarrow Z_{r}\}_{0\leq r\leq n}$ un système fini de plongements d'un schéma X (voir (1.13)). Le résultat analogue à (1.14) n'est pas immédiat (cf. [6](II.1. Remark)), puisque les $DR_{\bullet}^{U_{\alpha}}$ sont contravariants en α , tandis que les $\mathbb{R}\Gamma_{U_{\alpha}}DR_{\bullet}^{Z_{\alpha}}$ sont covariants. Pour contourner cet inconvénient, nous allons considérer un diagramme un peu plus elaboré.

2.9.1 Nous appelerons subdivision cubique d'une catégorie C la catégorie $sc\,C$ dont l'ensemble d'objets est l'ensemble des morphismes de C , et si $u\colon \alpha \longrightarrow \beta$, $v\colon \alpha' \longrightarrow \beta'$ sont deux objets de $sc\,C$, un morphisme $u \longrightarrow v$ de sc C est un couple (f,g) de morphismes de C tel que le carré

$$\begin{array}{ccc} \alpha & \xrightarrow{\ f\ } & \alpha' \\ {\scriptstyle u}\downarrow & & \downarrow{\scriptstyle v} \\ \beta & \xleftarrow{\ g\ } & \beta' \end{array}$$

soit commutatif. Si C est la catégorie associée à un ensemble ordonné E et nous identifions les morphismes de C aux couples (α,β) d'éléments de E tels que $\alpha\leq\beta$, la catégorie sc C s'identifie à l'ensemble ordonné des couples (α,β) de E tels que $\alpha\leq\beta$, muni de la relation d'ordre induite par l'ordre produit de $E \times E^{o}$.

Par exemple, sc $\square_0^+$ est la catégorie définie par le graphe

$$(0,0) \longleftarrow (0,1) \longrightarrow (1,1) \ ,$$

sc $\square_0^+$ est donc isomorphe à la catégorie $\square_1^0$. Par ailleurs, sc $\square_1$ est la catégorie définie par le graphe

$$\begin{array}{ccccc} ((1,1),(1,1)) & \longleftarrow & ((0,1),(1,1)) & \longrightarrow & ((0,1),(0,1)) \\ \uparrow & & & & \\ ((1,0),(1,1)) & & & & \\ \downarrow & & & & \\ ((1,0),(1,0)) & & & & \end{array}$$

2.9.2 Soit $\{i_r\colon U_r \longrightarrow Z_r\}_{0\leq r\leq n}$ un système fini de plongements de X . Pour tout couple (r,s) tel que $0\leq r,s\leq n$, il existe un ouvert Z_{rs} de Z_r tel que

$$U_r \cap U_s = U_r \cap Z_{rs} \ .$$

Posons

$$Z_{\alpha\beta} = \prod_r \bigcap_s Z_{rs} \ ,$$

où r et s sont tels que $\alpha_r = 1$ et $\beta_s = 1$, respectivement.

Les $Z_{\alpha\beta}$ définissent un 1-diagramme de schémas avec les morphismes suivants:

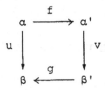

- l'immersion ouverte $Z_{\alpha\beta} \longrightarrow Z_{\alpha\beta'}$, pour $\alpha\leq\beta'\leq\beta$,
- la projection lisse $Z_{\alpha'\beta} \longrightarrow Z_{\alpha\beta}$, pour $\alpha\leq\alpha'\leq\beta$.

Par exemple, pour $n = 1$ les $Z_{\alpha\beta}$ forment le diagramme suivant

$$\begin{array}{ccccc} Z_{0,1} \times Z_{1,0} & \xrightarrow{\text{pr}} & Z_{0,1} & \xrightarrow{\text{ouv}} & Z_0 \\ \text{pr}\downarrow & & & & \\ Z_{1,0} & & & & \\ \text{ouv}\downarrow & & & & \\ Z_1 & & & & \end{array}$$

Par ailleurs, on définit un sc$\square_n$-schéma $U_{..}$ par $U_{\alpha\beta} = U_\beta$, $(\alpha,\beta) \in$ sc$\square_n$, où les morphismes sont les suivants: l'identité $U_{\alpha\beta} \longrightarrow U_{\alpha'\beta}$, si $\alpha\leq\alpha'\leq\beta$, et l'inclusion $U_{\alpha\beta} \longrightarrow U_{\alpha\beta'}$, si $\alpha\leq\beta'\leq\beta$. On dénote encore par $j: U_{..} \longrightarrow X$ l'augmentation évidente. Par exemple, si $n =1$, $U_{..}$ est le diagramme suivant

$$\begin{array}{ccccc} U_0 \cap U_1 & \xleftarrow{\text{id}} & U_0 \cap U_1 & \xrightarrow{\text{ouv}} & U_0 \\ \text{id}\uparrow & & & & \\ U_0 \cap U_1 & & & & \\ \text{ouv}\downarrow & & & & \\ U_1 & & & & \end{array}$$

En renversant les identités $U_{\alpha\beta} \longrightarrow U_{\alpha'\beta}$ dans le diagramme $U_{..}$, on obtient un diagramme de schémas $U'_{..}$, du même type que $Z_{..}$, et on a une immersion fermée de diagrammes $U'_{..} \longrightarrow Z_{..}$.

2.10 <u>Théorème</u>. Sous les hypothèses de (2.9), les complexes de faisceaux $\mathbb{R}\Gamma_{U_{\alpha\beta}} DR^{Z_{\alpha\beta}}_{\cdot}$ avec les morphismes induits par $U'_{..} \longrightarrow Z_{..}$, définissent un complexe de faisceaux $\mathbb{R}\Gamma_{U'_{..}} DR^{Z_{..}}_{\cdot}$ sur $U_{..}$, et on a un isomorphisme

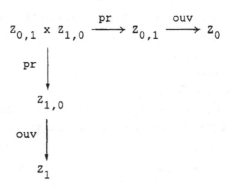

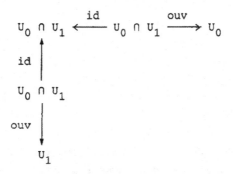

$$DR_{\bullet}^{X} \approx \mathbb{R}j_{*}\mathbb{R}\Gamma_{U'_{\bullet\bullet}} DR_{\bullet}^{Z_{\bullet\bullet}} ,$$

dans $D(X,k)$.

En effet, d'après (2.3), on a un quasi-isomorphisme de complexes de faisceaux sur $U_{\bullet\bullet}$,

$$DR_{\bullet}^{U_{\bullet\bullet}} \longrightarrow \mathbb{R}\Gamma_{U'_{\bullet\bullet}} DR_{\bullet}^{Z_{\bullet\bullet}} ,$$

induit par l'immersion fermée $U'_{\bullet\bullet} \longrightarrow Z_{\bullet\bullet}$, donc, compte tenu de (2.8.iii), il suffit de montrer qu'on a un quasi-isomorphisme

$$\mathbb{R}j_{*}DR_{\bullet}^{U_{\bullet\bullet}} \longrightarrow \mathbb{R}j_{*}DR_{\bullet}^{U_{\bullet}} .$$

On raisonne par récurrence sur n , et on se ramène aisément au cas $n = 1$. On peut prouver que le complexe $\mathbb{R}j_{*}DR_{\bullet}^{U_{\bullet\bullet}}$ est isomorphe, à un décalage près, au complexe simple associé au diagramme suivant

$$\begin{array}{ccccc}
\mathbb{R}j_{*}DR_{\bullet}^{U_0\cap U_1} & \longrightarrow & \mathbb{R}j_{*}DR_{\bullet}^{U_0\cap U_1} & \longleftarrow & \mathbb{R}j_{*}DR_{\bullet}^{U_1} \\
\downarrow & & & & \\
\mathbb{R}j_{*}DR_{\bullet}^{U_0\cap U_1} & & & & \\
\uparrow & & & & \\
\mathbb{R}j_{*}DR_{\bullet}^{U_0} & & & &
\end{array}$$

En outre, d'après (I.6.4), $\mathbb{R}j_{*}DR_{\bullet}^{U_{\bullet}}$ est isomorphe, à un décalage près, au complexe simple associé au diagramme suivant.

$$\begin{array}{ccc}
\mathbb{R}j_{*}DR_{\bullet}^{U_0\cap U_1} & \longleftarrow & \mathbb{R}j_{*}DR_{\bullet}^{U_1} \\
\uparrow & & \\
\mathbb{R}j_{*}DR_{\bullet}^{U_0} & &
\end{array}$$

Finalement, le morphisme

$$\mathbb{R}j_*DR_\bullet^{U_{\cdot\cdot}} \longrightarrow \mathbb{R}j_*DR_\bullet^{U_{\cdot}}$$

est défini par le diagramme

$$\begin{array}{ccccc}
\mathbb{R}j_*DR_\bullet^{U_0\cap U_1} & \longrightarrow & \mathbb{R}j_*DR_\bullet^{U_0\cap U_1} & \longleftarrow & \mathbb{R}j_*DR_\bullet^{U_1} \\
\Big\downarrow & & \Big\downarrow \text{id} & & \Big\downarrow \text{id} \\
\mathbb{R}j_*DR_\bullet^{U_0\cap U_1} & \xrightarrow{\text{id}} & \mathbb{R}j_*DR_\bullet^{U_0\cap U_1} & \longleftarrow & \mathbb{R}j_*DR_\bullet^{U_1} \\
\Big\uparrow & & \Big\uparrow & & \\
\mathbb{R}j_*DR_\bullet^{U_0} & \xrightarrow{\text{id}} & \mathbb{R}j_*DR_\bullet^{U_0} & &
\end{array}$$

dont le complexe simple associé est évidemment acyclique, d'où le théorème.

3. Hypercohomologie des complexes de De Rham.

3.1 Définition. Soit X un schéma.

i) La cohomologie de De Rham de X est le k-espace vectoriel gradué $H^*_{DR}(X)$ défini, à isomorphisme unique prés, par l'hypercohomologie de $DR^\bullet_X$; i.e.,

$$H^*_{DR}(X) = H^*(X, DR^\bullet_X) .$$

ii) L'homologie de De Rham de X est le k-espace vectoriel gradué $H^{DR}_*(X)$ défini, à isomorphisme unique près, par l'hypercohomologie de $DR^X_\bullet$; i.e.,

$$H^{DR}_*(X) = H_*(X, DR^X_\bullet) .$$

3.2 L'assignation $X \longrightarrow H^*_{DR}(X)$ est un foncteur contravariant de la catégorie des schémas dans la catégorie des k-espaces vectoriels gradués. L'assignation $X \longrightarrow H^{DR}_*(X)$ est un foncteur covariant (resp. contravariant) de la catégorie des schémas et morphismes propres (resp. étales) dans la catégorie des k-espaces vectoriels gradués.

Pour simplifier, nous écrirons $H^*(X)$ et $H_*(X)$ au lieu de $H^*_{DR}(X)$ et $H^{DR}_*(X)$ respectivement.

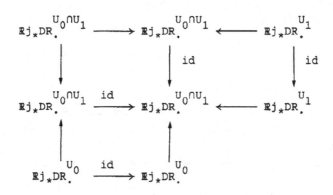

3.3 Proposition. Si $a: X_{\bullet} \longrightarrow X$ est une hyperrésolution cubique de X, la filtration L (voir (I.6.7)) induit les suites spectrales suivantes

$$E_1^{pq} = \sum_{|\alpha|=p+1} H^q(X_\alpha) \Longrightarrow H^{p+q}(X) ,$$

et

$$E_{pq}^1 = \sum_{|\alpha|=p+1} H_q(X_\alpha) \Longrightarrow H_{p+q}(X) .$$

3.4 Corollaire. Soit X un schéma de dimension N.

i) Les espaces vectoriels gradués $H^*(X)$ et $H_*(X)$ sont de dimension finie sur k.

ii) $H^n(X)$ et $H_n(X)$ sont nuls si $n < 0$ ou $n > 2N$.

En effet, le terme E_1^{pq} de la première suite spectrale (3.3) est $H^q(X_\alpha, \Omega^{\bullet}_{X_\alpha})$, donc E_1^{pq} est de dimension finie, en vertu de [6](II.6.1), et nul pour $q > 2 \dim X_\alpha$, car les faisceaux $\Omega^q_{X_\alpha}$ sont cohérents. Si $X_{\bullet} = \eta(X)$, on a $\dim X_\alpha \leq N-p$, d'où on déduit que $H^n(X) = 0$ si $n > 2N$. L'enoncé pour l'homologie s'obtient de façon analogue.

On a des propriétés globales pour la cohomologie et l'homologie de De Rham qu'on déduit trivialement des propriétés locales correspondantes données dans les paragraphes 1 et 2, et que nous laissons au lecteur intéressé le soin d'expliciter.

3.5 Théorème. Soit X un schéma. Si $k = \mathbb{C}$ on a des isomorphismes naturels

$$H^*(X) \approx H^*(X^{an}, \mathbb{C}) ,$$

et

$$H_*(X) \approx H_*^{BM}(X^{an}, \mathbb{C}) ,$$

où H_*^{BM} dénote l'homologie de Borel-Moore.

En effet, le résultat pour la cohomologie se déduit de (I.6.9) et [4]. Pour l'homologie on remarque qu'on a un théorème de descente cubique pour le complexe dualisant (voir [5]). On peut donc se ramener au cas d'un schéma lisse, où le résultat se déduit de la dualité de

Poincaré classique.

Nous allons définir la cohomologie de De Rham à support compact.

3.6 Définition. Soit X un schéma et $\bar{X}$ une compactification de X. Posons $Y = \bar{X}-X$. La cohomologie de De Rham à support compact de X est le k-espace vectoriel gradué $H^*_{DR,c}(X)$ défini par

$$H^*_{DR,c}(X) = H^*(X, s(DR^{\bullet}_{\bar{X}} \longrightarrow DR^{\bullet}_{Y})) .$$

Pour simplifier, nous écrirons $H^*_c(X)$ au lieu de $H^*_{DR,c}(X)$.

3.7 Il est aisé de voir que la définition précédente est indépendante de la compactification, et que l'assignation $X \longrightarrow H^*_c(X)$ est un foncteur contravariant (resp. covariant) pour les morphismes propres (resp. immersions ouvertes).

On obtient aisément pour la cohomologie à support compact des propriétés duales à celles de l'homologie. La naturalité des morphismes de dualité [6](II.5.1) pour le complexe de sections globales des schémas complets donne aussitôt le

3.8 Théorème (Dualité). Soit X un schéma. Il existe un isomorphisme naturel de k-espaces vectoriels gradués,

$$H^*_c(X) \approx \mathrm{Hom}^*_k(H_*(X),k) .$$

Le résultat suivant est la variante en cohomologie locale de la version algébrique du résultat principal de [1].

3.9 Théorème. Soient X un schéma, Y un sous-schéma fermé de X. Alors le morphisme naturel

$$H^*_Y(X,\Omega^{\bullet}_X) \longrightarrow H^*_Y(X,DR^{\bullet}_X)$$

est un epimorphisme qui a une section naturelle.

En effet, cela résulte immédiatement de (1.15).

3.10 Corollaire. Soient X un schéma, Y un sous-schéma fermé de X. Alors on a

$$H^n_Y(X,DR^\bullet_X) = 0$$

pour $n > \dim X + cd_Y(X)$, où $cd_Y(X)$ dénote la dimension cohomologique locale de X le long de Y , c'est-à-dire, le plus grand entier d tel que $H^d_Y(X,F) \neq 0$ pour un $\underline{O}_X$-Module cohérent F .

En effet, le morphisme naturel

$$\Omega^\bullet_X \longrightarrow DR^\bullet_X$$

est un morphisme filtré pour les filtrations de Hodge (voir (1.16)), donc il induit un morphisme de la suite spectrale

$$'E_1^{pq} = H^q_Y(X,\Omega^p_X) \Longrightarrow H^{p+q}_Y(X,\Omega^\bullet_X),$$

dans la suite spectrale

$$''E_1^{pq} = H^q_Y(X,Gr^p_F DR^\bullet_X[p]) \Longrightarrow H^{p+q}_Y(X,DR^\bullet_X) .$$

Si $p > \dim X$, $Gr^p_F DR^\bullet_X[p] = 0$, d'où $''E_1^{pq} = 0$. Si $q > cd_Y X$, $'E_1^{pq} = 0$. Il résulte alors que le morphisme

$$H^{p+q}_Y(X,\Omega^\bullet_X) \longrightarrow H^{p+q}_Y(X,DR^\bullet_X)$$

est nul si $p+q > \dim X + cd_Y X$. D'après (3.9), on déduit que $H^n_Y(X,DR^\bullet_X)$ est nul pour $n > \dim X + cd_Y(X)$.

3.11 <u>Corollaire</u>.(cf. [6](I.II.4.6)) Soit X un schéma affine.

i) On a $H^n(X) = 0$, pour $n > \dim X$.

ii) Si Y est un diviseur de Cartier effectif de X , on a $H^n(X-Y) = 0$ pour $n > \dim X$.

iii) Si X est localement intersection complète et de dimension pure, on a $H_n(X) = 0$ pour $n < \dim X$.

iv) Sous les hypothèses de ii) et iii), on a $H_n(X-Y) = 0$ pour $n < \dim X$.

En effet, i) résulte de (3.10) appliqué à $Y = X$, et ii) résulte de i), (3.10) et la suite exacte de cohomologie locale.

Prouvons iii). Si $X \longrightarrow Z$ est un plongement de X , et on pose $N = \dim Z$, on a $H_n(X) = H^{2N-n}_X(Z,\Omega^\bullet_Z)$. Puisque X est affine, on peut supposer $Z = A^N$. Comme $cd_X(A^N) = N - \dim X$, car X est localement intersection complète, il résulte de (3.10) qu'on a $H_n(X) = 0$ pour $2N-n > 2N-\dim X$, d'où iii).

Puisque X, Y sont des schémas affines localement intersections complètes de dimension pure et $\dim Y = \dim X - 1$, iv) résulte de la suite exacte d'homologie du couple (X,Y) et de (1.20).

3.12 Corollaire. Soient X un schéma projectif, L une section hyperplane de X.

i) Si L est suffisamment générale, il existe un morphisme de Gysin

$$H^n(L) \longrightarrow H^{n+2}(X) ,$$

et c'est un isomorphisme pour $n > \dim L$, et un épimorphisme pour $n = \dim L$.

ii) Sous les hypothèses de i), si Y est un diviseur de Cartier effectif de X, alors il existe un morphisme de Gysin

$$H^n(L-Y\cap L) \longrightarrow H^{n+2}(X-Y)$$

et c'est un isomorphisme pour $n > \dim L$, et un épimorphisme pour $n = \dim L$.

iii) Si X est localement intersection complète de dimension pure, et si $\dim L = \dim X - 1$, le morphisme naturel

$$H_n(L) \longrightarrow H_n(X)$$

est un isomorphisme pour $n < \dim L$ et un épimorphisme pour $n = \dim L$.

iv) Sous les hypothèses de iii), si Y est un diviseur de Cartier effectif de X et si $\dim L = \dim L-L\cap Y = \dim X - 1$, alors le morphisme naturel

$$H_n(L-L\cap Y) \longrightarrow H_n(X-Y)$$

est un isomorphisme pour $n < \dim L$ et un épimorphisme pour $n = \dim L$.

3.13 Le théorème de Lefschetz classique pour un schéma lisse s'énonce en termes du morphisme naturel en cohomologie induit par l'immersion d'une section hyperplane suffisamment générale. Il s'obtient par application de la dualité de Poincaré, [6](II.5.3), à (3.12.i). On obtient un résultat plus général pour un schéma localement intersection complète par application de la dualité ordinaire [6](II.5.1) à (3.8.iii). Ce dernier résultat est un cas particulier des théorèmes de Lefschetz démontrés dans [9].

Bibliographie

1. T. Bloom, M. Herrera: De Rham cohomology of an analytic space, Invent. Math., 7 (1969), 275-296.
2. N. Bourbaki: Algèbre, Chap. 4 à 7, Masson, 1981.
3. P. Deligne: Théorie de Hodge III, Publ. Math. I.H.E.S., 44 (1974), 5-78.
4. A. Grothendieck: On the De Rham cohomology of algebraic varieties, Publ. Math. I.H.E.S., 29 (1966), 95-103.
5. F. Guillén: Une relation entre la filtration par le poids de Deligne et la filtration de Zeeman, Comp. Math., 61 (1987), 201-227.
6. R. Hartshorne: On the De Rham cohomology of algebraic varieties, Publ. Math. I.H.E.S., 45 (1976), 5-99.
7. M. Herrera, D. Lieberman: Duality and the De Rham cohomology of infinitesimal neighborhoods, Invent. Math., 13 (1971), 97-124.
8. V. Navarro Aznar: Sur la théorie de Hodge-Deligne, Invent. Math., 90 (1987), 11-76.
9. A. Ogus: Local cohomological dimension of algebraic varieties, Ann. of Math., 98 (1973), 327-365.
10. A. Ogus: The formal Hodge filtration, Invent. Math., 31 (1976), 193-228.
11. B. Saint-Donat: Techniques de descente cohomologique, dans SGA 4, tome 2, Lect. Notes in Math., 270, Springer-Verlag, 1972.

Exposé IV

APPLICATIONS DES HYPERRESOLUTIONS CUBIQUES A LA THEORIE DE HODGE

par F. PUERTA

Soit X une variété algébrique complexe. P. Deligne a prouvé dans [2] qu'on peut munir les groupes de cohomologie de X d'une structure de Hodge mixte canonique et fonctorielle, en utilisant comme un ingrédient essentiel les hyperrecouvrements simpliciaux propres et lisses.

Les hyperrésolutions cubiques fournissent un instrument alternatif aux hyperrecouvrements simpliciaux propres et lisses utilisés par Deligne. La méthode, qui est parallèle à celle de [2], consiste à remplacer le schéma X par un schéma cubique $X_{\bullet}$ qui a la même cohomologie que X et qui est le complémentaire d'un diviseur à croisements normaux dans un schéma cubique propre et lisse. Ceci permet d'obtenir un complexe de Hodge mixte qui munit la cohomologie de X de la structure de Hodge mixte de Deligne. Comme conséquence de la majoration dont on dispose des dimensions des composantes du schéma cubique $X_{\bullet}$, on obtient des renseignements locaux assez précis sur la filtration par le poids dont on déduit facilement les précisions sur la filtration par le poids obtenues par Deligne.

Les hyperrésolutions cubiques s'appliquent aussi pour munir de la structure de Hodge mixte de Deligne la cohomologie d'un schéma simplicial et la cohomologie locale des germes d'espaces analytiques et pour étudier les limites des structures de Hodge dans la situation geométrique considérée par Clemens [1] et Steenbrink [18] (cf. [17]), mais en permettant que la fibre générique soit aussi singulière.

Le contenu de cet exposé est le suivant. Dans le § 1, on rappelle la définition de la cohomologie d'un diagramme d'espaces topologiques ainsi que les définitions et résultats sur les complexes de Hodge dont nous avons besoin.

Dans le § 2, on munit d'une structure de Hodge mixte les groupes de cohomologie d'un schéma simplicial et on démontre qu'elle coïncide avec celle définie par Deligne. On munit aussi d'une structure de Hodge mixte les groupes de cohomologie relative et, en particulier, la cohomologie d'un schéma cubique augmenté et on obtient dans le cas cubique que l'isomorphisme de Künneth est un isomorphisme de structures de Hodge mixtes et qu'il existe un cup produit qui est un morphisme de structures de Hodge mixtes.

Dans les § 3, § 4 et § 5, on considère les cas particuliers $H^{\bullet}(X)$, $H^{\bullet}_{c}(X)$ et $H^{\bullet}_{Y}(X)$, respectivement, et on obtient dans ces cas des précisions sur la filtration par le poids.

Dans le § 6, on munit d'une structure de Hodge mixte les groupes $H^{*}(X-Y)$ où X est un espace analytique réduit qui se rétracte par déformation sur Y , et Y est un sous-espace de X qui est une variété algébrique compacte.

Finalement, dans le § 7, rédigé d'après des exposés oraux de V. Navarro Aznar donnés pendant le séminaire du printemps 1982, on munit d'une structure de Hodge mixte la cohomologie de la fibre générique d'un morphisme algébrique et propre $f: X \longrightarrow D$ d'un espace analytique X sur le disque.

L'application des hyperrésolutions cubiques à la théorie de Hodge m'a été proposée par V. Navarro Aznar. Je tiens à le remercier tout particulièrement pour les idées qu'il m'a données et pour les commentaires critiques qu'il a faits de la version préliminaire de cet exposé. Je tiens aussi à remercier vivement F. Guillén avec qui j'ai eu sur ce sujet de nombreuses conversations qui m'ont été très utiles.

1. Préliminaires.

Ce paragraphe est divisé en trois parties. Dans la première (A, B, C et D), on rappelle quelques définitions et résultats sur la cohomologie d'un diagramme d'espaces topologiques. Dans la deuxième, E, on donne les résultats sur les complexes de Hodge dont on aura besoin par la suite et finalement, dans F, on explicite la variante pour un couple de la méthode des hyperrésolutions cubiques (voir (3.11.1) de l'exposé I).

A. Cohomologie d'un espace topologique simplicial strict tronqué.

En ce qui concerne les I-objets d'une catégorie, nous suivons la terminologie et les notations de l'exposé I. Dans ce qui suit, les références à cet exposé seront indiquées par I suivi du numero correspondant.

(1.1) Si (Δ) est la catégorie simpliciale (voir par exemple [9] § 2) nous dénotons par (Δ_{mon}) la sous-catégorie de (Δ) qui a les mêmes objets que (Δ) mais dont les morphismes sont les applications croissantes injectives et par $(\Delta)_n$, resp. $(\Delta_{mon})_n$, la sous-catégorie pleine de (Δ) , resp. (Δ_{mon}) , formée par les objets [p] tels que $p\leq n$.

Si C est une catégorie, un objet simplicial strict de C est un (Δ_{mon})-objet de C et un objet simplicial strict tronqué (n-tronqué s'il faut le préciser) est un $(\Delta_{mon})_n$-objet de C .

(1.2) Soit $X_{\bullet}$ un espace topologique simplicial strict tronqué et $K^{\bullet}$ un complexe borné inférieurement de faisceaux abéliens sur $X_{\bullet}$. Dénotons par $Go^{\bullet}(K^i)$ la résolution canonique flasque de Godement du complexe de faisceaux K^i sur X_i , et par $G_{X_{\bullet},K^{\bullet}}$ le complexe $s\Gamma^{\bullet}(X_{\bullet},Go^{\bullet}(K^{\bullet}))$. On a un isomorphisme naturel (voir [2](5.2.3) ou (I.5.4) et (I.6.5)):

$$H^*(X_{\bullet}, K^{\bullet}) \simeq H^*(G_{X_{\bullet},K^{\bullet}}) .$$

(1.3) Soit X un $\square_n$-espace topologique (voir (I.1.15)). Nous dénotons par $S_{\bullet}X$ l'espace topologique simplicial strict tronqué associé naturellement à X (voir [11] (2.1.6)). On a que

$$S_iX = \coprod_{|\alpha|=i+1} X_{\alpha} .$$

Si K est un complexe borné inférieurement de faisceaux abéliens sur X , désignons par $S^{\bullet}K$ le complexe borné inférieurement de faisceaux abéliens sur $S_{\bullet}X$ defini de façon naturelle à partir de K . D'après (I.6.5) et (1.2.1) il est immédiat qu'on a un isomorphisme naturel

$$H^*(X, K) \simeq H^*(S_{\bullet}X,S^{\bullet}K) .$$

B. Cohomologie d'un espace topologique simplicial strict.

(1.4) Soit n un entier ≥ 0 . Si X est un objet simplicial strict d'une catégorie C , i.e. un foncteur $(\Delta_{mon})^{o} \longrightarrow C$, où $(\Delta_{mon})^{o}$ est la catégorie opposée de (Δ_{mon}) , le n-squelette de X , dénoté sq_nX , est l'objet simplicial strict n-tronqué défini par le foncteur $(\Delta_{mon})_n^{o} \longrightarrow C$ obtenu par restriction de X (cf. [2](5.1)).

(1.5) Si $X_{\bullet}$ est un espace topologique simplicial strict et $K^{\bullet}$ est un complexe borné inférieurement de faisceaux abéliens sur $X_{\bullet}$, avec des notations analogues à celles de (1.2), on a aussi un isomorphisme naturel

$$g : H^*(X_\bullet,K^\bullet) \simeq H^*(G_{X_\bullet,K^\bullet}) .$$

Par conséquent, pour tout $m>n$, le morphisme naturel

$$sq_m X_\bullet \longrightarrow X_\bullet$$

induit un isomorphisme

$$H^n(X_\bullet,K^\bullet) \xrightarrow{\sim} H^n(sq_m X_\bullet,K^\bullet) .$$

(1.6) Tout espace topologique simplicial X définit, par oubli des opérateurs de dégéneration, un espace topologique simplicial strict qui a la même cohomologie que X, par (1.5) et [2](5.2.3.1). Nous ne distinguerons pas dans cet exposé les espaces topologiques simpliciaux des espaces topologiques simpliciaux stricts qu'ils définissent.

Il est clair que tout espace topologique simplicial strict n-tronqué peut être identifié à un espace topologique simplicial strict m-tronqué, $m>n$, tel que $X_k=\varphi$, si $k>n$. Nous considérerons, dans quelques cas, un espace topologique strict n-tronqué comme un espace topologique strict m-tronqué, $m>n$, au moyen de cette identification.

C. Cohomologie relative.

(1.7) Soit $f: X_\bullet \longrightarrow Y_\bullet$ un morphisme d'espaces topologiques simpliciaux stricts, $K^\bullet$ et $L^\bullet$ des complexes bornés inférieurement de faisceaux abéliens sur $X_\bullet$ et $Y_\bullet$, respectivement, et $\varphi: L^\bullet \longrightarrow K^\bullet$ un f-morphisme ([2](5.1.6)). Deligne a défini dans [2] (6.3) les groupes de cohomologie relative comme ceux de l'espace topologique simplicial $c(f)$ à valeurs dans le complexe $c(\varphi)$ (voir loc. cit.). Or, on peut donner la définition alternative suivante.

Soit $s(f)$ l'espace topologique simplicial strict défini par

$$s(f)_n = Y_n \amalg X_{n-1} , n\geq 0 ,$$

où X_{-1} est l'espace topologique ponctuel $*$, les opérateurs de face

$$d_j^{s(f)}: s(f)_n \longrightarrow s(f)_{n-1} , 0\leq j\leq n ,$$

étant définis par: si $x \in Y_n$,

$$d_j^{s(f)}(x) = d_j^Y(x) ;$$

si $x \in X_{n-1}$, $n>1$,

$$d_j^{s(f)}(x) = d_j^X(x) \ , \ 0 \le j \le n-1 \ ,$$

et

$$d_n^{s(f)}(x) = f(x) \ ;$$

si $x \in X_0$,

$$d_0^{s(f)}(x) = * \ .$$

Soit $s(\varphi)$ le complexe borné inférieurement de faisceaux abéliens sur $s(f)$ tel que $s(\varphi)^n = K^n \oplus L^{n-1}$, où $L^{-1} = 0$, les morphismes $s(\varphi)^n \longrightarrow s(\varphi)^m$ étant induits par les opérateurs de face de $X_\bullet$ et de $Y_\bullet$ et par f .

Nous définissons les groupes de cohomologie relative $H^*(Y_\bullet,X_\bullet;L^\bullet,K^\bullet)$ par

$$H^*(Y_\bullet,X_\bullet;L^\bullet,K^\bullet) = H^*(s(f), s(\varphi)) \ .$$

(1.8) Avec les notations de (1.7), il résulte de la fonctorialité de la résolution flasque de Godement que le morphisme $\varphi: L^\bullet \longrightarrow K^\bullet$ induit un morphisme $G_{Y_\bullet,L^\bullet} \longrightarrow G_{X_\bullet,K^\bullet}$.

On a alors un isomorphisme naturel

$$H^*(Y_\bullet,X_\bullet;L^\bullet,K^\bullet) \simeq H^*(s(G_{Y_\bullet,L^\bullet} \longrightarrow G_{X_\bullet,K^\bullet}))$$

et une suite exacte, dite de cohomologie relative,

$$\ldots \to H^n(Y_\bullet,X_\bullet;L^\bullet,K^\bullet) \to H^n(Y_\bullet;L^\bullet) \to H^n(X_\bullet;K^\bullet) \to H^{n+1}(Y_\bullet,X_\bullet;L^\bullet,K^\bullet) \to \ldots$$

(1.9) Nous allons prouver que la définition qu'on vient de donner de $H^*(Y_\bullet,X_\bullet;L^\bullet,K^\bullet)$ coïncide avec celle donnée dans [2] (6.3). Explicitons l'espace topologique simplicial strict $c(f)$ de loc. cit.(voir (1.6)):

$$c(f)_n = Y_n \amalg \coprod_{k<n} X_k \amalg * \ , \ n \ge 0$$

les opérateurs $d_j^{c(f)}: c(f)_n \longrightarrow c(f)_{n-1}$, $0 \le j \le n$, étant définis par:

si $x \in Y_n$,

$$d_j^{c(f)}(x) = d_j^Y(x) \ ;$$

si $x \in X_{n-1}$, $n>1$,

$$d_j^{c(f)}(x) = d_j^X(x) \ , \ 0 \le j \le n-1 \ ,$$

et

$$d_n^{c(f)}(x) = f(x) \ ;$$

si $x \in X_k$, $-1 \le k \le n-2$,

$$d_j^{c(f)}(x) = d_j^X(x) \ , \ 0 \le j \le k \ ,$$

et

$$d_j^{c(f)}(x) = x \ , \ k+1 \le j \le n \ .$$

Il est clair qu'il existe un morphisme naturel d'espaces topologiques simpliciaux stricts $g\colon s(f) \longrightarrow c(f)$ et un g-morphisme naturel $c(\varphi) \longrightarrow s(\varphi)$. On vérifie aisément le résultat suivant:

(1.9.1) Lemme. Avec les notations antérieures, le morphisme naturel $H^*(c(f),c(\varphi)) \longrightarrow H^*(s(f),s(\varphi))$ est un isomorphisme.

(1.10) Soit $X_\bullet^+$ un $\square_n^+$-espace topologique et $K_+^\bullet$ un complexe borné inférieurement de faisceaux abéliens sur $X_\bullet^+$. Notons $X_\bullet$ la restriction de $X_\bullet^+$ à $\square_n$ et $K^\bullet$ la restriction de $K_+^\bullet$ à $X_\bullet$. L'augmentation naturelle $a\colon X_\bullet \longrightarrow X_0$ définit un a-morphisme $K^0 \longrightarrow K^\bullet$ et nous écrirons (voir (1.3))

$$H^*_{rel}(X_\bullet^+,K_+) = H^*(X_0,S_\bullet X_\bullet ;\ K^0,S^\bullet K^\bullet) \ ,$$

où X_0 dénote l'espace topologique simplicial strict constant.

D. Cohomologie d'un diagramme d'espaces topologiques.

(1.11) Soit I une petite catégorie. Rappelons que le nerf de la catégorie I est l'ensemble simplicial défini de la façon suivante (voir [9], [14]) $\mathrm{Ner}_0 I = \mathrm{Ob}\, I$ et, si $n>0$, $\mathrm{Ner}_n I = \mathrm{Hom}_{\underline{Cat}}([n],I)$, i.e. l'ensemble des diagrammes de I du type

$$i_0 \xrightarrow{\alpha_1} i_1 \longrightarrow \dots \xrightarrow{\alpha_n} i_n \ .$$

Si on désigne un tel diagramme par $\alpha = (\alpha_1, \dots, \alpha_n)$, les opérateurs d^n et s^n sont définis par

$$d_0^1\alpha = i_0 \ , \ d_1^1\alpha = i_1 \ ,$$
$$d_0^n(\alpha_1,\dots,\alpha_n) = (\alpha_2,\dots,\alpha_n) \ ,$$

$$d_k^n(\alpha_1, \ldots, \alpha_n) = (\alpha_1, \ldots, \alpha_{k+1}\alpha_k, \ldots, \alpha_n) \ , \ 0<k<n \ ,$$
$$d_n^n(\alpha_1, \ldots, \alpha_n) = (\alpha_1, \ldots, \alpha_{n-1}) \ ,$$
$$s_k^n(\alpha_1, \ldots, \alpha_n) = (\alpha_1, \ldots, \alpha_k, \mathrm{Id}\ i_k, \alpha_{k+1}, \ldots, \alpha_n) \ .$$

(1.12) Soit X un I-espace topologique. Avec les notations antérieures, le remplacement simplicial de X est l'espace topologique simplicial $rs_{\bullet}(X)$ tel que $rs_n(X) = \coprod_{\alpha} X_{i_0}$, où α parcourt l'ensemble $Ner_n I$, et les opérateurs de face et de dégénération sont ceux induits naturellement par les opérateurs d^n et s^n de $Ner\ I$. A tout φ-morphisme $f: X \longrightarrow Y$ de 1-diagrammes d'espaces topologiques (voir (I.1.2)), on associe de façon naturelle un morphisme d'espaces topologiques simpliciaux, $rs_{\bullet}(f): rs_{\bullet}(X) \longrightarrow rs_{\bullet}(Y)$, et il est immédiat qu'on a ainsi défini un foncteur

$$rs_{\bullet}: \underline{\mathrm{Diagr}}_1(\mathrm{Top}) \longrightarrow \mathrm{Hom}((\Delta)^{\circ}, \underline{\mathrm{Top}}) \ .$$

(1.13) <u>Proposition</u> ([9](A II.3.3)). Soient X un I-espace topologique et G un groupe abélien. Il existe un isomorphisme naturel

$$H^*(X, G) \simeq H^*(rs_{\bullet}(X), G) \ .$$

E. Complexes de Hodge.

Dans ce qui suit, un schéma separé, réduit et de type fini sur $\mathbb{C}$ s'appellera simplement schéma et un faisceau sur un schéma X est un faisceau pour la topologie de l'espace analytique associé à X.

En ce qui concerne les catégories filtrées, nous suivrons les notations de [2].

(1.15) Soit I une petite catégorie (le lecteur peut supposer $I = (\Delta_{mon})$, $(\Delta_{mon})_r$ ou $(\Delta_{mon})_r \times (\Delta_{mon})_s$, car ce sont les seuls cas qu'on considérera) et $X_{\bullet}$ un I-espace topologique. Un complexe de Hodge mixte cohomologique (en abrégé CHMC) sur $X_{\bullet}$ consiste en:

a) un complexe filtré

$$(K_{\mathbb{Q}}, W) \in \mathrm{Ob}\ D^+F(X_{\bullet}, \mathbb{Q}) \ ,$$

b) un complexe bifiltré

$$(K_{\mathbb{C}}, W, F) \in \mathrm{Ob}\ D^+F_2(X_{\bullet}, \mathbb{C}) \ ,$$

et un isomorphisme

$$(K_{\mathbb{Q}}, W) \otimes \mathbb{C} \simeq (K_{\mathbb{C}}, W)$$

dans $D^+F(X_\bullet, \mathbb{C})$.

L'axiome suivant doit être vérifié.

($CHMC_\bullet$) La restriction de K à chacun des X_i , $i \in$ Ob I est un CHMC ([2] (8.1.6)).

(1.16) Soient I une catégorie, $X_\bullet$ un I-schéma complet et lisse et $U_\bullet$ un sous I-schéma ouvert de $X_\bullet$ tel que $Y_i = X_i - Y_i$ soit un diviseur à croisements normaux dans X_i pour tout $i \in$ Ob I . On désigne par j l'inclusion de $U_\bullet$ dans $X_\bullet$. Il résulte immédiatement des définitions que les complexes $\mathbb{R}j_*\mathbb{Q}_{U_i}$ munis de la filtration canonique τ ([2](1.4.6)) et les complexes de De Rham logarithmiques $\Omega^\bullet_{X_i}(\log Y_i)$ munis de la filtration par le poids W et de la filtration de Hodge F ([2] (3.1), (3.2)), définissent un CHMC sur $X_\bullet$, qu'on dénote par

$$((Rj_*\mathbb{Q}_{U_\bullet}, \tau), (\Omega^\bullet_{X_\bullet}(\log Y_\bullet), W, F)) .$$

(1.17) Rappelons que si S est un espace topologique et $A^{\bullet\bullet}$ est un complexe double de faisceaux abéliens sur S , la première filtration de $A^{\bullet\bullet}$ induit une filtration sur le complexe simple sA que nous dénotons par L et qui est donc définie par

$$L^r(sA)^n = \sum_{\substack{p+q=n \\ p\geq r}} A^{pq} .$$

Si $A^{\bullet\bullet}$ est muni d'une filtration croissante W , on définit la filtration diagonale de W et L , $\delta(W,L)$, sur sA par (cf. [2] (7.1.6))

$$\delta_n(sA) = \sum_{j-i=n} sW_j(A) \cap L^i(sA) .$$

(1.17.1) Soit K un complexe de faisceaux abéliens bicosimpliciaux stricts sur S (cf. [2] (8.1.21)), i.e. un complexe de faisceaux sur le $(\Delta_{mon})\times(\Delta_{mon})$-espace topologique constant $S_{\bullet\bullet}$. Nous dénotons aussi par K le complexe double qui vérifie

$$K^{pq} = \sum_{i+j=p} K^{ijq}$$

où (i,j) est le degré bicosimplicial et q est le degré du complexe.

(1.18) Soient $X_{..}$ un espace topologique bisimplicial strict, K un complexe de faisceaux abéliens sur $X_{..}$, S un espace topologique et $a_{..}: X_{..} \longrightarrow S$ une augmentation. Si on applique à K le foncteur $\mathbb{R}a_{..*}$ on obtient un complexe de faisceaux abéliens bicosimpliciaux stricts sur S qui définit d'après (1.17.1) un complexe double sur S noté encore $\mathbb{R}a_{..*}K$. Le complexe $\mathbb{R}a_*K$ est le complexe simple $s\mathbb{R}a_{..*}K$ associé à $\mathbb{R}a_{..*}K$ (voir [2] (5.2.6) ou (I.6.4)).

Soit W une filtration sur K . Nous dénoterons aussi par W la filtration $\mathbb{R}a_*W$ de $\mathbb{R}a_*K$. Si W est croissante, on a (voir [2] (7.1.6.5) que

$$(1.18.1)\quad Gr_q^{\delta(W,L)}(\mathbb{R}a_*K) = \sum_{\substack{k-l=q \\ i+j=l}} \mathbb{R}a_{ij*}(Gr_k^W K^{ij\cdot})[-l] .$$

(1.19) Avec les notations antérieures, supposons que $K^{\cdot\cdot}$ est un CHMC sur $X_{..}$, et appliquons à $K^{\cdot\cdot}$ le foncteur $\mathbb{R}a_{..*}$. On obtient

a) un complexe filtré de faisceaux abéliens bicosimpliciaux stricts sur S

$$\mathbb{R}a_{..*}(K_{\mathbb{Q}}^{\cdot\cdot},W) \in \mathrm{Ob}\, D^+F(S_{..},\mathbb{Q})$$

b) un complexe bifiltré de faisceaux abéliens bicosimpliciaux stricts sur S

$$\mathbb{R}a_{..*}(K_{\mathbb{C}}^{\cdot\cdot},W,F) \in \mathrm{Ob}\, D^+F_2(S_{..},\mathbb{C})$$

c) un isomorphisme dans $D^+F(S_{..},\mathbb{C})$

$$\mathbb{R}a_{..*}(K_{\mathbb{Q}}^{\cdot\cdot},W)\otimes\mathbb{C} \simeq \mathbb{R}a_{..*}(K_{\mathbb{C}},W) .$$

Désignons par $(\mathbb{R}a_*K,\ \delta(W,L),\ F)$ l'objet défini par le couple

$$((\mathbb{R}a_*K_{\mathbb{Q}}^{\cdot\cdot},\ \delta(W,L)),\ (\mathbb{R}a_*K_{\mathbb{C}}^{\cdot\cdot},\ \delta(W,L),\ F))$$

et l'isomorphisme dans $D^+F(S_{..},\mathbb{C})$

$$((\mathbb{R}a_*K_{\mathbb{Q}}^{\cdot\cdot},\ \delta(W,L))\otimes\mathbb{Q} \simeq (\mathbb{R}a_*K_{\mathbb{C}}^{\cdot\cdot},\ \delta(W,L)) .$$

On a alors le résultat suivant dont la démonstration est analogue à celle de [2] (8.1.15)(i)

<u>Proposition</u>. Avec les notations précédentes

$$(\mathbb{R}a_*K,\ \delta(W,L),\ F)$$

est un CHMC sur S .

(1.20) Nous allons considérer une version relative de (1.19). Soient $X^1_{\cdot\cdot}$, $X^2_{\cdot\cdot}$ des espaces topologiques bisimpliciaux stricts, K_i des CHMC sur $X^i_{\cdot\cdot}$, $i=1,2$, $f_{\cdot\cdot}: X^1_{\cdot\cdot} \longrightarrow X^2_{\cdot\cdot}$ un morphisme et $\varphi: K_2 \longrightarrow \mathbb{R}f_*K_1$ un f-morphisme. Soit S un espace topologique et $a_{\cdot\cdot}: X^2_{\cdot\cdot} \longrightarrow S$ une augmentation. Posons $a^2_{\cdot\cdot} = a_{\cdot\cdot}$ et $a^1_{\cdot\cdot} = a^2_{\cdot\cdot} \circ f_{\cdot\cdot}$ et désignons par $\mathbb{R}a^i_*K_i$, $i=1,2$, les CHMC sur S obtenus d'après (1.19) et par

$\mathbb{R}a^2_*K_2 \longrightarrow \mathbb{R}a^1_*K_1$ le CHMC sur le $\square^+_0$-espace topologique constant S formé par:

a) le complexe double filtré de faisceaux sur S

$$(\mathbb{R}a^2_*K^2_{\mathbb{Q}}, \delta(W_2,L)) \longrightarrow (\mathbb{R}a^1_*K^1_{\mathbb{Q}}, \delta(W_1,L)) ,$$

b) le complexe double bifiltré de faisceaux sur S

$$(\mathbb{R}a^2_*K^2_{\mathbb{C}}, \delta(W_2,L),F_2) \longrightarrow (\mathbb{R}a^1_*K^1_{\mathbb{C}}, \delta(W_1,L),F_1) ,$$

c) les isomorphismes

$$(\mathbb{R}a^i_*K_{i\mathbb{Q}}, \delta(W_i,L))\otimes\mathbb{C} \cong (\mathbb{R}a^i_*K_{i\mathbb{C}}, \delta(W_i,L)) , \ i=1,2 .$$

Soient $K_{\mathbb{Q}}$ et $K_{\mathbb{C}}$ les complexes simples associés respectivement aux complexes doubles antérieurs et $\delta = \delta(\delta,L)$ la filtration diagonale correspondante aux filtrations $\delta(W_i,L)$, $i=1,2$.

Il est clair que $((K_{\mathbb{Q}},\delta), (K_{\mathbb{C}},\delta,F))$ est un CHMC sur S que nous dénoterons par $s(\mathbb{R}a^2_*K_2 \longrightarrow \mathbb{R}a^1_*K_1)$.

(1.20.1) D'après [2] (7.1.6.2), on a

$$Gr^{\delta}_q K_{\mathbb{Q}} = Gr^{\delta(W\ ,L)}_q(\mathbb{R}a^2_*K_{2\mathbb{Q}})\oplus Gr^{\delta(W\ ,L)}_{q+1}(\mathbb{R}a^1_*K_{1\mathbb{Q}})[-1] .$$

F. Hyperrésolutions cubiques des couples de schémas.

(1.21) Nous appellerons catégorie des couples de schémas la catégorie dont les objets sont les couples (X,X'), où X est un schéma et X' est un sous-schéma fermé de X, un morphisme de couples $f: (X,X') \longrightarrow (Y,Y')$ étant un morphisme de schémas $f: X \longrightarrow Y$ tel que $f^{-1}(Y')\subset X'$.

(1.22) Soient X un schéma lisse et Y un sous-schéma fermé de X. Nous dirons que Y est un diviseur à croisements normaux dans X si pour tout $x \in Y$ il existe un système de coordonnées locales

$(z_1, \ldots, z_n)$ de X sur x, dans lequel Y soit défini par $z_1 \ldots z_k = 0$, $1 \le k \le n$, et si, en plus, les composantes irréductibles de Y sont lisses.

Soit X un schéma connexe. Nous dirons qu'un couple (X,X') est lisse si X est lisse et X' est, ou bien vide, ou bien un diviseur à croisements normaux dans X ou bien $X' = X$.

En general, nous dirons qu'un couple (X,X') est lisse si, pour chaque composante connexe X_i de X, le couple $(X_i, X' \cap X_i)$ est lisse.

(1.23) Nous appellerons I-couples de schémas les I-objets de la catégorie des couples de schémas. On remarque que, si (X,X') est un I-couple de schémas, le complémentaire $X-X'$ est un I-schéma, mais X' n'est pas, en général, un I-schéma.

Nous dirons qu'un I-couple de schémas (X,X') est lisse si pour chaque $i \in I$, le couple (X_i, X_i') est lisse.

(1.24) Soient (S,S') un I-couple de schémas et $f\colon X \longrightarrow S$ une résolution de S (voir (I.2.5)). Nous dirons que f est une résolution du couple (S,S') si $(X, f^{-1}(S'))$ est un I-couple lisse de schémas.

On a alors un théorème analogue à (I.2.6) pour un I-couple de schémas. La démonstration est la même que celle du théorème cité, mais elle utilise le théorème de résolution de singularités d'Hironaka pour un couple.

(1.25) Soit (S,S') un I-couple de schémas, $Z_\bullet^+$ une hyperrésolution cubique augmentée de S (voir (I.2.12)), $Z_\bullet$ la restriction de $Z_\bullet^+$ à $\square_r \times I$ et $a\colon Z_\bullet \longrightarrow S$ le morphisme d'augmentation. Nous dirons que $a\colon (Z_\bullet, Z_\bullet') \longrightarrow (S,S')$ est une hyperrésolution cubique augmentée de (S,S') si $Z_\bullet' = a^{-1}(S')$ et $(Z_\bullet, Z_\bullet')$ est un $\square_r \times I$-couple lisse.

(1.26) Dans ce qui suit, nous dèsignerons aussi par $Z_\bullet$ (resp. $Z_\bullet'$) le $(\Delta_{mon})_r \times I$-schéma associé à $Z_\bullet$ (resp. $Z_\bullet'$), voir (1.3), et nous dirons simplement que $(Z_\bullet, Z_\bullet') \longrightarrow (S,S')$ ou $(Z_\bullet, Z_\bullet')$ est une hyperrésolution de (S,S').

On a alors le théorème suivant, dont la démonstration est entièrement parallèle à celle de (I.2.15).

<u>Théorème</u>. Soit (S,S') un I-couple de schémas et supposons I ordonnable finie. Alors, il existe une hyperrésolution $(Z_\bullet, Z_\bullet')$ de (S,S')

telle que:

(1.26.1) $\dim Z_i \leq \dim S-i$, pour $i \geq 0$.

(1.27) Les résultats de (I.3) restent valables si on se place dans la catégorie des I-couples de schémas. Nous laissons au lecteur le soin de le vérifier.

2. Structure de Hodge mixte sur $H^*(X_.)$.

Dans ce qui suit, pour alléger l'exposition, nous ne considérerons que des $\mathbb{Q}$-structures de Hodge mixtes ([2] (IV.0.4)), mais le lecteur intéressé n'aura pas de difficultés à vérifier que toutes les $\mathbb{Q}$-structures de Hodge mixtes qu'on introduira sont de fait définies sur $\mathbb{Z}$. Pour cette raison, nous nous permettrons d'appeler simplement structures de Hodge mixtes les $\mathbb{Q}$-structures de Hodge mixtes, et nous écrirons $H^*(X_.)$, $H^*(X)$, $H^*_c(X)$, ... , au lieu de $H^*(X_.,\mathbb{Q})$, $H^*(X,\mathbb{Q})$, $H^*_c(X,\mathbb{Q})$, ...

A. Théorie de Hodge des schémas simpliciaux stricts tronqués.

(2.1) Soient $X_.$ un $(\Delta_{mon})_s$-schéma, $\bar{X}_.$ une compactification de $X_.$ (voir (I.4.1)), $Y_. = \bar{X}_.-X_.$ et $(\bar{X}_{..}, Y_{..})$ une hyperrésolution de $(\bar{X}_.,Y_.)$ vérifiant (1.26.1). Donc $\bar{X}_{..}$ est un $(\Delta_{mon})_r \times (\Delta_{mon})_s$-schéma lisse, $Y_{..}$ est un diviseur à croisements dans $\bar{X}_{..}$, et on a

$$\dim \bar{X}_{i.} \leq \dim \bar{X}_.-i .$$

Soit $X_{..} = \bar{X}_{..}-Y_{..}$ et $j: X_{..} \longrightarrow \bar{X}_{..}$ le morphisme d'inclusion. Alors, d'après (1.16), l'objet

$$((\mathbb{R}j_*\mathbb{Q}_{X_{..}}, \tau), (\Omega^{\bullet}_{\bar{X}_{..}}(\log Y_{..}), W, F))$$

est un CHMC sur $\bar{X}_{..}$ qu'on désigne par K .

(2.1.1) On remarque que, si $X_.$ est complet, on a $Y_{..} = \emptyset$ et le CHMC sur $X_{..}$ ci-dessus est

$$((\mathbb{Q}_{X_{..}}, \tau), (\Omega^{\bullet}_{X_{..}}, W, F)) ,$$

où τ et W sont les filtration triviales.

(2.1.2) Si $X_\bullet$ est lisse, il existe, d'après la variante de (I.4.5) pour un couple, une compatification $X_\bullet \longrightarrow \bar{X}_\bullet$ de $X_\bullet$ telle que $\bar{X}_\bullet$ est lisse et $\bar{X}_\bullet - X_\bullet$ est un diviseur à croisements normaux dans $\bar{X}$. Donc le CHMC qui résulte de (2.1) dans ce cas est $((\mathbb{R}j_*\mathbb{Q}_{X_\bullet}, \tau), (\Omega^\bullet_{\bar{X}_\bullet}(\log Y_\bullet), W, F))$.

(2.2) Avec les notations précédentes, soit $a: \bar{X}_{\bullet\bullet} \longrightarrow S$ une augmentation de $\bar{X}_{\bullet\bullet}$ vers un espace topologique S et désignons par K le CHMC sur S qui s'obtient de (2.1) d'après (1.19).

Soit $\mathbb{R}\Gamma K$ le complexe de Hodge mixte qui résulte d'après [2] (8.1.7). On a alors le

(2.3) Théorème. Avec les notations précédentes:

(i) Le complexe de Hodge mixte $\mathbb{R}\Gamma K$ munit les groupes de cohomologie $H^*(X_\bullet)$ d'une structure de Hodge mixte.

(ii) Cette structure de Hodge mixte de $H^*(X_\bullet)$ est indépendante de la compactification et de l'hyperrésolution choisies pour la définir, et elle est fonctorielle en $X_\bullet$.

Démonstration. Puisque $\bar{X}_{\bullet\bullet}$ est de descente cohomologique sur $\bar{X}_\bullet$ (voir (I.6.9)) on a

$$\begin{aligned} H^n(X_\bullet, \mathbb{Q}) &= H^n(\bar{X}_\bullet, Rj_{\bullet *}\mathbb{Q}_{X_\bullet}) \\ &= H^n(R\Gamma(\bar{X}_{\bullet\bullet}, Rj_{\bullet\bullet *}\mathbb{Q}_{X_{\bullet\bullet}})) . \end{aligned}$$

Donc (i) résulte de [2] (8.1.9)(ii).

Pour la preuve de (ii) nous avons besoin d'un lemme préliminaire.

(2.4) Soient $X^1_\bullet$, $X^2_\bullet$ des $(\Delta_{mon})_S$-schémas, et $f_\bullet: X^1_\bullet \longrightarrow X^2_\bullet$ un morphisme. D'après (I.4.2) il existe des compactifications $\bar{X}^i_\bullet$ de $X^i_\bullet$, i=1,2, et un morphisme $\bar{f}_\bullet: \bar{X}^1_\bullet \longrightarrow \bar{X}^2_\bullet$ au dessus de $f_\bullet$. Posons $Y^i_\bullet = \bar{X}^i_\bullet - X^i_\bullet$, i=1,2, et soit $\bar{f}_{\bullet\bullet}: (\bar{X}^1_{\bullet\bullet}, Y^1_{\bullet\bullet}) \longrightarrow (\bar{X}^2_{\bullet\bullet}, Y^2_{\bullet\bullet})$ une hyperrésolution de $\bar{f}_\bullet: (\bar{X}^1_\bullet, Y^1_\bullet) \longrightarrow (\bar{X}^2_\bullet, Y^2_\bullet)$.

Puisque, d'après (I.2.14), $(\bar{X}^i_{\bullet\bullet}, Y^i_{\bullet\bullet}) \longrightarrow (\bar{X}^i_\bullet, Y^i_\bullet)$, i=1,2, est une hyperrésolution de $(\bar{X}^i_\bullet, Y^i_\bullet)$, on a par (i) des structures de Hodge mixtes sur $H^*(X^i_\bullet)$ définies à partir de ces hyperrésolutions.

Lemme. Le morphisme $H^*(X^2_\bullet) \longrightarrow H^*(X^1_\bullet)$ induit par $f_\bullet$ est un morphisme de structures de Hodge mixtes, pour les structures définies par les hyperrésolutions $\bar{X}^i_{\bullet\bullet}$ respectives.

En effet, soient $\mathbb{R}\Gamma K^i$, $i=1,2$, les complexes de Hodge mixtes obtenues d'après (2.2) à partir des hyperrésolutions $\bar{X}^i_{\bullet\bullet}$.

Le morphisme $\bar{f}_{\bullet\bullet}$ définit pour chaque $i,j\geq 0$ un morphisme canonique $\bar{f}^*_{ij}\Omega^\bullet_{\bar{X}^2_{ij}}(\log Y^2_{ij}) \longrightarrow \Omega^\bullet_{\bar{X}^1_{ij}}(\log Y^1_{ij})$ qui est bifiltré (voir [2] (3.2.11.B)). Il induit, par consequent, un morphisme bifiltré $\mathbb{R}\Gamma K^2 \longrightarrow \mathbb{R}\Gamma K^1$, ce qui prouve le lemme.

Preuve de (2.3)(ii). Pour une compactification fixée $\bar{X}_\bullet$ de $X_\bullet$, l'indépendance de l'hyperrésolution résulte de la propriété de connexion des hyperrésolutions (I.3.8.4), de (2.4) pour $\bar{f}_\bullet$ l'application identique et de [2](2.3.5).

L'indépendance de la compactification résulte de (I.4.4), (2.4) pour $f_\bullet$ l'application identique et de [2](2.3.5).

Finalement, la fonctorialité résulte de (2.4).

(2.5) Si $X_\bullet$ est un $\square_n$-schéma, on considèrera sur $H^*(X_\bullet)$ la structure de Hodge mixte qui se déduit de l'identification de $X_\bullet$ avec un $(\Delta_{mon})_n$-schéma (voir (1.3)).

(2.6) Avec les notations de (2.2) et (2.3) on a, d'après (1.18.1) et [2] (3.1.5.2),

$$H^n(Gr^\delta_q K) = \sum_{k-l=q} \mathbb{R}^{n-(l+k)} a_{ij*} i_{k*} \mathbb{C}_{\tilde{Y}^k_{ij}} ,$$

où $i+j=l$, $i\geq 0$, $j\geq 0$, et i_k est le morphisme naturel de $\tilde{Y}^k_{ij}$ dans $\bar{X}_{ij}$ (voir [2](3.1.4)).

(2.7) D'après (2.6), la définition de la filtration F et [2] (8.1.9), on a la

Proposition. Avec les notations de (2.3):

(i) Les suites spectrales définies par les filtrations δ et F de $\mathbb{R}\Gamma K$ vérifient

$${}_\delta E_1^{ab} = \sum_{l-k=a} H^{a+b-(l+k)}(\tilde{Y}^k_{ij})(-k) \Longrightarrow H^{a+b}(X_\bullet,\mathbb{Q})$$

où $i+j=l$, $i\geq 0$, $j\geq 0$, et

$${}_F E_1^{pq} = H^q(\bar{X}_{..}, \Omega^p_{\bar{X}_{..}} (\log Y_{..})) \Longrightarrow H^{p+q}(X_{..}, \mathbb{C}) .$$

(ii) La filtration F munit ${}_\delta E_1^{ab}$ d'une structure de Hodge de poids b.
(iii) La suite spectrale de $(\mathbb{R}\Gamma K,\delta)$ dégénère en E_2 et la suite spectrale de $(\mathbb{R}\Gamma K,F)$ dégénère en E_1 .

(2.8) Soit $X_{..}$ un $(\Delta_{mon})_r \times (\Delta_{mon})_s$-schéma . La filtration L par rapport au premier indice (voir (I.6.2)) induit une filtration dans $G_{X_{..},\mathbb{Q}}$ et la suite spectrale correspondante est telle que

$$E_1^{pq} = H^q(X_{p.}) \Longrightarrow H^{p+q}(X_{..}) .$$

Avec des notationa analogues à celles de (2.1) soit $\mathbb{R}\Gamma K$ le complexe de Hodge mixte obtenu à partir d'une hyperrésolution $(\bar{X}_{...},Y_{...})$ de $(\bar{X}_{..},Y_{..})$.

Il résulte de [2](8.1.15)(iv) que c'est une suite spectrale de structures de Hodge mixtes.

(2.9) Soient S un $(\Delta_{mon})_s$-schéma et $Z_{..}$ un $\square_1^+ \times (\Delta_{mon})_s$-schéma qui est une 2-résolution de S (voir (I.2.7)). Alors de (I.6.8), (1.3) et (2.8), il résulte que la suite exacte

$$\cdots \longrightarrow H^n(S) \longrightarrow H^n(Z_{01}) \oplus H^n(Z_{10}) \longrightarrow H^n(Z_{11}) \longrightarrow H^{n+1}(S) \longrightarrow \cdots$$

est une suite exacte de structures de Hodge mixtes.

B. Théorie de Hodge des schémas simpliciaux stricts.

(2.10) <u>Théorème</u>. Soit $X_.$ un schéma simplicial strict. Pour tout entier $n\geq 0$ et tout $m>n$, l'isomorphisme $H^n(X_.) \xrightarrow{\sim} H^n(sq_m X_.)$ induit sur les groupes de cohomologie $H^n(X_.)$ une structure de Hodge mixte fonctorielle en $X_.$ qui est indépendante de l'entier m .

<u>Démonstration</u>. Fixons l'entier n , et soient m , m' des entiers $>n$. Si $m'\geq m$, le morphisme naturel $sq_m X_. \longrightarrow sq_{m'} X_.$ induit un isomorphisme

$$H^n(sq_{m'} X_.) \xrightarrow{\sim} H^n(sq_m X_.)$$

qui, par (2.4) et [2](2.3.5), sera un isomorphisme de structures de

Hodge mixtes, ce qui démontre l'indépendance de m. La fonctorialité résulte de (2.3)(ii).

(2.11) Lemme. Soit $f: X_\bullet \longrightarrow Y_\bullet$ un morphisme de schémas simpliciaux stricts qui induit un isomorphisme en cohomologie. Alors

$$f^*: H^*(Y_\bullet) \longrightarrow H^*(X_\bullet)$$

est un isomorphisme de structures de Hodge mixtes.

En effet, ceci résulte immédiatement de (2.10) et [2] (2.3.5).

(2.12) Proposition. Soit $X_\bullet$ un schéma simplicial. Alors les structures de Hodge mixtes de $H^*(X_\bullet)$ définies dans (2.10) et par Deligne dans [2] (8.3.4) coïncident.

En effet, soit $\bar{X}_\bullet$ une compactification de $X_\bullet$ et $a: \bar{Z}_\bullet \longrightarrow \bar{X}_\bullet$ un hyperrecouvrement simplicial propre et lisse de $\bar{X}_\bullet$ tel que $Z = a^{-1}(X_\bullet)$ est le complémentaire dans $\bar{Z}_\bullet$ d'un diviseur à croisements normaux (voir [2] (8.3.2)). Compte tenu de [2] (8.3.3), (8.1.12), (8.1.19) et (2.1.2), la proposition résulte de (2.11) appliquée au morphisme $a: Z_\bullet \longrightarrow X_\bullet$.

C. Cohomologie relative.

(2.13) Soit $f: X^1_\bullet \longrightarrow X^2_\bullet$ un morphisme de schémas simpliciaux stricts. Avec les notations de (1.7), les groupes de cohomologie relative $H^*(X^2_\bullet, X^1_\bullet)$ sont ceux du schéma simplicial strict $s(f)$. Par conséquent, ils sont d'après (2.10) munis d'une structure de Hodge mixte fonctorielle en $X^1_\bullet \longrightarrow X^2_\bullet$.

(2.14) Compte tenu de (1.9.1), (2.11) et (2.3) on a la

Proposition. La structure de Hodge mixte qu'on vient de définir sur $H^*(X^2_\bullet, X^1_\bullet)$ coïncide avec celle définie par Deligne dans [2] (8.3.8).

(2.15) Pour un morphisme de schémas simpliciaux stricts tronqués, nous allons expliciter un complexe de Hodge mixte qui munit les groupes de cohomologie relative de la structure de Hodge mixte qu'on a défini dans (2.14). Avec les notations de (2.4), soit $a: \bar{X}^2_\bullet \longrightarrow S$ une augmentation vers un espace topologique S et dénotons par K_1 et K_2 les CHMC sur $\bar{X}^1_{\bullet\bullet}$ et $\bar{X}^2_{\bullet\bullet}$, respectivement, qui résultent de (2.1).

Soit K le CHMC sur S , $s(\mathbb{R}a_*^2K_2 \longrightarrow \mathbb{R}a_*^1K_1)$ obtenu d'après (1.20). On a alors la

<u>Proposition</u>. Le complexe de Hodge mixte $\mathbb{R}\Gamma K$ munit $H^*(X_\cdot^2, X_\cdot^1)$ de la structure de Hodge mixte définie dans (2.13).

(2.16) De [2] (8.1.15)(iv) appliqué au complexe de Hodge mixte différentiel gradué $\mathbb{R}\Gamma K$, il résulte que la suite exacte de cohomologie relative

$$\cdots \longrightarrow H^n(X_\cdot^2, X_\cdot^1) \longrightarrow H^n(X_\cdot^2) \longrightarrow H^n(X_\cdot^1) \longrightarrow H^{n+1}(X_\cdot^2, X_\cdot^1) \longrightarrow \cdots$$

est une suite exacte de structures de Hodge mixtes.

(2.17) Soit $X_\cdot^+$ un $\square_n^+$-schéma. Il est clair d'après (1.10) et (2.13) que les groupes de cohomologie $H_{rel}^*(X_\cdot^+)$ sont munis d'une structure de Hodge mixte fonctorielle en $X_\cdot^+$.

(2.17.1) Nous allons expliciter dans ce cas particulier un complexe de Hodge mixte qui munit les groupes de cohomologie $H_{rel}^*(X_\cdot^+)$ de la structure de Hodge mixte qu'on vient de définir. Soient $\bar{X}_\cdot^+$ une compatification de $X_\cdot^+$, $Y_\cdot = \bar{X}_\cdot^+ - X_\cdot^+$ et $(X_{\cdot\cdot}^+, Y_{\cdot\cdot}^+)$ une hyperrésolution de $(X_\cdot^+, Y_\cdot^+)$, $X_{\cdot\cdot}^+$ étant un $(\Delta_{mon})_r \times \square_n^+$-schéma. Désignons par $X_{\cdot\cdot}$ la restriction de $X_{\cdot\cdot}^+$ à $(\Delta_{mon})_r \times \square_n$, et par $a_\cdot : X_{\cdot\cdot} \longrightarrow X_{\cdot 0}$ le morphisme d'augmentation induit par l'augmentation $X_\cdot \longrightarrow X_0$ définie par $X_\cdot^+$. Soit $K_+^{\cdot\cdot}$ le CHMC sur $X_{\cdot\cdot}^+$ obtenu d'après (1.16). Ce complexe définit par restriction des CHMC sur $X_{\cdot 0}$ et $X_{\cdot\cdot}$ notés, respectivement, $K^{\cdot 0}$ et $K^{\cdot\cdot}$ et un a-morphisme $K^{\cdot 0} \longrightarrow \mathbb{R}a_{\cdot *}K^{\cdot\cdot}$. Soient $X_{\cdot 0} \longrightarrow X_0$ l'augmentation naturelle et K le CHMC sur X_0 qui résulte de (1.20). On vérifie aisément que le complexe de Hodge mixte $\mathbb{R}\Gamma K$, munit les groupes de cohomologie $H_{rel}^*(X_\cdot^+)$ de la structure de Hodge mixte définie dans (2.15) (voir (1.10)).

(2.18) Il y a une version relative de (2.8) lorsque $X_{\cdot\cdot}$ est un $\square_n^+ \times (\Delta_{mon})_r$-schéma. Nous nous bornons à considérer le seul cas dont nous aurons besoin.

Soient $X_\cdot^+$ un $\square_n^+$-schéma et $\mathbb{R}\Gamma K$ le complexe de Hodge mixte obtenue d'après (2.15) et qui munit $H_{rel}^*(X_\cdot^+)$ de la structure de Hodge mixte définie dans (2.17). Posons $\square_n^+ = \square_p^+ \times \square_{n-p}^+$, $p \geq 0$. Alors, la filtration par l'indice cubique de $\square_p^+$ induit une filtration dans $\square_n^+$ et dans $\mathbb{R}\Gamma K$. La suite spectrale correspondante est telle que

$$E_1^{pq} = \sum_{|\alpha|=p+1} H^q_{rel}(X^+_{\alpha\cdot}) \Longrightarrow H^{p+q}_{rel}(X^+_{\cdot\cdot})$$

et il résulte de [2] (8.1.15)(iv) que c'est une suite spectrale de structures de Hodge mixtes.

(2.18.1) En particulier, si $X^+ = Y^+ \longrightarrow Z^+$ où Y^+ , Z^+ sont des $\square^+_{n-1}$-schémas, la suite exacte

$$\dots \longrightarrow H^n_{rel}(X^+) \longrightarrow H^n_{rel}(Z^+) \longrightarrow H^n_{rel}(Y^+) \longrightarrow H^{n+1}_{rel}(X^+) \longrightarrow \dots$$

est une suite exacte de structures de Hodge mixtes.

D. Théorie de Hodge des I-schémas.

(2.19) Soient I une catégorie finie et X un I-schéma; alors le remplacement simplicial de X , $rs_{\cdot}X$, est un schéma simplicial, donc on déduit de (1.3) et (2.13) le

<u>Théorème</u>. L'isomorphisme $H^*(X) \simeq H^*(rs_{\cdot}X)$ munit les groupes de cohomologie de X d'une structure de Hodge mixte fonctorielle en X .

(2.20) <u>Proposition</u>. Soit $X_{\cdot}$ un schéma simplicial strict tronqué. Alors les structures de Hodge mixtes sur $H^*(X_{\cdot})$ définies dans (2.3) et (2.19) coïncident.

En effet, soit $\bar{X}_{\cdot}$ une compactification de $X_{\cdot}$ et $(\bar{X}_{\cdot\cdot}, Y_{\cdot\cdot})$ une hyperrésolution du couple $(\bar{X}_{\cdot}, \bar{X}_{\cdot}-X_{\cdot})$. Pour tout entier $m \geq 0$, il est claire qu'on obtient naturellement à partir de $\bar{X}_{\cdot\cdot}$ une hyperrésolution de $sq_m rs_{\cdot}\bar{X}_{\cdot}$. Si nous notons K et K_m les complexes de Hodge mixtes qu'on obtient d'après (2.1) et (2.2), il est aisé de vérifier qu'on a un morphisme naturel de complexes de Hodge mixtes $K \longrightarrow K_m$ qui induit un isomorphisme des structures de Hodge mixtes $H^n(K) \xrightarrow{\sim} H^n(K_m)$ pour tout $n<m$, d'où la proposition.

E. Produits.

Puisque le produit cartésien de deux schémas cubiques a une structure naturelle de schéma cubique, l'utilisation des schémas cubiques simplifie la théorie des produits. Nous allons donc les utiliser dans cette théorie (cf. [2](8.1.2.5)).

Dans cette section, un schéma cubique augmenté $X^+_\bullet$ sera appelé simplement schéma cubique, et il sera noté $X_\bullet$.

(2.21) Etant donnés deux schémas cubiques $X'_\bullet$, $X''_\bullet$, nous dénotons par $X'_\bullet x X''_\bullet$ le schéma cubique défini par $(X'_\bullet x X''_\bullet)_{\alpha\beta} = X'_\alpha x X''_\beta$ avec les morphismes évidents. On a alors

Proposition. Il existe un isomorphisme de Künneth

$$\sigma\colon H^\bullet_{rel}(X'_\bullet) \otimes H^\bullet_{rel}(X''_\bullet) \xrightarrow{\sim} H^\bullet_{rel}(X'_\bullet x X''_\bullet)$$

qui est aussi un isomorphisme de structures de Hodge mixtes.

Démonstration. La proposition résulte de [2] (8.1.24) et de la remarque suivante.

Soient $A^\bullet$ (resp. $B^\bullet$) un complexe cocubique relatif à $X'_\bullet$ (resp. $X''_\bullet$) et $C^{\bullet\bullet}$ le complexe cocubique rélatif à $X'_\bullet x X''_\bullet$ défini par $C^{\alpha\beta} = A^\alpha \otimes B^\beta$. On a alors que $sC^{\bullet\bullet} = (sA^\bullet) \otimes (sB^\bullet)$.

(2.22) Proposition. Si $X_\bullet$ est un schéma cubique, il existe un cup-produit

$$H^\bullet_{rel}(X_\bullet) \times H^\bullet_{rel}(X_\bullet) \xrightarrow{\cup} H^\bullet_{rel}(X_\bullet)$$

qui est un morphisme de structures de Hodge mixtes.

Nous avons besoin du lemme suivant.

(2.22.1) Lemme. Soit $X_\bullet$ un n-schéma cubique et soit $Y_{\bullet\bullet}$ le 2n-schéma cubique défini par $Y_{\alpha\beta} = X_\gamma$ où $\gamma_i = \max(\alpha_i, \beta_i)$, $1 \le i \le n$. Alors il existe un morphisme des complexes de Hodge mixtes qui induit un isomorphisme de structures de Hodge mixtes

$$\Phi\colon H^\bullet_{rel}(Y_{\bullet\bullet}) \xrightarrow{\sim} H^\bullet_{rel}(X_{\bullet\bullet})$$

Démonstration. On procède par récurrence sur n. Pour n=0 , c'est évident. On suppose que le lemme est vrai pour tout n-schéma cubique et soit $X_\bullet$ un (n+1)-schéma cubique et $Y_{\bullet\bullet}$ le (2n+2)-schéma cubique défini de la façon décrite ci-dessus. On pose

$$X_\bullet = X_{1\bullet} \longrightarrow X_{0\bullet}$$

et

$$Y_{..} = \begin{array}{ccc} Y_{1\cdot 1\cdot} & \longrightarrow & Y_{0\cdot 1\cdot} \\ \downarrow & & \downarrow \\ Y_{1\cdot 0\cdot} & \longrightarrow & Y_{0\cdot 0\cdot} \end{array}$$

et on remarque que $Y_{1\alpha 1\beta} = Y_{1\alpha 0\beta} = Y_{0\alpha 1\beta} = X_{1\gamma}$ et $Y_{0\alpha 0\beta} = X_{0\gamma}$. La démonstration s'achève en appliquant (2.18.1) et l'hypothèse de recurrénce.

Preuve de (2.22). Soit $\psi: Y_{..} \longrightarrow X_{.} x X_{.}$ défini par

$$\psi(x) = (a_{\gamma\alpha}(x), a_{\gamma\beta}(x)) \ , \ x \in Y_{\alpha\beta} \ ,$$

où $a_{\alpha\beta}$ sont les morphismes qui définissent $Y_{..}$. Alors la composition des morphismes de structures de Hodge mixtes

$$H^{\cdot}_{rel}(X_{.}) \otimes H^{\cdot}_{rel}(X_{.}) \longrightarrow H^{\cdot}_{rel}(X_{.} x X_{.})$$

et

$$H^{\cdot}_{rel}(X_{.} x X_{.}) \xrightarrow{H^{\cdot}(\psi)} H^{\cdot}_{rel}(Y_{..})$$

nous donne, compte tenu du lemme (2.22.1), un morphisme de structures de Hodge mixtes

$$H^{\cdot}_{rel}(X_{.}) \times H^{\cdot}_{rel}(X_{.}) \xrightarrow{U} H^{\cdot}_{rel}(X_{.})$$

qui est le cup-produit.

3. Structure de Hodge mixte sur $H^*(X)$.

(3.1) Il resulte immédiatement de (2.3) et (2.12) le résultat suivant:

Théorème. Soit X un schéma. Alors, les groupes de cohomologie $H^*(X)$ sont munis d'une structure de Hodge mixte fonctorielle en X qui coïncide avec celle definie par Deligne dans [2] (8.2.1).

(3.2) Rappelons comment on obtient un complexe de Hodge mixte qui induit sur $H^*(X)$ cette structure de Hodge mixte. Soient $\bar{X}$ une compactification de X , $(\bar{X}_{.}, Y_{.})$ une hyperrésolution du couple $(\bar{X}, \bar{X}-X)$

vérifiant la condition (1.26.1) et

$$((\mathbb{R}j_*\mathbb{Q}_{X_\bullet}, \tau), (\Omega^\bullet_{\bar{X}_\bullet}(\log Y_\bullet), W, F))$$

le CHMC sur $\bar{X}_\bullet$ qui résulte de (2.1). L'augmentation naturelle $a: \bar{X}_\bullet \longrightarrow \bar{X}$ permet d'obtenir d'après (2.2) un CHMC sur $\bar{X}$ qu'on désigne par K. Alors le complexe de Hodge mixte $\mathbb{R}\Gamma K$ munit les groupes de cohomologie $H^*(X)$ de la structure de Hodge mixte (3.1).

(3.3) Proposition. Avec les notations de (3.2), si X est de dimension N, la dimension du support des fasiceaux $H^n(Gr^\delta_q K)$ est $\leq N - \frac{|q|}{2} - \frac{n}{2}$.

Rappelons d'abord le résultat suivant.

(3.3.1) Soit $\pi: X \longrightarrow Y$ un morphisme propre de schémas. Alors

$$\dim \operatorname{supp} \mathbb{R}^i\pi_*\mathbb{C}_X \leq \dim X - \frac{i}{2}.$$

En effet, si $y \in \operatorname{supp} \mathbb{R}^i\pi_*\mathbb{C}_X$ on a $i \leq 2 \dim \pi^{-1}(y)$. C'est à dire, $\dim \pi^{-1}(y) \geq \frac{i}{2}$ et par conséquent

$$\dim X \geq \dim \pi^{-1}(\operatorname{supp} \mathbb{R}^i\pi_*\mathbb{C}_X)$$

$$\geq \dim \operatorname{supp} \mathbb{R}^i\pi_*\mathbb{C}_X + \frac{i}{2}.$$

Preuve de (3.3). D'après (2.6) on a

(3.3.2) $$H^n(Gr^\delta_q K) = \sum_{k-l=q} \mathbb{R}^{n-(l+k)} a_* i_{k*}\mathbb{C}_{\tilde{Y}^k_l}$$

où $l\geq 0$, $k\geq 0$. Puisque $\dim \tilde{Y}^k_l \leq N - (l+k)$, d'après (3.3.1), on a

$$\dim \operatorname{supp} \mathbb{R}^{n-(l+k)} a_* i_{k*}\mathbb{C}_{\tilde{Y}^k_l} \leq N - (l+k) - \frac{n-(l+k)}{2}$$

$$= N - \frac{l+k}{2} - \frac{n}{2}.$$

Mais $l,k\geq 0$ implique $l+k\geq |k-l| = |q|$. Ceci achève la démonstration.

(3.3.3) Dans [13] (II.1.1), l'afirmation relative à la dimension du support est incorrecte. Elle doit être substituée par celle qu'on vient de démontrer. Je remercie F. Guillén de m'avoir signalé cette erreur ainsi que de m'avoir fait remarquer que la proposition qui suit résulte de (3.3).

(3.4) Proposition. Avec les notations de (3.2), chaqu'unes des relations

(i) $H^n(Gr_q^\delta K) \neq 0$,

(ii) $H^n(\bar{X}, Gr_q^\delta K) \neq 0$,

(iii) $Gr_q^\delta H^n(\bar{X}, K) \neq 0$

se vérifie seulement si $|q|\leq n\leq 2N-|q|$.

Si X est complet (resp. lisse) chacune des relations antérieures implique, en plus, que $q\leq 0$ (resp. $q\geq 0$).

Démonstration. Si $H^n(Gr_q^\delta K) \neq 0$, il résulte de (3.3.2) que $1+k\leq n$, donc $|q|\leq n$, et il résulte de (3.3) que

$$0 \leq \dim \operatorname{supp} H^n(Gr_q^\delta K) \leq N - \frac{|q|}{2} - \frac{n}{2} .$$

Ceci montre (i).

Si $H^n(\bar{X},Gr_q^\delta K) \neq 0$, de la suite spectrale d'hypercohomologie

$$H^i(\bar{X}, H^j(Gr_q^\delta K)) \Longrightarrow H^{i+j}(\bar{X}, Gr_q^\delta K)$$

on obtient qu'il existe des i,j tels que $i+j=n$ et $H^i(\bar{X}, H^j(Gr_q^\delta K)) \neq 0$. Ceci implique

$$\begin{aligned} 0 \leq i &\leq 2 \dim \operatorname{supp} H^j(Gr_q^\delta K) \\ &\leq 2(N - \frac{|q|}{2} - \frac{j}{2}) \\ &= 2N - |q| - j . \end{aligned}$$

Donc,

$$|q| \leq j \leq j+i = n \leq 2N - |q|$$

ce qui prouve (ii).

La troisième relation (iii) résulte de (ii) et de la suite spectrale associée à la filtration δ

$$H^n(\bar{X},Gr_q^\delta K) \Longrightarrow Gr_q^\delta H^n(\bar{X},K) .$$

Finalement, si X est complet, il résulte de (2.1.1) que dans

(3.3.2) on a $k=0$, donc $q=-l\leq 0$. De même, si X est lisse, il résulte de (2.1.2) que dans (3.3.2) on a $l=0$, d'où $q=k\geq 0$

(3.5) De (3.4) (iii) et de (2.7), respectivement, on obtient les propositions suivantes qui donnent des précisions sur la filtration par le poids et les nombres de Hodge de la structure de Hodge mixte de $H^n(X)$ obtenus par Deligne dans [2].

Proposition. Soit X un schéma de dimension N . Les entiers n et q tels que $Gr^W_q H^n(X) \neq 0$ vérifient:

(i) Si $0\leq n\leq N$, alors $0\leq q\leq 2n$.
(ii) Si $N\leq n\leq 2N$, alors $2(n-N)\leq q\leq 2N$.
(iii) Si X est complet, alors $q\leq n$.
(iv) Si X est lisse, alors $q\geq n$.

En effet, ceci résulte immédiatement de (3.4) (iii), compte tenu que $W = \delta[n]$ sur $H^n(X)$, où $\delta[n]_q = \delta_{q-n}$.

(3.6) Proposition. Soit X un schéma de dimension N et soient h^{pq} les nombres de Hodge de $H^n(X)$. Les entiers p, q tels que $h^{pq} \neq 0$ vérifient:

(i) Si $0\leq n\leq N$, alors $0\leq p,q\leq n$.
(ii) Si $N\leq n\leq 2N$, alors $n-N\leq p,q\leq N$.
(iii) Si X est complet, alors $p+q\leq n$.
(iv) Si X est lisse, alors $p+q\geq n$.

Démonstration. On a

$$h^{pq} = \dim_{\mathbb{C}}(Gr^{\delta[n]}_{p+q}H^n)^{p,q} = \dim_{\mathbb{C}}(Gr^{\delta}_{p+q-n}H^n)^{p,q}$$

$$= \dim ({}_{\delta}E_2^{n-p-q,\ p+q})^{p,q} .$$

Or ${}_{\delta}E_2^{n-p-q,\ p+q}$ est l'homologie de ${}_{\delta}E_1^{n-p-q,\ p+q}$ munie de la structure de Hodge de poids $p+q$, induite par

$${}_{\delta}E_1^{n-p-q,\ p+q} = \sum_{j-k=n-p-q} H^{n-(j+k)}(\tilde{Y}^k_j)(-k)$$

(voir (2.7)(i)), donc on a $h^{pq} \leq \Sigma\, h^{p-k,q-k}_{jk}$, où $h^{p,q}_{jk}$ sont les nombres de Hodge des $H^{n-(j+k)}(\tilde{Y}^k_j)$. Il en résulte que si $h^{pq} \neq 0$ on a les relations

$$0 \leq p-k,\ q-k \leq \min(\dim \tilde{Y}_j^k,\ n-1-k) \leq$$
$$\leq \min(N-j-k,\ n-1-k)$$

d'où

$$0 \leq p,q \leq \min(N,n)$$

et (i) est prouvé.

(ii) résulte des relations antérieures et de ce que pour $n \geq N$ $2n-2N \leq p+q$. (voir [2](3.2.7)).

(iii) et (iv) résultent de (3.5)(iii) et (3.5)(iv), respectivement.

Si X est un schéma complet, la construction de la structure de Hodge mixte sur la cohomologie de X est basée sur l'existence d'une hyperrésolution $X_{\bullet}$ de X . La méthode générale décrite jusqu'ici utilise le théorème I.2.15 pour obtenir de telles hyperrésolutions. Or, dans certains cas il est possible de les obtenir d'une façon plus immédiate; par exemple, dans le cas d'un diviseur à croisements normaux, on a l'hyperrésolution de Mayer-Vietoris que nous allons rappeler ci-dessous.

(3.7) Soit Y un schéma dont les composantes irréductibles Y_i , $1 \leq i \leq r$, sont des variétés lisses et compactes qui se coupent transversalement. Pour chaque sous-ensemble I de $\Sigma = \{1,2,\dots,r\}$ on pose

$$Y_I = \bigcap_{i \in I} Y_i$$

et

$$Y_p = \coprod_{|I|=p+1} Y_I .$$

Notons que $Y_p = \tilde{Y}_{\bullet}^{p+1}$. Alors les variétés complexes compactes Y_p , $p \geq 0$ avec les morphismes

$$d_j^p\colon Y_p \longrightarrow Y_{p-1} ,\ 0 \leq j \leq p$$

induits par les applications $\{i_0,\dots, i_p\} \longrightarrow \{i_0,\dots, \hat{i}_j,\dots,i_p\}$, définissent une variété complexe simpliciale stricte $Y_{\bullet}$ qui, avec l'augmentation naturelle vers Y , est une hyperrésolution de Y. (voir [10], [2], [11] et (I.2.13)).

Les Y_I étant des schémas lisses et compacts, on a sur chaque Y_p le CHC $((\mathbb{Q}_{Y_p}, W), (\Omega^{\bullet}_{Y_p}, W, F))$, où W est la filtration triviale. On obtient donc d'après (3.2) un CHMC sur Y , $K = ((K_{\mathbb{Q}},W), (K_{\mathbb{C}},W,F))$

qui, par (2.12), munit $H^*(Y)$ de sa structure de Hodge mixte. Ce complexe est tel que:

a) $K_{\mathbb{Q}}$ est le complexe

$$(a_0)_*\mathbb{Q}_{Y_0} \xrightarrow{d''_1} (a_1)_*\mathbb{Q}_{Y_1} \xrightarrow{d''_2} \cdots$$

où

$$d''_p = \sum_j (-1)^j (d^p_j)^* \ , \ 0 \le j \le p \ ,$$

qui est une résolution de $\mathbb{Q}_Y$, et la filtration W est définie par

$$W_q K_{\mathbb{Q}} = \bigoplus_{s \ge -q} (a_s)_*\mathbb{Q}_{Y_s}$$

où a_s est l'application naturelle de Y_s dans Y .

b) $K_{\mathbb{C}}$ est le complexe simple

$$s((a_0)_*\Omega^{\bullet}_{Y_0} \xrightarrow{d''_1} (a_1)_*\Omega^{\bullet}_{Y_1} \xrightarrow{d''_2} \cdots)$$

et les filtration W et F sont définies par

$$W_q K_{\mathbb{C}} = \bigoplus_{s \ge -q} (a_s)_*\Omega^*_{Y_s} \ ,$$

et

$$F^p K_{\mathbb{C}} = \bigoplus_{\substack{s \ge 0 \\ r \ge p}} (a_s)_*\Omega^r_{Y_s} \ .$$

c) L'isomorphisme $(K_{\mathbb{Q}},W)\otimes\mathbb{C} \simeq (K_{\mathbb{C}},W)$ est induit par les quasi-isomorphismes $\mathbb{C}_{Y_p} \longrightarrow \Omega^{\bullet}_{Y_p}$, $p \ge 0$, qui résultent du lemme de Poincaré.

On déduit immédiatement des définitions que

$$\text{(3.7.1)} \qquad Gr^W_p K = (a_{-p})_*\mathbb{C}_{Y_{-p}}[-p]$$

donc la suite spectrale de hypercohomologie de $(K_{\mathbb{Q}}, W)$ est telle que

$$\text{(3.7.2)} \qquad {}_W E_1^{pq} = H^q(Y_p) \Longrightarrow H^{p+q}(Y) \ .$$

Bien que la structure de Hodge mixte de $H^*(Y)$ obtenue avec le CHMC sur Y qu'on vient de décrire soit fonctorielle, ce complexe n'est pas fonctoriel par rapport aux morphismes $Y' \longrightarrow Y$. Pour pallier cet inconvenient, V. Navarro Aznar a introduit dans [15] une hyperrésolution de Y qui est définie par la subdivision barycentrique du nerf du recouvrement $\{Y_i\}_{i\in\Sigma}$. Une variante de cette hyperrésolution fonctorielle est la suivante.

(3.8) Avec les notations de (3.7), soit $P(\Sigma)$ l'ensemble des parties de Σ et posons

$$Y_{(I_0,\ldots,I_n)} = Y_{I_0} \cap \ldots \cap Y_{I_n}$$

et

$$M_nY = \coprod Y_{(I_0,\ldots,I_n)}$$

où $(I_0,I_1,\ldots,I_n) \in P(\Sigma)^{n+1}$, $n\geq 0$.

Alors les variétés complexes compactes M_nY , $n\geq 0$, avec les morphismes

$$d_j^n: M_nY \longrightarrow M_{n-1}Y \ , \ 0\leq j\leq n$$

induits par les applications $(I_0,I_1,\ldots,I_n) \longrightarrow (I_0,\ldots,\hat{I}_j,\ldots,I_n)$ définissent une variété complexe simpliciale stricte $M_\bullet Y$ qui est naturellement augmentée vers Y . Il est clair que cette variété simpliciale n'est autre que l'hyperrecouvrement de Y défini par le recouvrement $\{Y_I\}_{I\in P(\Sigma)}$, i.e. $M_\bullet Y = \cos q_\bullet(\coprod_{I\in P(\Sigma)} Y_I \longrightarrow Y)$, voir [2] (5.3.7). Il résulte donc de [10](5.2.1) que l'augmentation naturelle de $M_\bullet Y$ dans Y est de descente cohomologique.

Soit $M = ((M_{\mathbb{Q}},W),\ (M_{\mathbb{C}},W,F))$ le CHMC sur Y obtenu d'après (3.2). Il est clair qu'on a:

(3.9) <u>Proposition</u>. Avec les notations précédentes

(i) M est un CHMC sur Y fonctoriel en Y .

(ii) Le morphisme naturel $Y_\bullet \longrightarrow M_\bullet Y$ induit un morphisme de complexes de Hodge mixtes cohomologiques $M \longrightarrow K$.

4. <u>Structure de Hodge mixte sur $H_c^*(X)$</u> .

(4.1) Soit X un schéma. Si $\bar{X}$ est une compactification de X et $Y = \bar{X}-X$, l'isomorphisme $H_c^*(X) \simeq H^*(\bar{X},Y)$ induit, d'après (2.13), une structure de Hodge mixte sur les groupes de cohomologie à support compact $H_c^*(X)$. Alors, compte tenu de (2.11) et du fait que les compactifications d'un schéma forment un ensemble filtrant, on a:

<u>Théorème</u>. La structure de Hodge mixte de $H_c^*(X)$ induite par l'isomorphisme $H_c^*(X) \simeq H^*(\bar{X},Y)$ est indépendante de la compactification $\bar{X}$ de X et elle est fonctorielle en X pour les morphismes propres.

(4.2) Avec les notations antérieures, soient $X_{\bullet\bullet} = X_{\bullet 1} \longrightarrow X_{\bullet 0}$ une hyperrésolution de $Y \longrightarrow \bar{X}$ vérifiant la condition (1.26.1) (voir (2.1.1)) et soit K le CHMC sur $\bar{X}$ qui résulte de (2.15) pour l'augmentation naturelle $a\colon X_{\bullet\bullet} \longrightarrow \bar{X}$. Alors, la structure de Hodge mixte de $H_c^*(X)$ est induite par le complexe de Hodge mixte $\mathbb{R}\Gamma K$.

(4.3) <u>Proposition</u>. Soient X un schéma et U un ouvert de Zariski de X . Alors la suite exacte

$$\dots \longrightarrow H_c^n(U) \longrightarrow H_c^n(X) \longrightarrow H_c^n(X-U) \longrightarrow H_c^{n+1}(U) \longrightarrow \dots$$

est une suite exacte de structures de Hodge mixtes.

<u>Démonstration</u>. Soit $\bar{X}$ une compactification de X et soit $Y = \bar{X}-X$, $Z = \bar{X}-U$; le résultat se déduit de (2.19.1) appliqué au schéma cubique augmenté

$$\begin{array}{ccc} Y & \longrightarrow & Z \\ \downarrow & & \downarrow \\ \bar{X} & \longrightarrow & \bar{X} \end{array}$$

où les morphismes sont les applications d'inclusion, compte tenu que

$$H^*(\bar{X}, Z) = H_c^*(U),$$
$$H^*(\bar{X}, Y) = H_c^*(X),$$

et

$$H^*(Z, Y) = H_c^*(X-U) .$$

(4.4) Avec les notations précédentes, il résulte, en particulier, que la suite exacte

$$\dots \longrightarrow H_c^n(X) \longrightarrow H^n(\bar{X}) \longrightarrow H^n(Y) \longrightarrow H_c^{n+1}(X) \longrightarrow \dots$$

est une suite exacte de structures de Hodge mixtes.

(4.5) De (4.4) et (3.5)(iii), on obtient la

<u>Proposition</u>. Soit X un schéma de dimension N. Les entiers n et q tels que $Gr_q^W H_c^n(X) \neq 0$ vérifient:

(i) Si $0 \leq n \leq N$, alors $0 \leq q \leq n$.

(ii) Si $N \leq n \leq 2N$, alors $2(n-N) \leq q \leq n$.

(4.6) De (44.) et (3.6)(iii) on obtient la

<u>Proposition</u>. Soit X un schéma de dimension N et soient h^{pq} les nombres de Hodge de $H_c^n(X)$. Les entiers p,q tels que $h^{pq} \neq 0$ vérifient:

(i) Si $n \leq N$, alors $0 \leq p,q \leq n$ et $p+q \leq n$.

(ii) Si $n \geq N$, alors $n-N \leq p,q \leq N$ et $p+q \leq n$.

(4.7) <u>Proposition</u>.

(i) Soient X,Y des schémas. Alors le morphisme de Künneth

$$H_c^*(X) \otimes H_c^*(Y) \longrightarrow H_c^*(X \times Y)$$

est un isomorphisme de structures de Hodge mixtes.

(ii) Soit X un schéma. Alors le cup-produit

$$H_c^*(X) \otimes H_c^*(X) \xrightarrow{\cup} H_c^*(X)$$

est un morphisme de structures de Hodge mixtes.

<u>Démonstration</u>. Soient $\bar{X},\bar{Y}$ des compactifications des schémas X, Y respectivement. D'après (2.23), il y a un isomorphisme de Künneth

$$H_c^*(X) \otimes H_c^*(Y) \xrightarrow{\sim} H^*((\bar{X}-X \longrightarrow \bar{X}) \times (\bar{Y}-Y \longrightarrow \bar{Y})) .$$

Etant donné que $(\bar{X}-X)\times(\bar{Y}-Y) = (\bar{X}\times(\bar{Y}-Y)) \cap ((\bar{X}-X) \times \bar{Y})$, le 2-schéma cubique

$$\begin{array}{ccc} (\bar{X}-X)\times(\bar{Y}-Y) & \longrightarrow & (\bar{X}-X)\times\bar{Y} \\ \downarrow & & \downarrow \\ \bar{X}\times(\bar{Y}-Y) & \longrightarrow & \bar{X}\times\bar{Y} - X\times Y \end{array}$$

est de descente cohomologique sur $(\bar{X} \times(\bar{Y}-Y)) \quad ((\bar{X}-X)\times\bar{Y}) = \bar{X}\times\bar{Y} - X\times Y$.

On a donc un isomorphisme de structures de Hodge mixtes

$$H^*_{rel}((\bar{X}-X \to \bar{X})x(\bar{Y}-Y \to \bar{Y})) \xrightarrow{\sim} H^*(\bar{X}x\bar{Y}, \bar{X}x\bar{Y} - XxY) = H^*_c(XxY)$$

et (i) est démontré.

(ii) résulte de (2.24).

5. Structure de Hodge mixte sur $H^*_Y(X)$.

A. X algébrique.

(5.1) Soient X un schéma et Y un sous-schéma fermé de X . D'après (2.14) les groupes de cohomologie H(X,X-Y) sont munis d'une structure de Hodge mixte fonctorielle en $X-Y \longrightarrow X$. On a donc le

Théorème. L'isomorphisme naturel $H^*_Y(X) \xrightarrow{\sim} H^*(X,X-Y)$ induit sur les groupes de cohomologie locale une structure de Hodge mixte fonctorielle en (X,Y) .

(5.2) Si $\bar{X}$ est une compactification de X , $(\bar{X}_{\cdot\cdot}, Y_{\cdot\cdot})$ une hyper-résolution de $(\bar{X}, \bar{X}-(X-Y)) \longrightarrow (\bar{X}, \bar{X}-X)$ vérifiant la condition (1.26.1), a: $\bar{X}_{\cdot\cdot} \longrightarrow \bar{X}$ l'augmentation naturelle et K le CHMC sur $\bar{X}$ qui résulte de (2.16), le complexe de Hodge mixte $\mathbb{R}\Gamma K$ munit les groupes de cohomologie $H^*_Y(X)$ de la structure de Hodge mixte qu'on vient de définir dans (5.1).

(5.3) De (2.17) on obtient la

Proposition. Soient X un schéma et Y un sous-schéma fermé de X . Alors la suite exacte de cohomologie locale

$$\ldots \longrightarrow H^n_Y(X) \longrightarrow H^n(X) \longrightarrow H^n(X-Y) \longrightarrow H^{n+1}_Y(X) \longrightarrow \ldots$$

est une suite exacte de structures de Hodge mixtes.

(5.4) Remarque. Nous laissons au lecteur intéressé le soin d'établir une proposition analogue à (3.5) concernant les précisions sur la filtration par le poids. Nous les expliciterons dans (5.12) pour Y complet.

(5.5) Proposition. (i) Soient X, X' des schémas et Y, Y' des sous-schémas fermés de X et X' respectivement. Alors le morphisme de Künneth $H^*_Y(X) \otimes H^*_{Y'}(X') \longrightarrow H^*_{Y\times Y'}(X\times X')$ est un isomorphisme de structures de Hodge mixtes.

(ii) Soit X un schéma et Y, Z des sous-schémas fermés de X. Alors le cup-produit $H^*_Y(X) \otimes H^*_Z(X) \longrightarrow H^*_{Y\cap Z}(X)$ est un morphisme de structures de Hodge mixtes.

<u>Démonstration</u>. (i) est un cas particulier de (2.23) appliqué aux schémas cubiques $X-Y \longrightarrow X$, $X'-Y' \longrightarrow X'$, car le produit

$$(X-Y \longrightarrow X)\times(X'-Y' \longrightarrow X')$$

est le schéma cubique augmenté

$$\begin{array}{ccc} (X-Y)\times(X'-Y') & \longrightarrow & (X-Y)\times X' \\ \downarrow & & \downarrow \\ X\times(X'-Y') & \longrightarrow & X\times X' \end{array}$$

dont la cohomologie relative est la même que celle de

$$X\times X'-Y'\times Y' \longrightarrow X\times X'$$

(ii) résulte de (i), en considérant le morphisme de structures de Hodge mixtes induit par le morphisme diagonal

$$(X,X-Y\cap Z) \longrightarrow (X\times X,(X\times X)-(Y\times Z)) .$$

B. X analytique.

(5.6) Si X est un espace analytique réduit et Y est un sous-espace de X qui est une variété algébrique compacte, on va aussi munir les groupes de cohomologie locale $H^*_Y(X)$ d'une structure de Hodge mixte qui ne dépendra que du germe (X,Y). Or, si X est un espace analytique, le complexe K introduit dans (5.2) n'est plus, en général, un complexe de Hodge mixte cohomologique. On considérera un nouveau complexe construit à partir d'un complexe introduit par Elzein [6] (voir aussi [8]) lorsque X est lisse et Y est un diviseur à croisements normaux dans X.

On désigne par j l'inclusion de $X^* = X-Y$ dans X.

(5.7) Nous avons besoin dans ce paragraphe de la variante pour les espaces analytiques de la méthode des hyperrésolutions cubiques. Pour obtenir cette variante, il suffit de substituer dans (F) § 1 le mot schéma par le mot espace analytique.

(5.8) Soient X une variété complexe connexe et Y un diviseur à croisements normaux dans X et qui est une variété algébrique compacte. Soient $K'_{X,\mathbb{Q}}$ et $K'_{X,\mathbb{C}}$ les complexes de faisceaux sur X

$$K'_{X,\mathbb{Q}} = s(\mathbb{Q}_X \longrightarrow Rj_*\mathbb{Q}_{X^*})$$

$$K'_{X,\mathbb{C}} = s(\Omega^\bullet_X \longrightarrow \Omega^\bullet_X(\log Y))$$

et W, F les filtration définies sur ces complexes par

$$W_r K'_{X,\mathbb{Q}} = s(\tau_{\le r+1}\mathbb{Q}_X \longrightarrow \tau_{\le r+1}\mathbb{R}j_*\mathbb{Q}_{X^*})$$

$$W_r K'_{X,\mathbb{C}} = s(W_{r+1}\Omega^\bullet_X \longrightarrow W_{r+1}\Omega^\bullet_X(\log Y))$$

$$F^p K'_{X,\mathbb{C}} = s(F^p\Omega^\bullet_X \longrightarrow F^p\Omega^\bullet_X(\log Y))$$

où $\tau_\le$ est la filtration canonique ([2] (1.4.6)). Soit $\alpha: (K'_{X,\mathbb{Q}})\otimes\mathbb{C} \simeq (K'_{X,\mathbb{C}},W)$ l'isomorphisme dans $D^+F(X,\mathbb{C})$ qui résulte de [2] (3.1.8).

Puisque

$$(5.8.1)\qquad Gr^W_r K'_{X,\mathbb{C}} \overset{\text{Rés}}{\simeq} (i_{r+1})_*\Omega^\bullet_{\tilde{Y}^{r+1}}[-r-2](-r-1) \quad \text{pour } r\ge 0$$

$$= s(\Omega^\bullet_X \xrightarrow{\text{id}} \Omega^\bullet_X) \quad \text{pour } r=-1$$

$$= 0 \quad \text{pour } r<-1$$

on a

$$H^k(R\Gamma(X, Gr^W_r K'_{X,\mathbb{C}})) = H^{k-r-2}(\tilde{Y}^{r+1})(-r-1) \quad \text{pour } r\ge 0\ ,$$

$$= 0 \quad \text{pour } r<0\ .$$

Donc, il résulte que $((K'_{X,\mathbb{Q}},W), (K'_{X,\mathbb{C}},W,F))$ est un CHMC sur X, que nous désignons par K'_X.

(5.9) Revenons aux hypothèses de (5.6) et soit $(X_\bullet,Y_\bullet)$ une hyperrésolution de (X,Y) vérifiant (1.26.1) et telle que les Y_i soient algébriques. Il résulte de (5.8) que $((K'_{X_i,\mathbb{Q}},W), (K'_{X_i,\mathbb{C}},W,F))$ est un CHMC sur X_i pour $i\ge 0$ qui est fonctoriel en X_i. Donc,

$$((K'_{X_\bullet,\mathbb{Q}},W), (K'_{X_\bullet,\mathbb{C}},W,F))$$

est un CHMC sur $X_\bullet$. Soit $a: X_\bullet \longrightarrow X$ l'augmentation naturelle et K' le CHMC sur X qu'on obtient en appliquant (1.19) au CHMC antérieur.

Soit $\mathbb{R}\Gamma K'$ le complexe de HOdge mixte qui résulte d'après [2] (8.1.7). On a alors le

(5.10) <u>Théorème</u>. Avec les notations précédentes:

(i) Le complexe de Hodge mixte $\mathbb{R}\Gamma K'$ munit les groupes de cohomologie $H^*(X,X-Y)$ d'une structure de Hodge mixte.

(ii) Cette structure de Hodge mixte est indépendante de l'hyperrésolution choisie pour la définir; elle est fonctorielle en (X,Y) et elle ne dépend que du germe (X,Y) .

(iii) Si X est un schéma, cette structure de Hodge mixte coïncide avec celle qu'on a défini dans (5.1).

<u>Démonstration</u>. Puisque $H^*(X_i,K'_{X_i,\mathbb{Q}}) \simeq H^*(X_i,X_i-Y_i)$, $i\geq 0$, il est claire d'après la propriété de descente cohomologique que $\mathbb{R}^n\Gamma K' \simeq H^n(X,X-Y)$ pour tout entier $n\geq 0$, donc (i) résulte de [2] (8.1.9)(ii).

L'indépendance de l'hyperrésolution et la fonctorialité se démontrent d'une façon analogue à celle utilisée dans le cas algébrique.

La dernière affirmation de (ii) est immédiate, car si X' est un espace analytique réduit tel que $Y\subset X'\subset X'$, le morphisme d'inclusion $(X,Y) \longrightarrow (X',Y)$ induit un morphisme de structures de Hodge mixtes $H^*(X',X'-Y) \longrightarrow H^*(X,X-Y)$ qui est bijectif. C'est par conséquent un isomorphisme de structures de Hodge mixtes.

Puisque Y est une variété algébrique compacte, pour démontrer (iii) on peut supposer d'après le théorème d'excision et [2](2.3.5) que X est aussi compacte. Soit $(X_\bullet,Y_\bullet)$ une hyperrésolution de (X,Y) . Pour chaque $i\geq 0$, l'idéntité induit un morphisme bifiltré de

$$(s(\Omega^\bullet_{X_i} \longrightarrow \Omega^\bullet_{X_i}(\log Y_i)),\delta,F)$$

dans

$$(s(\Omega^\bullet_{X_i} \longrightarrow \Omega^\bullet_{X_i}(\log Y_i)),W,F) ,$$

où δ est la filtration diagonale qui correspond aux filtrations par le poids de $\Omega^\bullet_{X_i}$ et $\Omega^\bullet_{X_i}(\log Y_i)$ et W , F sont les filtration définies dans (5.8).

Ces morphismes induisent, avec les notations de (5.2) et (5.9), un morphisme bifiltré de $\mathbb{R}\Gamma K$ dans $\mathbb{R}\Gamma K'$ qui est l'identité au niveau des complexes, d'où (iii) s'ensuit, compte tenu de [2](2.3.5).

(5.11) <u>Proposition</u>. Avec les notations et hypothèses antérieures, si X est de dimension N, la dimension du support des faisceaux $H^n(Gr_q^\delta K')$ est $\leq N - \frac{|q|}{2} - \frac{n}{2}$.

En effet, d'après (5.8.1) et (1.18.1), on a

(5.11.1) $$H^n(Gr_q^\delta K') = \sum_{k-l=q} \mathbb{R}^{n-l-k-2} a_{l*}(i_{k+1})_* \mathbb{C}_{\tilde{Y}_i^{k+1}}$$

où $k,l\geq 0$. Donc la proposition résulte de (3.3.1).

(5.12) De la proposition antérieure, on déduit la

<u>Proposition</u>. Avec les notations et hypothèses antérieures, si X est de dimension N, chacune des relations

(i) $H^n(Gr_q^\delta K') \neq 0$

(ii) $H^n(X, Gr_q^\delta K') \neq 0$

(iii) $Gr_q^\delta H^n(X, K') \neq 0$

se vérifie seulement si $2+|q|\leq n\leq 2N-|q-n|$.

(5.13) <u>Proposition</u>. Avec les notations et hypothèses antérieures, si X est de dimension N, les entiers n et q tels que $Gr_q^W H_Y^n(X) \neq 0$ vérifient:

(i) Si $2\leq n\leq N+1$, alors $2\leq q\leq 2n-2$.

(ii) Si $N+1\leq n\leq 2N$, alors $2(n-N)\leq q\leq 2N$.

En plus, si X est lisse et c est la codimension de Y dans X ils vérifient:

(iii) Si $2c\leq n\leq N+c$, alors $n\leq q\leq 2(n-c)$.

(iv) Si $N+c\leq n\leq 2N$, alors $n\leq q\leq 2N$.

<u>Démonstration</u>. (i) et (ii) résultent de (5.12) (iii). Si X est lisse, on a un isomorphisme de dualité $H_Y^n(X) \simeq (H^{2N-n}(Y))'$ qui induit un isomorphisme de structures de Hodge mixtes ([13] (13.17), [6] (1.7.1))

$$H^n_Y(X) \xrightarrow{\sim} \mathrm{Hom}(H^{2N-n}(Y),\ \mathbb{Q}(-N))$$

d'où on obtient (iii) et (iv), d'après (3.5).

(5.14) Proposition. Avec les notations et hypothèses précédentes, si X est de dimension N et h^{pq} sont les nombres de Hodge de $H^n_Y(X)$, les entiers p,q tels que $h^{pq} \neq 0$ vérifient:

(i) Si $2 \le n \le N+1$, alors $1 \le p,q \le n-1$.

(ii) Si $N+1 \le n \le 2N$ alors $n-N \le p,q \le N$.

(iii) Si X est lisse, alors $p+q \ge n$.

La démonstration est entièrement analogue à celle de (3.6), compte tenu que dans ce cas, si δ est la filtration par le poids du complexe de Hodge mixte $\mathbb{R}\Gamma K'$, on a d'après (5.11.1)

$$_{\delta}E_1^{n-p-q,\ p+q} = \sum_{k-1=-n+p+q} H^{n-1-k-2}(\tilde{Y}_i^{k+1})(-k-1) .$$

6. Structure de Hodge mixte sur $H^*(X^*)$.

(6.1) Soit X un espace analytique réduit et Y un sous-espace de X qui est une variété algébrique compacte. Supposons que X se rétracte par déformation sur Y et posons $X^* = X-Y$. On va munir les groupes $H^n(X^*)$ d'une structure de Hodge mixte qui ne dépendra que du germe (X,Y) (cf. [7], [6] et [18]).

A. Le cas simple.

(6.2) Supposons d'abord que X soit lisse et que la sous-variété algébrique Y soit un diviseur à croisements normaux dans X .

Soient K et K' les CHMC sur X introduits dans (3.7) et (5.8) qui munissent d'une structure de Hodge mixte les groupes de cohomologie $H^*(Y)$ et $H^*_Y(X)$, respectivement.

Rappelons que

$$K_{\mathbb{Q}} = (i_1)_*\mathbb{Q}_{\tilde{Y}^1} \longrightarrow (i_2)_*\mathbb{Q}_{\tilde{Y}^2} \longrightarrow \dots ,$$

$$K_{\mathbb{C}} = s((i_1)_*\Omega^{\cdot}_{\tilde{Y}^1} \longrightarrow (i_2)_*\Omega^{\cdot}_{\tilde{Y}^2} \longrightarrow \dots ,$$

$$K'_{\mathbb{Q}} = s(\mathbb{Q}_X \longrightarrow \mathbb{R}j_*\mathbb{Q}_{X^*}) ,$$

et

$$K'_{\mathbb{C}} = s(\Omega^{\cdot}_X \longrightarrow \Omega^{\cdot}_X(\log Y) .$$

On définit des morphismes $\varphi_{\mathbb{Q}}: K'_{\mathbb{Q}} \longrightarrow K_{\mathbb{Q}}$ (resp. $\varphi_{\mathbb{C}}: K'_{\mathbb{C}} \longrightarrow K_{\mathbb{C}}$) par

$$(x,y) \longrightarrow ((i_{1*}i_1^*x,\ 0,\ 0,\ \dots\ )\ .$$

L'application $\varphi_{\mathbb{Q}}$ (resp. $\varphi_{\mathbb{C}}$) est un morphisme de complexes filtrés (resp. bifiltrés). Désignons par $\bar{K}_{X,\mathbb{Q}}$ (resp. $\bar{K}_{X,\mathbb{C}}$) le complexe $s(\varphi_{\mathbb{Q}})[1]$ (resp. $s(\varphi_{\mathbb{C}})[1]$) et soit $\delta(W,L)$ la filtration diagonal sur $\bar{K}_{X,\mathbb{Q}}$ (resp. $\bar{K}_{X,\mathbb{C}}$) qui correspond aux filtrations par le poids W de $K'_{\mathbb{Q}}$ et $K_{\mathbb{Q}}$ (resp. $K'_{\mathbb{C}}$ et $K_{\mathbb{C}}$) définies dans (3.7) et (5.8). Soit F la filtration définie sur $\bar{K}_{\mathbb{C}}$ par

$$F^p\bar{K}_{\mathbb{C}} = s(F^pK'_{\mathbb{C}} \longrightarrow F^pK_{\mathbb{C}})\ [1]\ .$$

Soit $\beta: (\bar{K}_{X,\mathbb{Q}},W)\otimes\mathbb{C} \simeq (\bar{K}_{X,\mathbb{C}},W)$ l'isomorphisme dans $D^+F(X,\mathbb{C})$ qui résulte de l'isomorphisme de (5.8) et de (3.7)(c).

Puisque

$$Gr_q^{\delta}\bar{K}_{\mathbb{C}} = Gr_{q-1}^W(K'_{\mathbb{C}})[1]\oplus Gr_q^W(K_{\mathbb{C}})$$

on a d'après (5.8.1) et (3.8)(b)

$$(6.2.1)\qquad \begin{aligned} Gr_q^{\delta}\bar{K}_{X,\mathbb{C}} &= (i_q)_*\Omega^{\bullet}_{\tilde{Y}^q}[-q](-q) && \text{pour } q > 0 \\ &= \Omega^{\bullet}_X \oplus \Omega^{\bullet}_X\ [-1] \oplus (i_1)_*\Omega^{\bullet}_{\tilde{Y}^1} && \text{pour } q = 0 \\ &= (i_{-q+1})_*\Omega^{\bullet}_{\tilde{Y}^{-q+1}}[q] && \text{pour } q < 0 \end{aligned}$$

d'où

$$\begin{aligned} H^k(\mathbb{R}\Gamma(X,Gr_q^{\delta}\bar{K}_{X,\mathbb{C}}) &= H^{k-q}(\tilde{Y}^q)(-q) && \text{pour } q>0 \\ &= H^{k+q}(\tilde{Y}^{1-q}) && \text{pour } q\le 0\ . \end{aligned}$$

Donc, il résulte que $((\bar{K}_{X,\mathbb{Q}},W),\ (\bar{K}_{X,\mathbb{C}},W,F))$ est un CHMC sur X que nous désignerons par $\bar{K}_X$.

(6.3) Le morphisme naturel $\mathbb{R}j_*\mathbb{Q}_{X^*} \longrightarrow \bar{K}_{X,\mathbb{Q}}$ induit un morphisme $\alpha: H^*(X,B_{\mathbb{Q}}) \xrightarrow{\sim} H^*(X^*,\mathbb{Q})$ qui s'insère dans le diagramme commutatif

$$\begin{array}{ccccccccc} \dots \longrightarrow & H^{n-1}(X,\bar{K}_{X,\mathbb{Q}}) & \longrightarrow & H^n_Y(X) & \longrightarrow & H^n(Y) & \longrightarrow & H^n(X,\bar{K}_{X,\mathbb{Q}}) & \longrightarrow \dots \\ & \downarrow{\scriptstyle\alpha} & & \downarrow{\scriptstyle id} & & \downarrow{\scriptstyle\beta} & & \downarrow{\scriptstyle\alpha} & \\ \dots \longrightarrow & H^{n-1}(X^*) & \longrightarrow & H^n_Y(X) & \longrightarrow & H^n(X) & \longrightarrow & H^n(X^*) & \longrightarrow \dots \end{array}$$

où les lignes horizontales sont exactes. Puisque X se rétracte par déformation sur Y , β est un isomorphisme, et par suite, α est aussi un isomorphisme. On a donc la

Proposition. Avec les notations précédentes, le complexe de Hodge mixte $\mathbb{R}\Gamma\bar{K}_X$ munit les groupes de cohomologie $H^*(X^*)$ d'une structure de Hodge mixte induite par l'isomorphisme naturel $H^*(X^*) \simeq H^*(X,\bar{K}_X)$.

(6.4) Comme on a remarqué dans (3.9), le CHMC K n'est pas fonctoriel en (X,Y) . Ainsi, en vue de l'obtention d'un CHMC sur une hyperrésolution d'un espace analytique X , nous remplacerons K par le complexe M introduit dans (3.9.2). Alors, si nous désignons par

$$\bar{M}_X = ((\bar{M}_{X,\mathbb{Q}},\delta),\ (\bar{M}_{X,\mathbb{C}},\delta,F))$$

le CHMC sur X obtenu en remplaçant K par M dans (6.2), on a d'après (3.9) (cf. [15] (12.4)) la

(6.5) Proposition. $\bar{M}_X$ est un CHMC fonctoriel en (X,Y) qui munit les groupes de cohomologie $H^*(X^*)$ de la structure de Hodge mixte définie dans (6.3).

B. Le cas général

(6.6) Revenons aux notations et hypothèses de (6.1). Soit $(X_\bullet,Y_\bullet)$ une hyperrésolution du couple (X,Y) . D'après (6.4), on a pour chaque $i \geq 0$ un CHMC

$$((\bar{M}_{X_i,\mathbb{Q}},\ \delta),\ (\bar{M}_{X_i,\mathbb{C}},\ \delta,\ F))$$

et de la fonctorialité de ces CHMC's il résulte que

$$((\bar{M}_{X_\bullet,\mathbb{Q}},\ \delta),\ (\bar{M}_{X_\bullet,\mathbb{C}},\ \delta,\ F))$$

est un CHMC sur $X_\bullet$. Alors, si on désigne par $\bar{M}$ le CHMC sur X qui résulte de l'application de (1.19) au CHMC antérieur et à l'augmentation naturelle de $X_\bullet$ sur X , on a le théorème suivant, dont la démonstration est analogue à celle de (5.10).

(6.7) Théorème. Le complexe de Hodge mixte $\mathbb{R}\Gamma\bar{M}$ munit les groupes de cohomologie $H^*(X^*)$ d'une structure de Hodge mixte fonctorielle en (X,Y) qui ne dépend que du germe (X,Y) .

(6.8) Proposition. Avec les notations et hypothèses précédentes, on a la suite exacte de structures de Hodge mixtes suivante

$$\ldots \longrightarrow H^n_Y(X) \longrightarrow H^n(Y) \longrightarrow H^n(X^*) \longrightarrow H^{n+1}_Y(X) \longrightarrow \ldots$$

En effet, la proposition résulte de [2] (8.1.15)(iv) appliqué au complexe de Hodge mixte différentiel gradué qui résulte du CHMC sur $X_\bullet$ qu'on a obtenu dans (6.6) (voir [2] (8.1.10.1)).

(6.9) De (6.8), (5.13) et (3.5) on obtient la

Proposition. Avec les notations et hypothèses précédentes, si X est de dimension N, les entiers q tels que $Gr^W_q H^n(X^*) \neq 0$ vérifient:

(i) Si $0 \le n \le N-1$, alors $0 \le q \le 2n$.

(ii) Si $N \le n \le 2N-1$, alors $2(n-N+1) \le q \le 2N$.

(6.10) De (6.8), (5.14) et (3.6) on obtient la

Proposition. Avec les notations et hypothèses antérieures, si X est de dimension N et h^{pq} sont les nombres de Hodge de $H^n(X^*)$, les entiers p,q tels que $h^{pq} \neq 0$ vérifient:

(i) Si $0 \le n \le N-1$, alors $0 \le p,q \le n$.

(ii) Si $N-1 \le n \le 2N-1$, alors $n-N+1 \le p,q \le 2N$.

7. Structure de Hodge mixte limite.

Ce paragraphe correspond aux exposés oraux de V. Navarro Aznar presentés pendant le séminaire du printemps 1982. (Voir [7], [15], [16] et [19] pour des résultats plus récents).

(7.1) Soient X un espace analytique réduit et $f: X \longrightarrow D$ un morphisme algébrique et propre.

Nous suivrons dans ce paragraphe les notations de l'exposé II. En particulier, rapellons le diagramme commutatif de (II.1.2)

$$\begin{array}{ccccccc}
X_t & \longrightarrow & \tilde{X}^* & \xrightarrow{k} & X & \longleftarrow & Y \\
\downarrow & & \downarrow & & \downarrow f & & \downarrow \\
\{t\} & \longrightarrow & \tilde{\mathbb{D}}^* & \xrightarrow{p} & \mathbb{D} & \longleftarrow & \{0\}
\end{array}$$

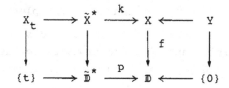

Nous dirons que $\tilde{X}^*$ est la fibre limite du morphisme f .

Soit $T: H^*(\tilde{X}^*) \longrightarrow H^*(\tilde{X}^*)$ la monodromie globale de f et $T = T_s T_u$ la décomposition de Jordan de T , où T_s est semi-simple et T_u est unipotent. Puisque T est quasi-unipotent (voir II.2.11), T_s est d'ordre fini et il existe un entier ≥0 tel que $(T_u - I)^m = 0$. On définit

$$N = \log T_u = \sum_{h=1}^{m-1} (-1)^{h+1} \frac{1}{h} (T_u - I)^h$$

qui est un endomorphisme nilpotent de $H^*(\tilde{X}^*)$. Si r est l'ordre de T_s on a aussi

$$N = \frac{1}{r}\log T_u^r = \frac{1}{r}\log T^r = \frac{1}{r} \sum_{h=1}^{m-1} (-1)^{h+1}\frac{1}{h}(T^r - I)^h .$$

Puisque $(T^r - I)^m = 0$, si on pose

$$H^n(\tilde{X}^*)_u = \mathrm{Ker}(T-I)^m ,$$

$H^n(\tilde{X}^*)_u$ est le sous-espace propre de $H^n(\tilde{X}^*)$ sur lequel T opère de façon unipotente. Nous désignons par T_u la restriction de N à $H^n(\tilde{X}^*)_u$.

A. Le cas simple.

(7.2) Nous allons utiliser par la suite quelques résultats de Steenbrink ([18]) que nous rappelons ci-dessous.

Avec les notations de (7.1), supposons que X soit une variété complexe, que Y soit un diviseur à croisements normaux dans X et que f soit lisse sur $X^* = X-Y$. Les resultats de [18] dont nous avons besoin sont les suivants:

(i) Il existe un CHMC sur Y , $A^{\bullet}_X$, tel que

$$H^*(\tilde{X}^*)_u = H^*(Y, A^{\bullet}_X) .$$

$A^{\bullet}_X$ munit donc d'une structure de Hodge mixte la partie unipotente des groupes de cohomologie de la fibre limite. (Il faut signaler que la composante rationnelle de ce complexe n'est pas très précisée dans [18], voir [15] ou [16] pour des constructions plus précises).

(ii) Si $f: X \longrightarrow D$ et $f': X' \longrightarrow D$ sont des morphismes algébriques et propres satisfaisant les conditions ci-dessus et $\varphi: X \longrightarrow X'$ est un morphisme sur $\mathbb{D}$, il existe un morphisme naturel de complexes de Hodge mixtes cohomologiques

$$A_X^{\bullet} \longrightarrow \varphi^* A_{X'}^{\bullet} .$$

(iii) Il existe un CHMC sur Y , $K_Y^{\bullet}$, (noté $A_{\mathbb{C}}^{\bullet}(Y)$ dans [18] et un morphisme naturel de CHMC $K_Y^{\bullet} \longrightarrow A_X^{\bullet}$ qui induit un morphisme de structures de Hodge mixtes

$$sp^* : H^*(Y) \dashrightarrow H^*(\tilde{X}^*)_u .$$

(iv) L'endomorphisme N_u de $H^*(\tilde{X}^*)_u$ est un morphisme de structures de Hodge mixtes de type $(-1,-1)$ qui provient d'un morphisme naturel de CHMC

$$\nu : A_X^{\bullet} \longrightarrow A_X^{\bullet}(-1) .$$

(v) Il existe un CHMC $B_X^{\bullet}$ sur Y qui munit $H^*(X^*)$ de la structure de Hodge mixte définie dans (6.3) et le morphisme

$$k : \tilde{X}^* \longrightarrow X^*$$

induit un morphisme de CHMC

$$\mu : B_X^{\bullet} \longrightarrow A_X^{\bullet} .$$

(vi) Si f est un morphisme projectif, l'endomorphisme N_u induit pour tout $q,r \geq 0$, des isomorphismes

$$N_u^r : Gr_{q+r}^W H^q(\tilde{X}^*)_u \longrightarrow Gr_{q-r}^W H^q(\tilde{X}^*)_u (-r) .$$

(F. Elzein a remarqué dans [7] que la démonstration donnée par Steenbrink de ce résultat n'est pas complète, mais on peut donner des arguments qui viennent la completer, voir [16]).

B. Le cas général.

(7.3) Nous revenons aux notations de (7.1), c'est-à-dire soient X un espace analytique réduit et $f : X \longrightarrow \mathbb{D}$ un morphisme algébrique et propre. Nous allons munir les groupes de cohomologie de la fibre limite $\tilde{X}^*$ d'une structure de Hodge mixte qui aura des propriétés analogues à celles qui ont été décrites dans (7.2).

Soient m un entier multiple de l'ordre r de T_s , $f' : X' \longrightarrow \mathbb{D}$ le morphisme obtenu par le changement de base défini par $t = s^m$, $\tilde{X}'^*$

la fibre limite correspondante et T' l'endomorphisme de monodromie de $H^*(X'^*)$. Alors, il existe un isomorphisme $\varphi\colon \tilde{X}'^* \longrightarrow \tilde{X}^*$ tel que, si φ^* est l'isomorphisme induit par φ sur les groupes de cohomologie, on a

$$T'\varphi^* = \varphi^* T^m \quad .$$

Donc, l'endomorphisme T' est unipotent, puisque T^r l'est aussi.

Nous dirons que la famille $f'\colon X' \longrightarrow D$ définie ci-dessus est une réduction unipotente de $f\colon X \longrightarrow \mathbb{D}$.

Nous allons utiliser le fait que la monodromie globale de $f'\colon X' \longrightarrow D$ est unipotente pour munir les groupes $H^*(\tilde{X}^*)$ d'une structure de Hodge mixte induite par l'isomorphisme $H^*(\tilde{X}^*) \simeq H^*(\tilde{X}'^*)$. Soit $Y' = f'^{-1}(0)_{red}$ et $a\colon (X_\bullet, Y_\bullet) \longrightarrow (X', Y')$ une hyperrésolution de (X', Y') .

Désignons par f_i la composition $f \circ a_i\colon X_i \longrightarrow D$ et par Y_i , le sous-espace $f_i^{-1}(0)_{red}$.

D'après (7.2), il existe un complexe de Hodge mixte cohomologique sur chaque Y_i, A_{X_i} , $i \geq 0$, tel que

$$H^*(Y_i, A_{X_i}) = H^*(\tilde{X}_i^*)_u \ ,$$

et qui définit un CHMC $A_{X_\bullet}$ sur $Y_\bullet$. Soit A_X le CHMC sur X_0 obtenu d'après (1.19). On a alors:

(7.4) <u>Théorème</u>. Avec les hypothèses précédentes,

(i) Le complexe de Hodge mixte $R\Gamma A_X$ munit les groupes de cohomologie de la fibre limite $H^*(\tilde{X}^*)$ d'une structure de Hodge mixte.

(ii) La structure de Hodge mixte de $H^*(\tilde{X}^*)$ est indépendante de l'hyperrésolution et de la réduction unipotente. Elle est fonctorielle en $f\colon X \longrightarrow \mathbb{D}$.

<u>Démonstration</u>. Puisque A_X est un complexe de Hodge mixte cohomologique, on aura démontré (i) si on prouve que

$$H^n(\tilde{X}'^*) \simeq H^n(Y', A_X) \ .$$

Or, cet isomorphisme résulte de la propriété de descente cohomologique et du fait que $H^*(\tilde{X}'^*)_u = H^*(\tilde{X}'^*)$.

Pour la preuve de (ii) nous avons besoin d'un lemme préliminaire.

(7.4.1) Lemme. Avec les notations de (7.3), soient $f_j: X_j \longrightarrow \mathbb{D}$, $j=1,2$, des morphismes à monodromie unipotente et $g: X_1 \longrightarrow X_2$ un morphisme sur $\mathbb{D}$. Si on considère sur $H^*(\tilde{X}_j^*)$, $j=1,2$, les structures de Hodge mixtes qui résultent de (i) pour $m=1$, g induit un morphisme de structures de HOdge mixtes $H^*(\tilde{X}_2^*) \longrightarrow H^*(\tilde{X}_1^*)$.

La démonstration de ce lemme est analogue à celle de (2.6), compte tenu du diagramme commutatif suivant

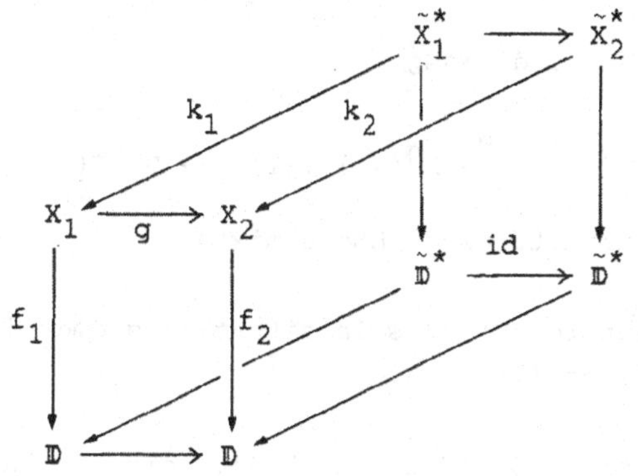

et (7.2)(ii).

Prouvons maintenant (7.5)(ii). Si $f_j': X_j' \longrightarrow \mathbb{D}$, $j=1,2$, sont des réductions unipotentes de $f: X \longrightarrow \mathbb{D}$ qui correspondent, respectivement, aux changements de base $t = s^{m_j}$, $j=1,2$, et $f: X' \longrightarrow \mathbb{D}$ est la réduction unipotente obtenue par le changement de base $t = s^m$, où $m = m_1 . m_2$, il résulte du lemme précédent, que ces changements de base induissent morphismes de structures de Hodge mixtes $H^*(\tilde{X}_j'^*) \longrightarrow H^*(\tilde{X}'^*)$, $j=1,2$. Puisqu'ils sont bijectifs, ils sont des isomorphismes de structures de Hodge mixtes.

Finalement, soit $g: X_1 \longrightarrow X_2$ un morphisme de X_1 dans X_2 sur $\mathbb{D}$, et soit r_1 (resp. r_2) l'ordre de la partie semi-simple de T_1 (resp. T_2). Alors, si $m=r_1 r_2$, les familles $X_j' \longrightarrow \mathbb{D}$, $j=1,2$, obtenues par le changement de base $t=s^m$ sont des réductions unipotentes respectives de $X_j \longrightarrow \mathbb{D}$, $j=1,2$. La fonctorialité résulte alors de (7.5.1) compte tenu de l'independance de la réduction unipotente.

Du théorème antérieur et de (7.2), on déduit aisément les résultats suivants dont les détails sont laissés au lecteur.

(7.5) Proposition. Le morphisme de spécialisation

$$sp^*: H^*(Y) \longrightarrow H^*(\tilde{X}^*)$$

est un morphisme de structures de Hodge mixtes.

(7.6) Proposition. L'endomorphisme N de $H^*(\tilde{X}^*)$ est un morphisme de structures de Hodge mixtes de type $(-1,-1)$.

(7.7) Proposition. Le morphisme $k\colon \tilde{X}^* \longrightarrow X^*$ induit un morphisme de structures de Hodge mixtes

$$k^*\colon H^*(X^*) \longrightarrow H^*(\tilde{X}^*) .$$

(7.8) Proposition. La suite de Wang

$$\cdots \longrightarrow H^q(X^*) \xrightarrow{k^*} H^q(\tilde{X}^*) \xrightarrow{N} H^q(\tilde{X}^*)(-1) \longrightarrow H^{q+1}(X^*) \longrightarrow \cdots$$

est une suite exacte de structures de Hodge mixtes.

(7.9) Le théorème suivant résout dans la situation géométrique un problème proposé par Deligne ([3] 1.8.15).

Théorème. Avec les notations de (7.1) et (7.4), soit L la filtration induite dans $H^*(\tilde{X}^*)$ par la filtration par l'indice simplicial de $X_\bullet$. Alors l'endomorphisme N induit, pour tout $b,p,q \geq 0$ des isomorphismes

$$N^b\colon Gr^W_{q+b} Gr^{DecL}_q H^{p+q}(\tilde{X}^*) \longrightarrow Gr^W_{q-b} Gr^{DecL}_q H^{p+q}(\tilde{X}^*)$$

et la filtration par la monodromie coïncide avec la filtration par le poids W.

Démonstration. On peut supposer que f est à monodromie unipotente. Puisque f est algébrique et propre, il existe une hyperrésolution $(X_\bullet, Y_\bullet) \longrightarrow (X,Y)$ de (X,Y) telle que les morphismes f_i sont projectifs.

La suite spectrale induite par L est telle que

$${}_LE_1^{pq} = H^q(\tilde{X}_p^*)_u \Longrightarrow H^{p+q}(\tilde{X}^*) , \quad p,q \geq 0 .$$

En considérant le cas spécial d'une fibre $X_{p,t}$, $t \neq 0$, on voit que cette suite spectrale dégénère en E_2 car $X_{p,t}$ est projective et lisse pour $t \neq 0$.

En outre, d'après (7.2)(v), on a un isomorphisme

$$N_u^b\colon Gr^W_{q+b} H^q(\tilde{X}_p^*)_u \longrightarrow Gr^W_{q-b} H^q(\tilde{X}_p^*)_u \,(-b)$$

qui est compatible avec la différentielle d de la suite spectrale. Puisque Gr^W_r est exacte, ([2] (1.2.10)(iv)) on obtient un isomorphisme

$$N^b: Gr^W_{q+b}E_2^{pq} \longrightarrow Gr^W_{q-b}E_2^{pq} \quad (-b)$$

d'où on obtient l'isomorphisme du théorème, car

$$\begin{aligned} E_2^{pq} &\simeq E_\infty^{pq} \\ &\simeq Gr_q^{DecL_H}H^{p+q}(X^*) \ . \end{aligned}$$

Finalement, W est déterminé par N et L en vertu de ([3] 1.6.13).

(7.10) <u>Corollaire</u>. Si X est lisse, l'endomorphisme N induit pour tout $b \geq 0$ des isomorphismes

$$N^b: Gr^W_{q+b}H^q(\tilde{X}^*) \longrightarrow Gr^W_{q-b}H^q(\tilde{X}^*) \ .$$

En effet, ceci résulte de (7.2), car L est triviale dans ce cas.

(7.11) <u>Corollaire</u>. Si X est lisse, on a

$$\ker N \subset W_q H^q(\tilde{X}^*) \ .$$

En effet, puisque le foncteur Gr^W_{q+b} est exact on déduit de (7.10) que $Gr^W_{q+b}\mathrm{Ker}\ N^b = 0$ pour tout $b \geq 1$, donc $Gr^W_{q+b}\mathrm{Ker}\ N = 0$, pour tout $b \geq 1$. Par récurrence descendante sur $b \geq 1$, on en déduit que $\mathrm{Ker}\ N \subset W_{q+b-1}H^q(\tilde{X}^*)$, pour tout $b \geq 1$.

(7.12) <u>Corollaire</u>. Si X est lisse, on a

$$W_{q-1}H^q(\tilde{X}^*) \subset \mathrm{Im}\ N \ .$$

En effet, il résulte de (7.10), par récurrence sur p, que $W_pH^q(\tilde{X}^*) \subset \mathrm{Im}\ N$ si $0 \leq p \leq q-1$, d'où le corollaire.

(7.13) Un argument de Deligne (voir [3] permet de déduire de (7.10), via son corollaire (7.11), le théorème local des cycles invariants:

<u>Théorème</u>. Avec les notations et hypothèses de (7.1), si X est lisse, la suite

$$H^q(Y) \xrightarrow{sp^*} H^q(\tilde{X}^*) \xrightarrow{T-1} H^q(\tilde{X}^*)$$

est exacte, pour tout $q \geq 0$.

<u>Démonstration</u> [3]. Puisque $\ker T-1 = \ker N$, il suffit de prouver que $\mathrm{Im}\, sp^* = \ker N$. De (7.8) et (6.8) il résulte immédiatement que $\mathrm{Im}\, sp^* \subset \mathrm{Ker}\, N$. Soit $\xi \in H^q(\tilde{X}^*)$ tel que $N(\xi)=0$. D'après (7.8), (7.11) et compte tenu [2] (1.2.10)(iii), on déduit qu'il existe $\eta \in W_q H^q(X^*)$ tel que $k^*(\eta) = \xi$. Puisque $W_q H_Y^{q+1}(X) = 0$, par (5.14), et W_q est un foncteur exact ([2] (1,2.10)(iv)), il résulte de (6.8) qu'il existe $\zeta \in W_q H^q(Y) = H^q(Y)$ tel que $sp^*(\zeta) = \xi$.

(7.14) Nous déduirons aussi de (7.10) la suite exacte de Clemens-Schmid:

<u>Théorème</u>. Avec les notations et hypothèses de (7.1), si X est lisse, pour tout $q \geq 0$, on a une suite exacte de structures de Hodge mixtes

$$\cdots \longrightarrow H_Y^q(X) \xrightarrow{\alpha} H^q(Y) \xrightarrow{sp^*} H^q(\tilde{X}^*) \xrightarrow{N} H^q(\tilde{X}^*)(-1) \xrightarrow{\lambda} H_Y^{q+2}(X) \longrightarrow \cdots$$

<u>Démonstration</u>. Considérons la tresse formée par les suites exactes de (6.8) et (7.8)

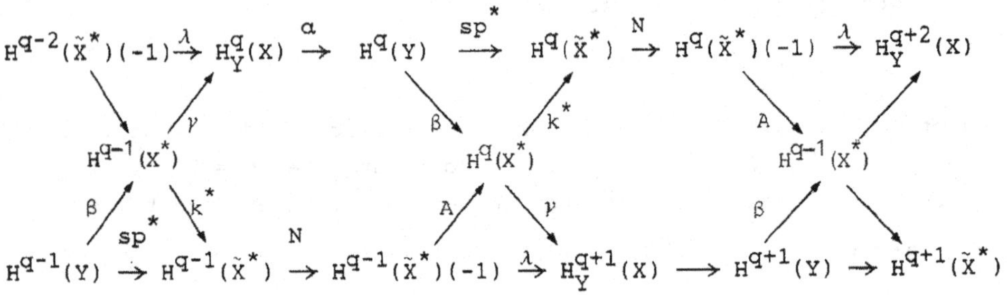
H^{q-2}(X̃*)(-1) λ→ H^q_Y(X) α→ H^q(Y) sp*→ H^q(X̃*) N→ H^q(X̃*)(-1) λ→ H^{q+2}_Y(X)
β ν k* A ν β
H^{q-1}(X*) H^q(X*) H^{q-1}(X*)
sp* k* N λ
H^{q-1}(Y) → H^{q-1}(X̃*) → H^{q-1}(X̃*)(-1) → H^{q+1}_Y(X) → H^{q+1}(Y) → H^{q+1}(X̃*)

dont les suites horizontales sont celles du théorème. Puisque tous les morphismes sont des morphismes de structures de Hodge mixtes, il nous suffit de prouver l'exactitude de cettes suites horizontales.

D'après (7.13) on a $\mathrm{Im}\, sp^* = \ker N$, et il est immediat, d'après la définition des morphismes sp^* et λ , que $\mathrm{Im}\,\lambda \subset \ker \alpha$, $\mathrm{Im}\, N \subset \ker \lambda$ et $\mathrm{Im}\, \alpha \subset \ker sp^*$.

La preuve que $\mathrm{Im}\,\lambda = \ker \alpha$, se réduit aisément à l'égalité déjà prouvée $\mathrm{Im}\, sp^* = \ker N$. En effet, soit $\xi \in H_Y^q(X)$ tel que $\alpha(\xi) = 0$. De la suite exacte (6.8) on désuit que $\xi = \nu(\zeta)$, où $\zeta \in H^{q-1}(X^*)$. Puisque $Nk^*(\zeta) = 0$ et $\mathrm{Im}\, sp^* = \ker N$, il existe $\eta \in H^{q-1}(Y)$ tel que $sp^*(\eta) = k^*(\zeta)$, donc $\zeta' = \zeta - \beta(\eta)$ vérifie $\nu(\zeta') = \xi$ et $k^*(\zeta') = 0$. De la suite exacte (7.8) on conclut qu'il existe $\eta' \in H^{q-2}(\tilde{X}^*)$ tel que $\lambda(\eta') = \xi$.

Prouvons que $\operatorname{Im} N = \ker \lambda$. Soit $\xi \in H^q(\tilde{X}^*)$ tel que $\lambda(\xi) = 0$. De la suite exacte (6.8) on déduit que $A(\xi) = \beta(\zeta)$, avec $\zeta \in H^{q+1}(Y)$, donc $\beta(\zeta) \in W_{q+1}H^{q+1}(X^*)$. Puisque A est stricte, il existe $\xi' \in W_{q+1}H^q(X^*)(-1) = W_{q-1}H^q(X^*)$ tel que $A(\xi') = A(\xi)$, d'où on conclut d'après (7.8) que $\xi - \xi' \in \operatorname{Im} N$ et, par (7.12), que $\xi \in \operatorname{Im} N$.

Finalement, il résulte immédiatemente de $\operatorname{Im} N = \ker \lambda$ que $\operatorname{Im} \alpha = \ker sp^*$. En effet, soit $\xi \in H^q(Y)$ tel que $sp^*(\xi) = 0$. De la suite exacte (7.8), il suit qu'il existe $\zeta \in H^{q-1}(X^*)$ tel que $A(\zeta) = \beta(\xi)$, or puisque $\lambda(\zeta) = 0$ et $\operatorname{Im} N = \ker \lambda$, on conclut que $\zeta \in \operatorname{Im} N$ et, par (7.8), que $\beta(\xi) = 0$, d'où, $\xi \in \operatorname{Im} \alpha$, par (6.8).

Remarque. La suite exacte de Clemens-Schmid a été d'abord annoncée dans [11] et une preuve de cette suite exacte a été donnée par Clemens dans [1]. Clemens réduit la preuve de la suite exacte au théorème local des cycles invariants (loc. cit. remarque suivant (3.7)) sans utiliser les structures de Hodge mixtes qui y sont présentes. Vraisemblablement, on peut déduire $\operatorname{Im} N = \ker \lambda$ de $\operatorname{Im} sp^* = \ker N$ par un argument de dualité et les autres egalités résultent alors immédiatement comme ci-dessus.

Notons aussi qu'une preuve de l'exactitude de la suite

$$H^q_Y(X) \longrightarrow H^q(X) \longrightarrow H^q(\tilde{X}^*)$$

a été proposée par Danilov et Dolgachev ([4], (1.14) et (1.15)). Or la démonstration publiée dans loc.cit. est incomplète car elle ne prouve que l'inclusion $\operatorname{Im} \alpha \subset \ker sp^*$ (avec les notations de loc. cit., il n'est pas prouvé que $\ker sp_n \subset \operatorname{Im} g_n$) .

Bibliographie

1. C.H. Clemens: Degeneration of Kähler manifolds, Duke Math. Journal, 44 (1977), 215-290.
2. P. Deligne: Théorie de Hodge II, Publ. Math. I.H.E.S., 40 (1972), 5-57; III, Publ. Math. I.H.E.S., 44 (1975), 5-77.
3. P. Deligne: La conjecture de Weil, II, Publ. Math. I.H.E.S., 52 (1980), 137-252.
4. I. Dolgachev: Cohomologically insignificant degenerations of algebraic varieties, Compos. Math., 42 (1981), 279-313.
5. A. Durfee: Mixed Hodge structures on punctured neighborhoods, Duke Math. Journal, 50 (1983), 635-667.
6. F. Elzein: Mixed Hodge Structures, Trans. Amer. Math. Soc., 275 (1983), 71-106.

7. F. Elzein: Théorie de Hodge des cycles évanescents, Ann. Sci. Ecole. Norm. Sup., 19 (1986), 107-184.

8. A. Fujiki: Duality of mixed Hodge structures of algebraic varieties, Publ. R.I.M.S., 16 (1980), 635-667.

9. P. Gabriel, M. Zisman: Calculus of fractions and homotopy theory, Springer-Verlag, 1967.

10. R. Godement: Topologie algébrique et théorie des faisceaux, Hermann, 1958.

11. P.A. Griffiths, W. Schmid: Recent developments in Hodge theory: A discussion of techniques and results, dans Proceedings of the International Colloquium on Discrete Subgroups of Lie Groups (Bombay, 1973), Oxford Univ. Press, 1975.

12. F. Guillén: Une relation entre la filtration par le poids de Deligne et la filtration de Zeeman , Compos. Math., 61 (1987), 201-228.

13. F. Guillén, F. Puerta: Hyperrésolutions cubiques et applications à la théorie de Hodge-Deligne, Lect. Notes in Math., 1246, Springer-Verlag, 1987.

14. L. Illusie: Complexe cotangent et déformations II, Lect. Notes in Math., 283, Springer-Verlag, 1972.

15. V. Navarro Aznar: Sur la théorie de Hodge-Deligne, Invent. Math., 90 (1987), 11-76.

16. M. Saito: Modules de Hodge polarisables, prepublication, R.I.M.S., Kyoto University, 1987.

17. W. Schmid: Variation of Hodge Structure: The singularities of the Period Mapping, Invent. Math., 22 (1973), 211-320.

18. J.H. Steenbrink: Limits of Hodge structures, Invent. Math., 31 (1976), 229-257.

19. J.H.M. Steenbrink, S.Zucker: Variations of mixed Hodge structure I, Invent. Math., 80 (1985), 489-542.

Exposé V

THEOREMES D'ANNULATION

par V. NAVARRO AZNAR

Dans cet exposé nous donnons, au § 5, un théorème d'annulation qui généralise le théorème d'annulation de Kodaira-Akizuki-Nakano ([12], [1]), aux variétés projectives possiblement singulières.

Ce résultat nous permet d'obtenir, au § 6, une généralisation du théorème d'annulation de Grauert-Riemeneschneider ([9]), analogue à la généralisation par Akizuki-Nakano du théorème d'annulation original de Kodaira.

Ces théorèmes d'annulation pour les variétés possiblement singulières s'énoncent en termes du complexe de De Rham filtré $(\underline{\underline{\Omega}}_X^{\bullet}, F)$, introduit par Du Bois dans [6], et, au § 3, nous donnons une construction de ce complexe différente de celle de [6], bien qu'elle utilise la même idée due à Deligne, et plus simple à notre avis.

Au § 4, nous étudions le complexe de De Rham filtré des variétés toroïdales, et à partir de cette étude, nous résolvons affirmativement une conjecture de Danilov ([4], 13.5.1).

La méthode de démonstration de notre théorème d'annulation se base sur l'idée de C.P. Ramanujan ([17], voir aussi [13]) d'invertir la ligne d'argumentation de Kodaira-Spencer ([14]), pour démontrer le théorème d'annulation de Kodaira-Akizuki-Nakano à partir du théorème faible de Lefschetz et de la théorie de Hodge, bien sûr, mais sans considérations sur la courbure des fibrés. La conclusion qu'on pouvait extraire de [17], et qui nous a amenés aux résultats de cet exposé, est que, en présence de la théorie de Hodge-Deligne ([5]), les théorèmes d'annulation du type Kodaira-Akizuki-Nakano et les théorèmes topologiques du type de Lefschetz sont équivalents.

1. Morphisme de Gysin et le théorème faible de Lefschetz.

Dans ce § nous démontrons un théorème des sections hyperplanes de Lefschetz pour les variétés possiblement singulières en termes du morphisme de Gysin correspondant à une section hyperplane suffisamment générale. Un théorème similaire a déjà été prouvé dans l'exposé III de ce séminaire, dans le contexte de la cohomologie de De Rham (cf. aussi [8]).

Dans tout cet exposé, on appelle $\mathbb{C}$-schémas les schémas séparés et de type fini sur $\mathbb{C}$.

Soient X un $\mathbb{C}$-schéma, $a: X_\bullet \longrightarrow X$ une hyperrésolution cubique de X (voir I.3), et D un sous-schéma fermé de X , purement de codimension un. Nous dirons que D est en position générale par rapport aux X_α si le schéma cubique $D_\bullet \longrightarrow D$ obtenu par produit fibré est une hyperrésolution cubique de D , et les D_α sont des diviseurs lisses des X_α, $|\alpha| \geq 1$. Par exemple, il est clair que si X est une sous-variété d'un espace projectif $\mathbb{P}^N$ et H est un hyperplan de $\mathbb{P}^N$ suffisamment général, $D = X \cap H$ est en position générale par rapport aux X_α .

(1.1) Théorème. Soient X un $\mathbb{C}$-schéma, $a: X_\bullet \longrightarrow X$ une hyperrésolution cubique de X , et D un sous-schéma fermé de X , purement de codimension un, qui est en position générale par rapport aux X_α et tel que $X - D$ est affine. Alors il existe un morphisme de Gysin

$$H^i(D, \mathbb{C}) \longrightarrow H^{i+2}(X, \mathbb{C}) ,$$

qui est un isomorphisme pour $i > \dim D$, et un épimorphisme pour $i = \dim D$.

Pour la démonstration de ce théorème, on a besoin du lemme suivant:

Lemme. Avec les hypothèses du théorème, il existe un morphisme de Gysin

$$\mathbb{C}_D \longrightarrow \mathbb{R}\Gamma_D\mathbb{C}_X [2] ,$$

qui est un quasi-isomorphisme.

Démonstration du lemme. Si $|\alpha| \geq 1$, puisque X_α est lisse, il existe un morphisme de Gysin

$$\mathbb{C}_{D_\alpha} \longrightarrow \mathbb{R}\Gamma_{D_\alpha}\mathbb{C}_{X_\alpha}[2] ,$$

qui est un quasi-isomorphisme puisque D_α est lisse. Ces morphismes étant compatibles, ils définissent donc un quasi-isomorphisme

$$\mathbb{C}_D \longrightarrow \mathbb{R}\Gamma_D\mathbb{C}_X [2] .$$

Démonstration du théorème. Puisque X-D est affine, d'après [8], [12], (voir aussi III.3.11 i)), on a

$$H^i(X\text{-}D, \mathbb{C}) = 0 , \quad \text{si} \quad i > \dim X .$$

Il résulte donc de la suite exacte de cohomologie locale

$$\cdots \longrightarrow H^i_D(X, \mathbb{C}) \longrightarrow H^i(X, \mathbb{C}) \longrightarrow H^i(X\text{-}D, \mathbb{C}) \longrightarrow \cdots$$

que le morphisme

$$H^i_D(X, \mathbb{C}) \longrightarrow H^i(X, \mathbb{C})$$

est un isomorphisme pour $i > \dim D+2$, et un épimorphisme pour $i = \dim D+2$. Pour terminer la preuve, il suffit de considérer la factorisation

$$\begin{array}{ccc} H^i(D, \mathbb{C}) & \longrightarrow & H^{i+2}(X, \mathbb{C}) \\ & \searrow \quad \nearrow & \\ & H^{i+2}_D(X, \mathbb{C}) & \end{array}$$

et d'appliquer le lemme antérieur.

2. Morphisme de Gysin et théorie de Hodge.

Dans ce paragraphe, on donne une description du morphisme de Gysin qui nous montre, en particulier, que c'est un morphisme de structures de Hodge mixtes de type (1,1) .

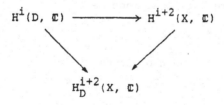

(2.1) On étudie d'abord le cas où X est lisse et D un diviseur lisse de X. Soit L le faisceau associé à D.

En identifiant L^{-1} à l'idéal de D dans $\underline{O}_X$, on obtient une suite exacte de $\underline{O}_X$-modules

$$0 \longrightarrow L^{-1} \longrightarrow \underline{O}_X \longrightarrow \underline{O}_D \longrightarrow 0 .$$

Si on tensorialise par le $\underline{O}_X$-module localement libre $L \otimes_{\underline{O}_X} \Omega_X^p$, on obtient la suite exacte

$$0 \longrightarrow \Omega_X^p \longrightarrow L \otimes_{\underline{O}_X} \Omega_X^p \longrightarrow L \otimes_{\underline{O}_X} \Omega_X^p \otimes_{\underline{O}_X} \underline{O}_D \longrightarrow 0 . \qquad (2.1.1)$$

D'autre part, la formation de Ω_D^1 nous conduit à la suite exacte

$$0 \longrightarrow L^{-1} \otimes_{\underline{O}_X} \underline{O}_D \longrightarrow \Omega_X^1 \otimes_{\underline{O}_X} \underline{O}_D \longrightarrow \Omega_D^1 \longrightarrow 0$$

et d'après les propriétés de l'algèbre extérieure, pour $p > 0$, on a

$$0 \longrightarrow L^{-1} \otimes_{\underline{O}_X} \Omega_D^{p-1} \longrightarrow \Omega_X^p \otimes_{\underline{O}_X} \underline{O}_D \longrightarrow \Omega_D^p \longrightarrow 0 .$$

Finalement, en tensorialisant par L, on obtient la suite exacte

$$0 \longrightarrow \Omega_D^{p-1} \longrightarrow L \otimes_{\underline{O}_X} \Omega_X^p \otimes_{\underline{O}_X} \underline{O}_D \longrightarrow L \otimes_{\underline{O}_X} \Omega_D^p \longrightarrow 0 , \qquad (2.1.2)$$

où le premier morphisme est localement défini par

$$w \longrightarrow \frac{1}{f} \otimes df \wedge w \otimes 1 , \qquad (2.1.3)$$

f étant une section locale non nulle de L^{-1}.

Des suites exactes (2.1.1) et (2.1.2) on obtient un diagramme

$$\begin{array}{ccccc} & H^*(D, \Omega_D^{p-1}) & \xrightarrow[+1]{G} & H^*(X, \Omega_X^p) & \\ {\scriptstyle +1}\nearrow & & {\scriptstyle \alpha}\searrow \quad {\scriptstyle \beta}\nearrow{\scriptstyle +1} & & \searrow \\ H^*(D, L\otimes\Omega_D^p) & \longleftarrow & H^*(D, L\otimes\Omega_X^p\otimes\underline{O}_D) & \longleftarrow & H^*(X, L\otimes\Omega_X^p) \end{array} , \qquad (2.1.4)$$

où les triangles latéraux sont exacts et G est défini par

$$G = \beta\alpha .$$

Il est clair à partir de (2.1.3) que le morphisme

$$G\colon H^q(D,\ \Omega_D^{p-1}) \longrightarrow H^{q+1}(X,\ \Omega_X^p)$$

est le morphisme de Gysin induit en termes de la décomposition de Hodge, et c'est donc un morphisme de structures de Hodge du type (1,1) .

(2.2) Soient X une variété projective, $a\colon X_\bullet \longrightarrow X$ une hyperrésolution cubique de X , et D un sous-schéma fermé de X , localement principal et en position générale par rapport aux X_α . On va associer à D un morphisme de Gysin comme suit.

Soit L le faisceau inversible associé à D .

Les suites exactes (2.1.1) et (2.1.2) étant fonctorielles, comme triangles distingués dans les catégories dérivées correspondantes, on obtient un diagramme

$$\begin{array}{ccccc} & \mathbb{R}a_*\Omega^{p-1}_{D_\bullet} & \xrightarrow{\quad G \quad} & \mathbb{R}a_*\Omega^{p}_{X_\bullet} & \\ {\scriptstyle +1}\nearrow & & \searrow{\scriptstyle \alpha} \quad {\scriptstyle +1}\nearrow{\scriptstyle \beta} & & \searrow \\ \mathbb{R}a_*\Omega^p_{D_\bullet}\otimes L & \longleftarrow & \mathbb{R}a_*(\Omega^p_{X_\bullet}\otimes\mathcal{O}_{-D_\bullet})\otimes L & \longleftarrow & \mathbb{R}a_*\Omega^p_{X_\bullet}\otimes L \end{array} \qquad (2.2.1)$$

où les triangles latéraux sont distingués dans la catégorie dérivée correspondante, et G est défini par

$$G = \beta\alpha\ .$$

Il en résulte que le morphisme G induit en hypercohomologie à partir du diagramme (2.2.1) est le morphisme de Gysin dans les termes du gradué par la filtration de Hodge

$$Gr_F^{p-1}H^{q-1}(D,\ \mathbb{C}) \longrightarrow Gr_F^pH^{q+1}(X,\ \mathbb{C})\ ,$$

et on conclut donc que le morphisme de Gysin est un morphisme de structures de Hodge mixtes du type (1,1).

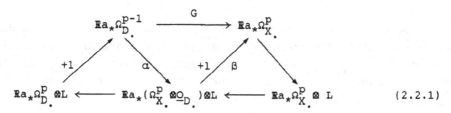

3. Le complexe de De Rham filtré d'une variété singulière.

Dans ce paragraphe, nous présentons à l'aide des hyperrésolutions cubiques le complexe de De Rham filtré, introduit par Du Bois ([6])

(3.1) Lemme. Soient X un $\mathbb{C}$-schéma et $a: X_\bullet \longrightarrow X$ une hyperrésolution cubique de X . Alors, pour tout $p \geq 0$, on a

$$\mathbb{R}a_*\Omega^p_{X_\bullet} \in D^b(\underline{O}_X)_{coh} .$$

En effet, ceci résulte immédiatement de la suite spectrale

$$\bigoplus_{|\alpha|=j+1} \mathbb{R}^i a_{\alpha *}\Omega^p_{X_\alpha} \Longrightarrow H^{i+j}\mathbb{R}a_*\Omega^p_{X_\bullet} ,$$

car les faisceaux $\Omega^p_{X_\alpha}$ sont cohérents et les morphismes a_α sont propres.

(3.2) Soient X un $\mathbb{C}$-schéma et $D_{diff}(X)$ la catégorie derivée des complexes filtrés d'opérateurs différentiels d'ordre ≤ 1 ([6], 1.1); nous notons $D^b_{diff,coh}(X)$ la sous-catégorie pleine de $D_{diff}(X)$ formée des complexes K tels que, pour tout i , $Gr^i_F(K)$ est un objet de $D^b_{coh}(X)$ (cf. [6], 1.4).

(3.3) Théorème. Soient X un $\mathbb{C}$-schéma et $a: X_\bullet \longrightarrow X$ une hyperrésolution cubique de X . Alors le complexe filtré $\mathbb{R}a_*(\Omega^*_{X_\bullet} , F)$ est indépendant, à isomorphisme canonique près dans $D^b_{diff,coh}(X)$, de l'hyperrésolution choisie.

Démonstration. D'après I.3.10, il suffit de vérifier que si

$$\begin{array}{ccc} X_\bullet & \longrightarrow & X'_\bullet \\ & {\scriptstyle a}\searrow \quad \swarrow{\scriptstyle a'} & \\ & X & \end{array}$$

est un morphismes d'hyperrésolutions de X , alors le morphisme

$$\mathbb{R}a'_*(\Omega^p_{X'_\bullet}, F) \longrightarrow \mathbb{R}a_*(\Omega^p_{X_\bullet} , F)$$

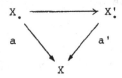

est un isomorphisme dans $D^bF(\underline{O}_X)_{coh}$, pour tout p .

Le problème est donc local et, par conséquent, on peut supposer X affine, puis, par I.4.6, projectif.

On procède par récurrence sur la dimension n de X .

Pour $n = 0$, le résultat est trivial.

Pour $n > 0$, prouvons d'abord le lemme suivant.

(3.4) Lemme. Soient X un $\mathbb{C}$-schéma projectif, L un fibré linéaire ample sur X , $u: K_1^\bullet \longrightarrow K_2^\bullet$ un morphisme de complexes de $\underline{O}_X$-modules à cohomologie bornée et cohérente, et r un entier.

S'il existe un entier μ_0 tel que, pour tout $\mu \geq \mu_0$, le morphisme induit

$$H^i(X, K_1^\bullet \otimes L^\mu) \longrightarrow H^i(X, K_2^\bullet \otimes L^\mu)$$

est un isomorphisme pour $i > r$, et un épimorphisme pour $i = r$, alors le morphisme induit

$$H^i(K_1^\bullet) \longrightarrow H^i(K_2^\bullet)$$

est un isomorphisme pour $i > r$, et un épimorphisme pour $i = r$.

En effet, soit $M^\bullet$ le cône de u , qui est aussi à cohomologie bornée et cohérente. Si $\mu >> 0$, il résulte des théorèmes A et B de Serre que $H^i(M^\bullet) \otimes L^\mu$ est engendré par ses sections globales et est acyclique pour le foncteur $\Gamma(X,-)$.

Il s'ensuit que, pour $i \geq r$, on a

$$\Gamma(X, H^i(M^\bullet)\otimes L^\mu) \cong H^i(X, M^\bullet \otimes L^\mu) = 0 ,$$

d'où il résulte

$$H^i(M^\bullet) = 0 ,$$

pour $i \geq r$.

Continuons la preuve de (3.3). Soit $\underline{O}(1)$ un faisceau très ample sur X ; d'après les lemmes (3.1) et (3.4), il suffit de vérifier que pour $\mu >> 0$, on a un isomorphisme

$$H^*(X, \mathbb{R}a_!\Omega^p_{X_\bullet}(\mu)) \longrightarrow H^*(X, \mathbb{R}a_*\Omega^p_{X_\bullet}(\mu)) .$$

Soit D le diviseur défini par une section suffisamment générale de $L = \underline{O}(\mu)$. Des diagrammes (2.2.1) correspondants à $X_{\bullet}$ et à $X'_{\bullet}$, on obtient les triangles exacts

$$\begin{array}{ccccc} & H^*(D,\mathbb{R}a_*\Omega_D^{p-1}) & & H^*(X,\mathbb{R}a_*\Omega_X^p) & \\ {}^{+1}\nearrow & & \searrow \quad \nearrow^{+1} & & \searrow \\ H^*(D,\mathbb{R}a_*\Omega^p_{D_{\bullet}}\otimes L) & \longleftarrow & H^*(D,\mathbb{R}a_*(\Omega^p_{X_{\bullet}}\otimes\underline{O}_{D_{\bullet}})\otimes L) & \longleftarrow & H^{*q}(X,\mathbb{R}a_*\Omega^p_{X_{\bullet}}\otimes L) \end{array} ,$$

que, pour abréger, on va noter

$$\begin{array}{ccccc} & A_1 & & A_2 & \\ \nearrow & & \searrow \quad \nearrow & & \searrow \\ B_1 & \longleftarrow & B_2 & \longleftarrow & B_3 \end{array} ,$$

un autre diagramme analogue pour $X'_{\bullet}$, et une flèche f entre les deux.

Les sommets A'_2 et A_2 correspondent à $Gr^p_F H^*(X, \mathbb{C})$ et f est donc un isomorphisme entre eux.

Par hypothèse de récurrence, on a

$$f\colon A'_1 \xrightarrow{\sim} A_1 ,$$

et

$$f\colon B'_1 \xrightarrow{\sim} B_1 ,$$

d'où il résulte que

$$f\colon B'_2 \xrightarrow{\sim} B_2 ,$$

et finalement

$$f\colon B'_3 \xrightarrow{\sim} B_3 .$$

(3.5) <u>Définition</u>. Soit X un $\mathbb{C}$-schéma; on appelle complexe de De Rham filtré de X , et on le note $(\underline{\Omega}_X, F)$, l'objet de $D^b_{diff,coh}(X)$ défini, à isomorphisme canonique près, par le théorème antérieur.

Pour tout p , on pose

$$\underline{\Omega}^p_X = Gr^p_F\underline{\Omega}_X[p] .$$

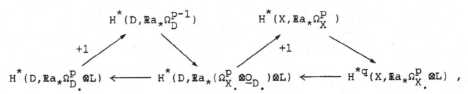

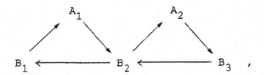

(3.6) Les propriétés suivantes du complexe de De Rham filtré $(\underline{\Omega}_X, F)$ sont des conséquences immédiates de sa définition et des propriétés des hyperrésolutions cubiques prouvées dans l'exposé I, (cf. [6]).

1) Le complexe $\underline{\Omega}_X$ est une résolution de $\mathbb{C}_X$.

2) Soit (Ω_X^*, σ) le complexe de De Rham des différentielles de Kähler de X , filtré par la filtration bête σ , alors il existe un morphisme naturel de complexes filtrés

$$(\Omega_X^*, \sigma) \longrightarrow (\underline{\Omega}_X, F) ,$$

qui est un quasi-isomorphisme filtré si X est lisse.

3) Le complexe de De Rham filtré est fonctoriel; en particulier, si $f: X \longrightarrow Y$ est un morphisme de $\mathbb{C}$-schémas, il existe un morphisme naturel, dans $D^b_{\mathrm{diff,coh}}(X)$,

$$f^*: (\underline{\Omega}_X, F) \longrightarrow \mathbb{R}f_* (\underline{\Omega}_Y, F) .$$

4) Si X est un $\mathbb{C}$-schéma complet, la suite spectrale d'hypercohomologie du complexe filtré $(\underline{\Omega}_X, F)$ dégénère au terme E_1, et la filtration qu'induit $(\underline{\Omega}_X, F)$ sur $H^*(X, \mathbb{C})$ coïncide avec la filtration de Hodge définie par Deligne.

5) Si $a: X_\bullet \longrightarrow X$ est un $\mathbb{C}$-schéma cubique de descente cohomologique sur X , le morphisme naturel

$$(\underline{\Omega}_X, F) \longrightarrow \mathbb{R}a_* (\underline{\Omega}_{X_\bullet}, F)$$

est un isomorphisme.

6) Le complexe $\underline{\Omega}_X^p$ est non nul seulement pour $p = 0, \ldots, \dim X$, et, pour ces valeurs de p , $\underline{\Omega}_X^p$ est un complexe de $\underline{O}_X$-modules à cohomologie cohérente telle que, pour $i < 0$ ou $i \geq \dim X$,

$$H^i(\underline{\Omega}_X^p) = 0 ,$$

et, pour $0 \leq i \leq \dim X - 1$,

$$\dim \operatorname{supp} H^i(\underline{\Omega}_X^p) \leq \dim X - i .$$

(3.7) <u>Corollaire</u>. Soit X un $\mathbb{C}$-schéma. Le complexe filtré $(\underline{\Omega}_X, F)$ est isomorphe dans $D^+_{\mathrm{diff,coh}}(X)$ au complexe filtré $(\underline{\underline{\Omega}}_X, F)$ construit par Du Bois ([4]).

<u>Démonstration</u>. D'après la théorie des schémas cubiques-simpliciaux introduite dans l'exposé IV, on peut supposer qu'on a un morphisme fonctoriel de complexes filtrés

$$(\underline{\Omega}_X, F) \longrightarrow (\underline{\underline{\Omega}}_X, F) .$$

Soit $\pi\colon \tilde{X} \longrightarrow X$ une résolution de X , et soit

$$\begin{array}{ccc} \tilde{Y} & \longrightarrow & \tilde{X} \\ \big\downarrow & & \big\downarrow \pi \\ Y & \longrightarrow & X \end{array}$$

le diagramme de descente cohomologique associé. On a alors, par (3.5) et [4], 4.11, un morphisme de triangles distingués

$$\begin{array}{ccccccc} \underline{\Omega}^p_X & \longrightarrow & \underline{\Omega}^p_Y \oplus \mathbb{R}\pi_*\underline{\Omega}^p_{\tilde{X}} & \longrightarrow & \mathbb{R}\pi_*\underline{\Omega}^p_{\tilde{Y}} & \xrightarrow{+1} & \\ \big\downarrow & & \big\downarrow & & \big\downarrow & & \\ \underline{\underline{\Omega}}^p_X & \longrightarrow & \underline{\underline{\Omega}}^p_Y \oplus \mathbb{R}\pi_*\underline{\underline{\Omega}}^p_{\tilde{X}} & \longrightarrow & \mathbb{R}\pi_*\underline{\underline{\Omega}}^p_{\tilde{Y}} & \xrightarrow{+1} & . \end{array}$$

Le corollaire en résulte immédiatement par récurrence sur la dimension de X , car, X étant lisse, on a

$$\underline{\Omega}^p_X \simeq \Omega^p_X \simeq \underline{\underline{\Omega}}^p_X .$$

(3.8) Il ne sera pas difficile au lecteur intéressé de transcrire les arguments précédents à d'autres contextes où l'on a développé la théorie de Hodge-Deligne. Par exemple, si X est un $\mathbb{C}$-schéma et Y est un sous-schéma fermé de X , on a un complexe filtré $(\underline{\Omega}_X(\log Y), F)$, défini à isomorphisme près dans $D^b_{diff,coh}(X)$ (cf. [6]), avec des propriétés parallèles à celles de (3.6), en particulier, tel que:

1) Le complexe $\underline{\Omega}_X(\log Y)$ est une résolution de $\mathbb{R}j_*\,\mathbb{C}_{X-Y}$, où $j\colon X-Y \longrightarrow X$ est l'inclusion.

2) Si X est lisse et Y est un diviseur à croisements normaux dans X , $(\underline{\Omega}_X(\log Y), F)$ est isomorphe dans $D^b_{diff,coh}(X)$ à $(\Omega^*_X(\log Y), F)$.

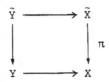

4. Un exemple: Le complexe de De Rham filtré des variétés toroïdales.

(4.1) Si X est une V-variété analytique complexe, Satake ([18]) a introduit un complexe de faisceaux de formes différentielles $\tilde{\Omega}_X^*$ que, suivant Steenbrink ([19]), on peut définir de la façon suivante: si U est l'ouvert des points réguliers de X, et on note

$$j: U \longrightarrow X$$

l'inclusion, alors

$$\tilde{\Omega}_X^p := j_*\Omega_U^p \quad , \quad 0 \le p \le \dim X .$$

Récemment, Du Bois ([6]) a prouvé que les morphismes naturels

$$H^0(\underline{\Omega}_X^p) \longrightarrow \underline{\Omega}_X^p$$

et

$$H^0(\underline{\Omega}_X^p) \longrightarrow H^0(\mathbb{R}j_*\Omega_U^p) \simeq \tilde{\Omega}_X^p$$

sont des quasi-isomorphismes, et on en déduit le théorème suivant qui résume différents résultats de Satake, Baily et Steenbrink ([18], [2], [19]).

Théorème ([6]). Si X est une V-variété, il existe un morphisme naturel de complexes filtrés

$$(\tilde{\Omega}_X^*, \sigma) \longrightarrow (\underline{\Omega}_X, F) ,$$

qui est un quasi-isomorphisme filtré.

(4.2) On obtiendra ci-après une description similaire à l'antérieure du complexe de De Rham filtré des variétés toroïdales (voir [11], [4]).

Nous suivrons les notations de [4]. En particulier, nous rappelons que si X est une variété toroïdale, U l'ouvert des points réguliers de X, et $j: U \longrightarrow X$ l inclusion naturelle, on pose

$$\tilde{\Omega}_X^p := j_*\Omega_U^p .$$

Et on a:

<u>Théorème</u> ([4]). Si X est une variété torique complète, la suite spectrale de Hodge-De Rham

$$E_1^{pq} = H^q(X,\ \tilde{\Omega}_X^p) \Longrightarrow H^{p+q}(X,\ \mathbb{C})$$

dégénère au terme E_1 .

Sur ce résultat, Danilov a conjecturé ([4], 13.5.1) la dégénérescence de cette suite spectrale pour toute variété toroïdale complète. Dans ce qui suit, on résout affirmativement sa conjecture en démontrant que le complexe filtré $(\tilde{\Omega}_X^*,\ \sigma)$ est quasi-isomorphe filtré au complexe de De Rham filtré $(\underline{\Omega}_X,\ F)$.

(4.3) <u>Théorème</u>. Soient X une variété toroïdale et $\pi\colon \tilde{X} \longrightarrow X$ une résolution des singularités. Alors, pour tout $p \geq 0$, le morphisme naturel

$$\pi_*\Omega_{\tilde{X}}^p \longrightarrow \tilde{\Omega}_X^p$$

est un isomorphisme.

<u>Démonstration</u>. Le problème étant local sur X , on peut supposer que X est une variété torique affine. Il existe alors une résolution équivariante $\pi'\colon X' \longrightarrow X$, avec X' torique, et d'après Hironaka, une troisième résolution $\bar{X} \longrightarrow X$ qui domine les résolutions antérieures. On a donc un diagramme commutatif

$$\begin{array}{ccc} \bar{X} & \xrightarrow{\ \varphi\ } & X' \\ {\scriptstyle\psi}\downarrow & & \downarrow{\scriptstyle\pi'} \\ \tilde{X} & \xrightarrow{\ \pi\ } & X \end{array}$$

où X' , $\bar{X}$ et $\tilde{X}$ sont des $\mathbb{C}$-schémas lisses, et φ et ψ des morphismes birationnels. Puisqu'on a

$$\Omega_{X'}^p \xrightarrow{\ \sim\ } \varphi_*\Omega_{\bar{X}}^p ,$$

et

$$\Omega_{\tilde{X}}^p \xrightarrow{\ \sim\ } \psi_*\Omega_{\bar{X}}^p ,$$

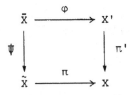

il résulte que

$$\pi_* \Omega^p_{\tilde{X}} \cong \pi'_* \Omega^p_{X'} ,$$

et, par conséquent, dans la démonstration du théorème, on peut supposer que $\tilde{X}$ est une variété torique et π un morphisme équivariant.

Pour $p = 0$, le résultat est clair, X étant normal.

Pour $p > 0$, on procède par récurrence sur la dimension de X.

Si $\dim X = 0$, le résultat est trivial.

Soit $X = X_\sigma$ avec σ un cône sur un réticule M. Si $r = \dim \operatorname{cospan} \sigma \geq 1$, il existe un cône σ' tel que $X_\sigma = G_m^r \times X_{\sigma'}$, donc on conclut la preuve par l'hypothèse de récurrence.

Par conséquent, on peut supposer que σ a un sommet. Soit K le conoyau du morphisme

$$\pi_* \Omega^p_{\tilde{X}} \longrightarrow \tilde{\Omega}^p_X .$$

Puisque $\pi_* \Omega^p_{\tilde{X}}$ et $\tilde{\Omega}^p_X$ sont cohérents, K est aussi cohérent. Soit $\{x_0\}$ l'orbite fermée de X, si $x \in X$ est différent de x_0, l'orbite par x a une dimension positive, et par hypothèse de récurrence on a un isomorphisme

$$(\pi_* \Omega^p_{\tilde{X}})_x \xrightarrow{\ \sim\ } (\tilde{\Omega}^p_X)_x .$$

On en déduit que support $K \subset \{x_0\}$.

Or K est un A_σ-module M-gradué et

$$K(s\, m) \cong K(m) \text{ , si } m \neq 0 \text{ , } s > 0 \text{ ,}$$

car il en est de même pour $\tilde{\Omega}^p_X$ et $\pi_* \Omega^p_{\tilde{X}}$. Par finitude, on a donc que $K(m) = 0$ pour $m \neq 0$.

Et pour $m = 0$ puisqu'on a

$$\tilde{\Omega}^p_{X_\sigma}(0) = 0 \text{ ,}$$

car on est en caractéristique zéro et σ a un sommet, on a aussi que $K(0) = 0$.

D'où, finalement, $K = 0$.

(4.4) Remarque. Pinkham ([16]) a donné des contre-exemples au théorème antérieur en caractéristique $p > 0$. Nous présentons ici son contre-exemple en termes de varietés toriques.

Soit k un corps de caractéristique $p > 0$.

On considère $M = \mathbb{Z}^2 \subset \mathbb{Q}^2$ et on considère le cône σ en M tel que $\sigma = \langle e_1, e_1+pe_2\rangle$, où e_1 , e_2 est une base de $N = M^*$.

Soit $X = X_\sigma$, alors

$$\tilde{\Omega}^1_X(0) = V_{\Gamma(0)} = e_1 k \neq 0 ,$$

tandis que, en prenant $\tilde{X} = X_\Sigma$ avec Σ l'éventail en N généré par les cônes

$$\sigma_r = \langle e_1 + re_2 , e_1 + (r+1)e_2\rangle , \quad 0 \leq r < p ,$$

il résulte que les X_{σ_r} constituent un recouvrement affine de $\tilde{X}$ et

$$\Omega^1_{\tilde{X}}(0)_{|X_{\sigma_r}} = \Omega^1_{X_{\sigma_r}}(0) = 0 , \quad \text{pour tout } r ,$$

et on a donc $\Omega^1_{\tilde{X}}(0) = 0$.

Il en résulte que la flèche

$$\pi_*\Omega^1_{\tilde{X}} \longrightarrow \tilde{\Omega}^1_X$$

n'est pas un isomorphisme.

(4.5) Théorème. Si X est une variété toroïdale, il existe, pour tout $p \geq 0$, un isomorphisme naturel

$$H^0(\underline{\Omega}^p_X) \longrightarrow \tilde{\Omega}^p_X .$$

Démonstration. L'inclusion $j: U \longrightarrow X$ induit un morphisme de complexes

$$\underline{\Omega}^p_X \longrightarrow \mathbb{R}j_*\underline{\Omega}^p_U ,$$

qui, sur les faisceaux de cohomologie de degré zéro, induit le morphisme

$$H^0(\underline{\Omega}^p_X) \longrightarrow \tilde{\Omega}^p_X ,$$

il suffit donc de démontrer l'isomorphisme dans le cas local.

On peut supposer, comme dans (4.3), que X est une variété torique affine, avec $\{x_0\}$ l'orbite fermée. Il existe alors une hyperrésolution cubique $\pi\colon X_\bullet \longrightarrow X$, telle que toutes les X_α sont des variétés toriques, qui est équivariante. Notons que, alors, $\{x_0\}$ est une orbite fermée dans toutes les variétés toriques $Y_{\alpha i} = \mathrm{Im}(X_{\alpha i} \longrightarrow X)$, où $X_{\alpha i}$ est une composante irréductible de X_α, $|\alpha| = 1$.

Soit K le complexe simple du morphisme

$$H^0(\underline{\Omega}_X^p) \longrightarrow \tilde{\Omega}_X^p .$$

Puisque l'hyperrésolution $X_\bullet \longrightarrow X$ est équivariante, $H^0(\underline{\Omega}_X^p)$ est un A_σ-module M-gradué et le morphisme $H^0(\underline{\Omega}_X^p) \longrightarrow \Omega_X^p$ est M-gradué. Il en résulte que $H^*(K)$ est M-gradué.

$H^0(\underline{\Omega}_X^p)$ et $\tilde{\Omega}_X^p$ étant cohérents, $H^*(K)$ est aussi cohérent et on peut supposer, par récurrence sur la dimension, à support $\{x_0\}$. Donc, $H^*(K(m)) = 0$, pour $m \neq 0$, car $H^*(K(sm)) = H^*(K(m))$, si $m \neq 0$ et $s > 0$.

Pour $p = 0$, on prouve par récurrence sur la dimension de X que $H^*(K(0)) = 0$, donc on peut supposer $p > 0$.

D'après le théorème (4.3), si $|\alpha| = 1$, on a

$$\pi_*\Omega^p_{X_{\alpha i}} \xrightarrow{\ \sim\ } \tilde{\Omega}^p_{Y_{\alpha i}} ,$$

et puisqu'on est en caractéristique zéro, on a

$$\pi_*\Omega^p_{X_{\alpha i}}(0) = 0 ,$$

car $\{x_0\}$ est une orbite fermée des $Y_{\alpha i}$.

L'inclusion

$$H^0(\underline{\Omega}_X^p) \longrightarrow H^0\Big(\bigoplus_{|\alpha|=1} \mathbb{R}\pi_*\Omega^p_{X_{\alpha i}}\Big) = \bigoplus_{|\alpha|=1} \pi_*\Omega^p_{X_{\alpha i}}$$

montre alors que $H^0(\underline{\Omega}_X^p)(0) = 0$.

Puisque $\Omega_X^p(0) = 0$, il résulte que

$$H^0(\underline{\Omega}_X^p) \xrightarrow{\ \sim\ } \tilde{\Omega}_X^p .$$

(4.6) <u>Théorème</u>. Si X est une variété toroïdale, il existe un morphisme naturel de complexes filtrés

$$(\tilde{\Omega}^*_X,\ \sigma) \longrightarrow (\underline{\Omega}_X,\ F)$$

qui est un quasi-isomorphisme filtré.

<u>Démonstration</u>. Soit $a\colon X_{\cdot} \longrightarrow X$ une hyperrésolution de X .

Puisque la filtration de Hodge de $\underline{\Omega}_X$ est induite par la filtration par le deuxième degré du complexe double $(a_*\mathcal{E}^{*,*}_{X_\alpha}, \partial, \bar{\partial})$, la différentielle $\bar{\partial}$ préserve les $H^0(\underline{\Omega}^p_X)$, $p \geq 0$, et on a les morphismes filtrés de complexes

$$(H^0(\underline{\Omega}^p_X),\ p \geq 0\ ,\ \partial\ ,\ \sigma) \longrightarrow (\underline{\Omega}_X,\ d,\ F)$$

$$(H^0(\underline{\Omega}^p_X),\ p \geq 0\ ,\ \partial\ ,\ \sigma) \longrightarrow (\tilde{\Omega}^*_X,\ d,\ \sigma)\ .$$

Par (4.5), on conclut qu'on a un morphisme filtré de complexes

$$(\tilde{\Omega}^*_X,\ d,\ \sigma) \longrightarrow (\underline{\Omega}_X,\ d,\ F)\ ,$$

qui, évidemment, rend commutatif le diagramme

$$\begin{array}{ccc} (\tilde{\Omega}^*_X,\ d) & \longrightarrow & (\underline{\Omega}_X,\ d) \\ & \searrow \quad \swarrow & \\ & \mathbb{C}_X & \end{array}$$

Par [3], 13.4, et (I,6.9), on en déduit que le morphisme

$$(\tilde{\Omega}^*_X,\ d) \longrightarrow (\underline{\Omega}_X,\ d)$$

est un quasi-isomorphisme.

Il faut prouver que ce quasi-isomorphisme est un quasi-isomorphisme filtré. Le problème est local, et on peut supposer que X est torique et complète.

Soit K^p le complexe simple du morphisme

$$\tilde{\Omega}^p_X \longrightarrow \underline{\Omega}^p_X\ ,$$

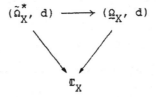

K^p est à cohomologie cohérente et, on peut supposer par récurrence sur la dimension, à support fini.

Puisque les suites spectrales

$$'E_1^{pq} = H^q(X, \tilde{\Omega}_X^p) \Longrightarrow H^{p+q}(X, \mathbb{C})$$

et

$$''E_1^{pq} = H^q(X, \underline{\Omega}_X^p) \Longrightarrow H^{p+q}(X, \mathbb{C})$$

dégénèrent au terme E_1 , la première par [4], 12.5, et la deuxième par la théorie de Hodge-Deligne ([5] et IV), le quasi-isomorphisme

$$\tilde{\Omega}_X^* \longrightarrow \underline{\Omega}_X$$

induit un isomorphisme entre les termes E_1, car il est compatible aux filtrations. Par conséquent, on obtient $H^*(X,K^p) = 0$, d'où $K^p = 0$.

On conclut donc qu'on a un quasi-isomorphisme

$$\tilde{\Omega}_X^p \longrightarrow \underline{\Omega}_X^p .$$

(4.7) <u>Corollaire</u>. Si X est une variété toroïdale complète, la suite spectrale

$$E_1^{pq} = H^q(X, \tilde{\Omega}_X^p) \Longrightarrow H^{p+q}(X, \mathbb{C})$$

dégénère au terme E_1 et aboutit à la filtration de Hodge de $H^*(X,\mathbb{C})$.

En effet, ceci résulte de (4.6) et (3.6) 4).

5. <u>Le théorème d'annulation de Kodaira-Akizuki-Nakano</u>.

Dans ce paragraphe, nous prouvons une généralisation du théorème d'annulation de Kodaira et Akizuki-Nakano ([12], [1]) aux variétés possiblement singulières, suivant l'idée de Ramanujan ([17]) de démontrer le théorème pour les variétés lisses à partir du théorème des sections hyperplanes de Lefschetz et de la théorie de Hodge.

(5.1) <u>Théorème</u>. Soient X un $\mathbb{C}$-schéma projectif et L un fibré linéaire ample sur X . Alors, on a

$$H^q(X, \underline{\Omega}_X^p \otimes L) = 0 , \quad \text{pour} \quad p+q > \dim X .$$

<u>Démonstration</u>. On raisonne par récurrence sur la dimension n de X.

Le résultat étant trivial pour $n = 0$, on suppose $n > 0$.

D'abord on va prouver le théorème en supposant que L est le faisceau inversible associé à un sous-schéma fermé D de X , localement principal, et qui est en position générale par rapport aux X_α d'une hyperrésolution $a: X_\bullet \longrightarrow X$ de X .

Il résulte de (2.2.1) qu'on a le diagramme

$$\begin{array}{ccccc}
 & H^*(D,\underline{\Omega}_D^{p-1}) & \xrightarrow[+1]{G} & H^*(X,\underline{\Omega}_X^p) & \\
{}^{+1}\nearrow & & \searrow\alpha \quad {}^{+1}\nearrow\beta & & \searrow \\
H^*(D,\underline{\Omega}_D^p\otimes L) & \longleftarrow & H^*(D,L\otimes\mathbb{R}a_*(\Omega_{X_\bullet}^p\otimes\underline{O}_{D_\bullet})) & \longleftarrow & H^*(X,\underline{\Omega}_X^p\otimes L)
\end{array} ,$$

où les triangles latéraux sont exacts, et le triangle central est commutatif.

D'après (2.2) le morphisme G est le morphisme de Gysin

$$Gr_F^{p-1}H^{p+q-1}(D, \mathbb{C}) \longrightarrow Gr_F^pH^{p+q+1}(X, \mathbb{C})$$

et, par (1.1), G est un isomorphisme pour $p+q > n$ et un épimorphisme pour $p+q = n$.

Par hypothèse de récurrence on a

$$H^q(D, \underline{\Omega}_D^p\otimes L) = 0 \ , \text{ pour } \ p+q > n-1 \ ,$$

d'où il résulte que α est un isomorphisme pour $p+q > n$, et par suite

$$\beta: H^q(D, L\otimes\mathbb{R}a_*(\Omega_{X_\bullet}^n\otimes\underline{O}_{D_\bullet})) \longrightarrow H^{q+1}(X, \underline{\Omega}_X^p)$$

est un isomorphisme pour $p+q > n$, et un épimorphisme pour $p+q = n$, d'où on obtient finalement que

$$H^q(X, \underline{\Omega}_X^p\otimes L) = 0 \ , \ \text{ pour } \ p+q > n \ .$$

Prouvons maintenant le théorème dans le cas général où on suppose seulement que L est ample.

Soit $a: X_\bullet \longrightarrow X$ une hyperrésolution cubique de X .

Puisque L est ample, il existe un entier $\mu > 0$ tel que L^μ est très ample sur X .

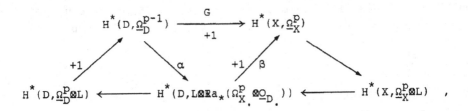

Soit D le diviseur d'une section de L^{μ} , tel que D est en position générale par rapport aux X_{α} . D'après un lemme de Mumford-Ramanujan (voir [17]), il existe un recouvrement cyclique d'ordre μ , $f: X' \longrightarrow X$, ramifié le long du support de D et tel que le faisceau $f^{*}L$ possède une section $\tau \in H^{0}(X', f^{*}L)$ vérifiant

$$\tau^{\mu} = f^{*}\sigma .$$

Notons que la formation de X' est compatible aux changements de base, i.e. si

$$\pi: Y \longrightarrow X$$

est un morphisme tel que $\pi^{*}\sigma$ est une section non nulle de $\pi^{*}L$, et $Y' \longrightarrow Y$ est le recouvrement cyclique associé à la section $\pi^{*}\sigma$, alors

$$Y' = Y \times_{X} X' .$$

Il résulte de cette remarque, appliquée aux X_{α} , qu'on a un schéma cubique

$$a': X'_{\bullet} \longrightarrow X' ,$$

qui est une hyperrésolution de X' , et que le support D' du diviseur de τ est en position générale par rapport aux X_{α} . Puisque $f^{*}L$ est ample, on a

$$H^{q}(X', \underline{\Omega}^{p}_{X'} \otimes f^{*}L) = 0 , \quad \text{pour} \quad p+q > \dim X' ,$$

d'après ce qui a été demontré antérieurement.

Or, sur chaque sommet $\alpha \neq 0$ de l'hyperrésolution $a: X_{\bullet} \longrightarrow X$, on a une injection naturelle

$$i_{\alpha}: \Omega^{p}_{X_{\alpha}} \longrightarrow f_{\alpha *}\Omega^{p}_{X'_{\alpha}} ,$$

naturellement inversible à gauche. D'où il résulte, successivement, que les morphismes

$$\mathbb{R}a_{*}\Omega^{p}_{X_{\bullet}} \longrightarrow \mathbb{R}a_{*}f_{*}\Omega^{p}_{X'_{\bullet}} \cong f_{*}\mathbb{R}a'_{*}\Omega^{p}_{X'}$$

et

$$H^{q}(X, \underline{\Omega}^{p}_{X} \otimes L) \longrightarrow H^{q}(X, f_{*}\mathbb{R}a'_{*}\Omega^{p}_{X'} \otimes L) \cong H^{q}(X', \underline{\Omega}^{p}_{X'} \otimes f^{*}L)$$

sont inversibles à gauche.

On en conclut

$$H^q(X, \underline{\Omega}_X^p \otimes L) = 0 \ , \quad \text{pour} \quad p+q > \dim X \ .$$

6. Théorèmes d'annulation locaux.

(6.1) Théorème. Soient $f: X \longrightarrow Y$ un morphisme de $\mathbb{C}$-schémas et L un fibré linéaire f-ample sur X. Alors, on a

$$\mathbb{R}^q f_*(\underline{\Omega}_X^p \otimes L) = 0 \ , \quad \text{pour} \quad p+q > \dim X \ .$$

Démonstration. Puisque le problème est local sur Y, on peut supposer que Y est projectif. Soit L' un faisceau ample sur Y. Par le lemme (3.4), il suffit de prouver qu'il existe un entier μ_0 tel que, si $\mu \geq \mu_0$, on a

$$H^q(Y, \mathbb{R}f_*(\underline{\Omega}_X^p \otimes L) \otimes (L')^{\mu}) = 0 \ , \quad \text{pour} \quad p+q > \dim X \ .$$

Or, d'après le théorème de Leray et la formule de projection, on a

$$H^q(Y, \mathbb{R}f_*(\underline{\Omega}_X^p \otimes L) \otimes (L')^{\mu}) \cong H^q(X, \underline{\Omega}_X^p \otimes L \otimes f^*(L')^{\mu}) \ ,$$

et on sait qu'il existe un entier $\mu_0 > 0$ tel que $L \otimes f^*(L')^{\mu}$ est ample sur X, si $\mu \geq \mu_0$. D'où, par le théorème (5.1), si $\mu \geq \mu_0$, on a

$$H^q(Y, \mathbb{R}f_*(\underline{\Omega}_X^p \otimes L) \otimes (L')^{\mu}) = 0 \ ,$$

pour $p+q > \dim X$.

Le théorème suivant généralise le théorème d'annulation de Grauert-Riemenschneider ([9]).

(6.2) Théorème. Soit X un $\mathbb{C}$-schéma. Alors, on a

$$H^q(\underline{\Omega}_X^p) = 0 \ , \quad \text{pour} \quad p+q > \dim X \ .$$

Ceci résulte immédiatement du théorème (6.1) appliqué à $f: X \longrightarrow X$ l'identité et $L = \underline{O}_X$.

Voyons comme le théorème d'annulation de Grauert-Riemenschneider peut se déduire de (6.2).

(6.3) <u>Corollaire</u>. Soient X un $\mathbb{C}$-schéma de dimension n et $\pi: \tilde{X} \longrightarrow X$ une résolution de X . Pour $i > 0$, on a

$$\mathbb{R}^i\pi_*\Omega^n_{\tilde{X}} = 0 .$$

<u>Démonstration</u>. On a un diagramme de descente cohomologique

$$\begin{array}{ccc} \tilde{Y} & \longrightarrow & \tilde{X} \\ \downarrow & & \downarrow \pi \\ Y & \longrightarrow & X \end{array}$$

avec $\dim Y \leq \dim \tilde{Y} < n$.

On déduit donc de (3.6) que

$$\underline{\Omega}^n_X = \mathbb{R}\pi_*\Omega^n_{\tilde{X}}$$

et, par conséquent, (6.3) se déduit de (6.2).

Le théorème (6.2) nous permet aussi d'obtenir la généralisation suivante du théorème de Kaup-Narashiman ([10], [15]).

(6.4) <u>Corollaire</u>. Soient X un $\mathbb{C}$-schéma et V un système local complexe sur X . Alors, pour tout $i > \dim X + \operatorname{cd} X$, on a

$$H^i(X, V) = 0 .$$

<u>Démonstration</u>. Du quasi-isomorphisme

$$V \longrightarrow \underline{\Omega}_X \otimes_{\mathbb{C}} V ,$$

il résulte que

$$H^i(X, V) = H^i(X, \underline{\Omega}_X \otimes_{\mathbb{C}} V) .$$

Comme V est un système local, $\underline{\Omega}_X \otimes_{\mathbb{C}} V$ a une filtration de Hodge F telle que

$$Gr^F_p (\underline{\Omega}_X \otimes_{\mathbb{C}} V) [p] = \underline{\Omega}^p_X \otimes_{\mathbb{C}} V ,$$

qui est un complexe de faisceaux à cohomologie cohérente et telle que

$$H^j(\underline{\Omega}^p_X \otimes_{\mathbb{C}} V) = 0 , \quad \text{si} \quad j+p > \dim X ,$$

par (6.2).

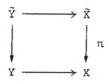

Le corollaire résulte donc des suites spectrales

$$H^q(X, \underline{\Omega}_X^p \underset{\mathbb{C}}{\otimes} V) \Longrightarrow H^i(X, \underline{\Omega}_X \underset{\mathbb{C}}{\otimes} V) ,$$

et

$$H^r(X, H^s(\underline{\Omega}_X^p \underset{\mathbb{C}}{\otimes} V)) \Longrightarrow H^q(X, \underline{\Omega}_X^p \underset{\mathbb{C}}{\otimes} V) ,$$

car

$$H^r(X, H^s(\underline{\Omega}_X^p \underset{\mathbb{C}}{\otimes} V)) = 0 ,$$

si $r > \mathrm{cd}\, X$ ou $s+p > \dim X$.

7. Autres théorèmes d'annulation.

Le théorème (5.1) admet plusieurs variantes; dans ce paragraphe, nous en présentons quelques-unes, à titre d'exemple.

A. Dans [17], Ramanujan faisait remarquer que la généralisation du théorème d'annulation de Kodaira-Akizuki-Nakano aux fibrés linéaires L tels que L^μ est engendré par ses sections globales, pour un $\mu > 0$, et de L-dimension maximale, est fausse, bien que, pour ces fibrés, le théorème d'annulation de Kodaira est encore valable. Le théorème suivant donne la variante du théorème de Kodaira-Akizuki-Nakano qui correspond à ces fibrés.

(7.1) Théorème. Soient X un $\mathbb{C}$-schéma complet de dimension n et L un fibré linéaire sur X , tel que L^μ est engendré par ses sections globales, pour un $\mu > 0$, et de L-dimension n . Soit $\varphi: X \longrightarrow \mathbb{P}^N$ le morphisme défini par L^μ , $\mu \gg 0$, et Σ le lieu singulier du morphisme $X \longrightarrow \varphi(X)$. Alors, on a

$$H^q(X, \underline{\Omega}_X^p \otimes L) = 0 , \quad \text{pour } p+q > n \text{ et } p > \dim \Sigma .$$

Si X est lisse, on a aussi

$$H^q(X, \underline{\Omega}_X^p \otimes L) = 0 , \quad \text{pour } p+q > n \text{ et } q > \dim \Sigma .$$

Démonstration. On peut supposer, comme dans la preuve de (5.1), que $\mu = 1$.

Si $X \xrightarrow{\pi} Z \longrightarrow \varphi(X)$ est la factorisation de Stein de

$X \longrightarrow \varphi(X)$, le morphisme $X \longrightarrow Z$ est birationnel, et on a le carré de descente cohomologique

$$\begin{array}{ccc} \Sigma & \longrightarrow & X \\ \downarrow & & \downarrow \pi \\ Y & \longrightarrow & Z \end{array}$$

Comme $\dim Y \leq \dim \Sigma$, par (3.5), on a

$$\underline{\Omega}_Z^p = \mathbb{R}\pi_* \underline{\Omega}_X^p \ , \quad \text{si} \ \dim \Sigma < p \ .$$

Donc, si $p > \dim \Sigma$, on a

$$H^q(X, \underline{\Omega}_X^p \otimes L) \cong H^q(Z, \mathbb{R}\pi_* \underline{\Omega}_X^p \otimes L')$$

$$\cong H^q(Z, \underline{\Omega}_Z^p \otimes L') \ ,$$

qui est zéro pour $p+q > n$, d'après (5.1), car L' est ample.

Pour prouver que, si X est lisse, on a

$$H^q(X, \underline{\Omega}_X^p \otimes L) = 0 \ , \quad \text{pour} \ p+q > n \ \text{et} \ q > \dim \Sigma \ ,$$

on suit un argument parallèle à celui de la preuve de (5.1), le seul point nouveau étant le suivant:

Si H est le diviseur d'une section suffisamment générale de L' et $D = X \times_Z H$, on a

$$\underline{\Omega}_H^{q-1} = \mathbb{R}\pi_* \underline{\Omega}_D^{q-1}$$

et

$$\underline{\Omega}_Z^q = \mathbb{R}\pi_* \underline{\Omega}_X^q \ ,$$

pour $q > \dim \Sigma$.

Or, il résulte de (1.1), que le morphisme

$$H^p(H, \underline{\Omega}_H^{q-1}) \longrightarrow H^{p+1}(Z, \underline{\Omega}_Z^q)$$

est un isomorphisme pour $p+q > n$, et un épimorphisme pour $p+q = n$.
Donc, on a la même conclusion pour le morphisme

$$H^p(D, \underline{\Omega}_D^{q-1}) \longrightarrow H^{p+1}(X, \underline{\Omega}_X^q) \ ,$$

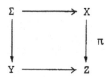

et comme le morphisme de Gysin est un morphisme de structures de Hodge de type (1,1), on tire, par la symétrie de Hodge, la même conclusion pour le morphisme

$$H^{q-1}(D, \underline{\Omega}_D^p) \longrightarrow H^q(X, \underline{\Omega}_X^{p+1}) .$$

La reste de la preuve est comme dans (5.1)

B. Si X est un $\mathbb{C}$-schéma projectif, lisse et canoniquement polarisable, il résulte du théorème d'annulation de Kodaira que

$$H^q(X, \omega_X^\mu) = 0 , \quad \text{pour} \quad q > 0 , \mu \geq 2 .$$

La théorie des fonctions automorphes présente des exemples intéressants de variétés canoniquement polarisables. En effet, si D est un domaine borné de $\mathbb{C}^n$ et Γ est un sous-groupe discret du groupe des automorphismes de D qui opère librement sur D, l'espace quotient D/Γ, supposé compact, est une variété projective lisse canoniquement polarisable, et le théorème d'annulation antérieur permet de calculer la dimension de l'espace A_r des formes automorphes de poids r par rapport à Γ.

Néanmoins, dans les cas apparemment plus intéressants, Γ n'opère pas librement, et D/Γ n'est pas non plus compact, donc le théorème de Kodaira n'est pas applicable. Pour des variétés obtenues en compactifiant ces espaces d'orbites, le diviseur canonique est encore ample, mais non comme diviseur de Cartier, sinon comme diviseur de Weil. Pour étudier cette situation, on va étendre le théorème d'annulation au cas où on a des diviseurs de Weil amples (cf. [9]).

(7.2) Soit X un $\mathbb{C}$-schéma normal; rappelons qu'on dit qu'un faisceau cohérent L sur X est divisoriel s'il est réflexif et de rang 1.

Si U est l'ouvert des points réguliers de X, $j: U \longrightarrow X$ est l'inclusion, et L et L' sont deux faisceaux divisoriels sur X, on pose

$$L.L' = j_*(j^*L \otimes j^*L')$$

et

$$L^{\cdot\mu} = j_*(j^*L^\mu) ,$$

et, si D est un diviseur de Weil sur X, on pose

$$\underline{O}_X(D) = j_*\underline{O}_U(D\ U),$$

tous ces faisceaux étant aussi divisoriels.

On dit qu'un faisceau divisoriel L sur un schéma normal X est ample s'il existe un entier $\mu > 0$ tel que $L^{\cdot\mu}$ est un faisceau inversible très ample sur X .

La preuve de la proposition suivante est laissée au lecteur.

(7.3) Proposition. Soient X un $\mathbb{C}$-schéma normal, projectif, de dimension n , et L un faisceau divisoriel sur X.

Il existe un diviseur de Weil D sur X et une résolution $\pi: X' \longrightarrow X$ de X , tels que:

a) L est isomorphe à $\underline{O}_X(D)$,

b) l'image inverse de D par π est définie.

Le complexe

$$\underline{\Omega}_X^n \mathrm{x} L := \mathbb{R}\pi_* \, (\Omega_{X'}^n \otimes \underline{O}_{X'}(\pi^* D))$$

est indépendant, dans $D^+(\underline{O}_X)_{coh}$, du couple (D, π) choisi vérifiant a) et b) .

(7.4) Théorème (cf. [9]). Soient X un $\mathbb{C}$-schéma normal, projectif, de dimension n , et L un faisceau divisoriel ample sur X . Alors, on a

$$H^q(X, \underline{\Omega}_X^n \mathrm{x} L) = 0 \ , \quad \text{pour} \quad q > 0 \ .$$

Démonstration. La preuve est parallèle à celle de (7.1).

(7.5) Corollaire. Avec les notations précédentes, on a

$$H^q(\underline{\Omega}_X^n \mathrm{x} L) = 0 \ , \quad \text{pour} \quad q > 0 \ .$$

Démonstration. D'après le lemme (3.3), il suffit de vérifier que

$$H^q(X, (\underline{\Omega}_X^n \mathrm{x} L) \otimes L^\mu) = 0 \ , \quad \text{si} \quad q > 0 \quad \text{et} \quad \mu >> 0 \ .$$

Or, ceci résulte du théorème précédent, car

$$(\underline{\Omega}_X^n \mathrm{x} L) \otimes L^\mu \cong \underline{\Omega}_X^n \mathrm{x} L^{\mu+1} \ .$$

(7.6) Corollaire. Soient X un $\mathbb{C}$-schéma normal, projectif, ω_X le faisceau canonique de X , et L un faisceau divisoriel ample sur X.

Si X n'a que des singularités isolées, on a

$$H^q(X, \omega_X.L) = 0 \quad , \quad \text{pour} \quad q > 0 .$$

Démonstration. Soit M le complexe simple du morphisme naturel

$$\underline{\Omega}_X^n \times L \longrightarrow \omega_X.L \quad ,$$

qui est un isomorphisme sur la partie lisse de X . Donc, la cohomologie de M est à support fini et , par (7.5), vérifie

$$H^i(M) = 0 \ , \quad \text{si } i \neq 0 \ , 1 \ .$$

La suite exacte de cohomologie entraîne alors

$$0 = H^q(X, \underline{\Omega}_X^n \times L) \xrightarrow{\ \sim\ } H^q(X, \omega_X.L) \ , \quad \text{pour} \quad q > 0 \ .$$

(7.7) Exemple. Soit H le demi-plan supérieur des nombres complexes avec partie imaginaire positive, et $H^n = H \times \ldots \times H$. Soit K un corps de nombres algébriques de degré n sur $\mathbb{Q}$, totalement réel, et Γ le groupe modulaire de Hilbert associé à K . Il est connu que la compactification de Satake X de la variété de Hilbert-Blumenthal H^n/Γ est une variété normale avec des singularités isolées, et que les formes automorphes d'un poids assez grand donnent un plongement projectif de X . Donc, le faisceau canonique est ample et on a

$$H^q(X, \omega_X^\mu) = 0 \quad , \quad \text{pour} \quad \mu \geq 2 \ .$$

Pour $n = 2$, ce résultat a été obtenu par Giraud ([7]).

C. Si X est une variété toroïdale (resp. une V-variété) projective, et L un fibré linéaire ample sur X , il résulte immédiatement de (4.6) (resp. [6], voir (4.1)) et (5.1) que

$$H^q(X, \Omega_X^p \otimes L) = 0 \ , \quad \text{pour} \quad p+q > \dim X \ .$$

Dans ce cas des variétés toroïdales (ou des V-variétés), on peut prouver pour les faisceaux divisoriels le résultat analogue suivant.

Avec les notations de (7.2), si L est un faisceau divisoriel sur X , on pose

$$\tilde{\Omega}_X^p.L = j_* j^*(\Omega_X^p \otimes L) \ .$$

(7.8) Théorème (cf. [3]). Soient X un $\mathbb{C}$-schéma toroïdal projectif, ou une V-variété projective, et L un faisceau divisoriel ample sur X . Alors, on a

$$H^q(X, \tilde{\Omega}^p_X.L) = 0 \ , \quad \text{pour} \quad p+q > \dim X \ .$$

La preuve est une variante de celle de (5.1), et nous la laissons au lecteur.

(7.9) Exemple ([3]). Soient D un domaine borné de $\mathbb{C}^n$ et Γ un sous-groupe discret du groupe des automorphismes de D , tel que $X = D/\Gamma$ est compact. Il est connu que X est une V-variété et que les formes automorphes d'un poids assez grand donnent un plongement projectif de X . Donc, le faisceau canonique de X est ample et, par (7.8), on a

$$H^q(X, \omega^\mu_X) = 0 \ , \quad \text{pour} \quad q > 0 \quad \text{et} \quad \mu \geq 2 \ .$$

D. En ce qui concerne les théorèmes d'annulation classiques pour les variétés non-singulières, on dispose de deux énoncés duels qui se déduisent l'un de l'autre par la dualité de Serre. Or, sur les variétés singulières, la situation est plus délicate, et pour obtenir les résultats analogues à ceux déjà obtenus qui correspondent à l'homologie (voir l'exposé III), il faut des hypothèses supplémentaires sur la nature des singularités de la variété, comme dans le résultat suivant.

(7.10) Théorème. Soient X un $\mathbb{C}$-schéma projectif et L un fibré linéaire ample sur X . Si X est localement une intersection complète, ou une variété topologique en homologie rationnelle, on a

$$H^q(X, \underline{\Omega}^p_X \otimes L^{-1}) = 0 \ , \quad \text{pour} \quad p+q < \dim X \ .$$

La preuve est laissée au lecteur, car elle est complètement parallèle à celle de (5.1), en utilisant au lieu de (1.1) le théorème de Lefschetz correspondant en homologie, III.3.12 iii).

Bibliographie

1. Y. Akizuki, S. Nakano: Note on Kodaira-Spencer's proof of Lefschetz Theorems, Proc. Japan Acad., 30 (1954), 266-272.
2. W.L. Baily: The decomposition theorem for V-manifolds, Amer. J. Math., 78 (1956), 862-888.

3. W.L. Baily: On the imbedding of V-manifolds in projective space, Amer. J. Math., 79 (1957), 403-430.

4. V.I. Danilov: The geometry of toric varieties, Uspekhi Math. Nauk 33:2 (1978), 85-134 = Russian Math. Surveys 33:2 (1978), 97-154.

5. P. Deligne: Théorie de Hodge II, Publ. Math. I.H.E.S., 40 (1972), 5-57; III, Publ. Math. I.H.E.S., 44 (1975), 6-77.

6. Ph. Du Bois: Complexe de De Rham filtré d'une variété singulière, Bull. Soc. Math. France, 109 (1981), 41-81.

7. J. Giraud: Surfaces de Hilbert-Blumenthal III, dans "Surfaces Algébriques", 35-57, Lect. Notes in Math., 868 , Springer-Verlag, 1981.

8. M. Goresky, R. MacPherson: Intersection homology II, Invent. Math., 71 (1983), 77-129.

9. H. Grauert, O. Riemeneschneider: Verschwindungssätze für analytische Kohomologiegruppen auf komplexen Räumen, Invent. Math.,11 (1970), 263-292.

10. L. Kaup: Eine topologische Eigenschaft Steinscher Räume, Nach. Akad. Wiss. Göttingen, Math.-Phys. Kl., (1966), 213-224.

11. G. Kempf, F. Knudsen, D. Mumford, and B. Saint-Donat: Toroidal embeddings. I, Lect. Notes in Math., 339, Springer-Verlag, 1973.

12. K. Kodaira: On a differential-geometric method in the theory of analytic stacks, Proc. Nat. Acad. Sci., 39 (1953), 1268-1273.

13. K. Kodaira, D.C. Spencer: Divisor class groups on algebraic varieties, Proc. Nat. Acad. Sci., 39 (1953), 872-877.

14. K. Kodaira, D.C. Spencer: On a theorem of Lefschetz and the lemma of Enriques-Severi-Zariski, Proc. Nat. Acad. Sci., 39 (1953), 1273-1278.

15. R. Narashiman: On the homology groups of Stein spaces, Invent. Math., 2 (1967), 377-385.

16. H. Pinkham: Singularités rationnelles de surfaces, dans "Séminaire sur les singularités des surfaces", 147-178, Lect. Notes in Math., 777, Springer-Verlag, 1980.

17. C.P. Ramanujan: Remarks on the Kodaira vanishing theorem, Jour. Ind. Math. Soc., 36 (1972), 41-51.

18. I. Satake: On a generalization of the notion of manifold, Proc. Nat. Acad. Sci., 42 (1956), 359-363.

19. J.H.M. Steenbrink: Mixed Hodge structure on the vanishing cohomology, dans: "Real and complex singularities, Oslo 1976", 565-678, Sijthoff & Noordhoff, Alphen aan den Rijn, 1977.

Exposé VI

DESCENTE CUBIQUE POUR LA K-THEORIE DES FAISCEAUX COHERENTS ET L'HOMOLOGIE DE CHOW

par P. PASCUAL GAINZA

Le but de cet exposé est de développer une théorie de descente cubique qu'on puisse appliquer à la K-théorie algébrique des faisceaux cohérents et à l'homologie de Chow. Pour cela nous travaillons dans la catégorie d'homotopie stable comme l'analogue non abélien de la catégorie dérivée des groupes abéliens, voir le § 1.

Au § 2, on fait correspondre à tout diagramme cubique de spectres topologiques, $E_\bullet$, un spectre, $s(E_\bullet)$, qu'on appelle le spectre simple de $E_\bullet$, (2.7). Cette construction est fonctorielle et on a une suite spectrale qui relie la cohomologie de $s(E_\bullet)$ à celles des sommets du diagramme. Si on compare la catégorie d'homotopie stable avec la catégorie dérivée $D^+(Z)$, on doit considérer la construction de $s(E_\bullet)$ comme un substitut du complexe simple d'un complexe double.

Le simple d'un diagramme cubique de spectres permet, au § 3, d'associer à tout schéma cubique $X_\bullet$ avec morphismes de transition projectifs un spectre $K'(X_\bullet)$ qui, dans le cas où $X_\bullet$ se réduit à un seul schéma X , est le spectre de la K-théorie des faisceaux cohérents de X . Si on considère les hyperrésolutions projectives des schémas, on est alors en disposition d'appliquer le résultat (3.10) de l'exposé I, ce qui permet d'étendre la fonctorialité de la K'-théorie aux morphismes propres, (3.12).

Dans le § 4, on développe la théorie de descente pour l'homologie de Chow, et au § 5 on démontre l'extension du théorème de Riemann-Roch aux schémas algébriques et morphismes propres de Fulton-Gillet, ([9]), en utilisant les hyperrésolutions cubiques projectives.

Je tiens à vivement remercier F. Guillén qui m'a aidé à comprendre le § 2, et H. Gillet et R. Thomason pour m'avoir envoyé leurs preprints quand j'étudiais ce sujet. Je suis tout particulièrement reconnaissant à V. Navarro Aznar pour avoir guidé ce travail.

1. La catégorie d'homotopie stable.

On rappelle ici quelques définitions et résultats sur la catégorie d'homotopie stable, en particulier les propriétés qui font de cette catégorie un "bon" modèle non abélien. Pour les notions d'algèbre homotopique auxquelles nous aurons recours, nous renvoyons le lecteur à [20].

(1.1) Tous les espaces topologiques et ensembles simpliciaux qui apparaîtront dans ce qui suit seront supposés pointés avec point de base $*$. Nous supposerons aussi que les applications entre ces espaces topologiques conservent les points de base.

(1.2) Spectres topologiques: STop.

Un spectre topologique X est une suite d'espaces topologiques, X_n , $n\geq 0$, et d'applications continues

$$\sigma_n\colon S^1\wedge X_n \longrightarrow X_{n+1} .$$

Une application de spectres topologiques, $f\colon X \longrightarrow Y$, est une suite d'applications continues, $f_n\colon X_n \longrightarrow Y_n$, $n\geq 0$, compatibles avec les applications σ_n , c'est à dire, vérifiant

$$\sigma_n(1\wedge f_n) = f_{n+1}\sigma_n , \quad n \geq 0 .$$

Nous noterons STop la catégorie des spectres topologiques ainsi définie.

Si X est un spectre topologique, on définit ses groupes d'homotopie par

$$\pi_n(X) = \varinjlim \pi_{n+k}(X_k) .$$

Étant donné un morphisme $f\colon X \longrightarrow Y$ de STop , on dit que f est une équivalence faible si $f_*\colon \pi_*(X) \longrightarrow \pi_*(Y)$ est un isomorphisme. On dit que f est une cofibration, si les applications

$$X_0 \longrightarrow Y_0$$

$$X_{n+1} \cup_{S^1\wedge X_n} S^1\wedge Y_n \longrightarrow Y_{n+1}$$

sont des cofibrations (au sens usuel) d'espaces topologiques. Finalement on définit les fibrations par la propriété RLP (cf. [20]) pour les cofibrations triviales, c'est à dire que f est une fibration si, pour tout diagramme commutatif

$$\begin{array}{ccc} K & \longrightarrow & X \\ {\scriptstyle i}\downarrow & & \downarrow{\scriptstyle f} \\ L & \longrightarrow & Y \end{array}$$

où i est une cofibration et une equivalence faible, il existe la flèche pointée qui rend commutatifs les diagrammes ainsi obtenus.

Avec cette structure, STop est une catégorie à modèles fermés et on appelle catégorie d'homotopie stable la catégorie d'homotopie associée, HoSTop (cf. [20]), que nous écrirons simplement HoS . Cette catégorie peut être réalisée plus simplement à partir des CW-spectres: on dit qu'un spectre topologique X est un CW-spectre si les espaces X_n , $n \geq 0$, sont des CW-complexes et les applications σ_n sont des applications cellulaires injectives. Si on pose CWSp pour la sous-catégorie des CW-spectres, on a la:

(1.3) Proposition. Les CW-spectres sont cofibrants dans STop et l'inclusion CWSp $\longrightarrow$ STop induit une équivalence de catégories

$$\pi\mathrm{CWSp} \longrightarrow \mathrm{HoS} \ .$$

La catégorie HoS peut être réalisée comme catégorie d'homotopie d'autres catégories à modèles fermés, comme celle des spectres simpliciaux (voir [5] pour un résumé plus complet):

(1.4) Spectres simpliciaux: SSimpl .

On définit la catégorie de spectres simpliciaux, SSimpl , de façon analogue à (1.2), en remplaçant les espaces topologiques par les ensembles simpliciaux. De même, on définit sur SSimpl une structure de catégorie à modèles fermés. Tous les objets de SSimpl sont cofibrants et entre les objets fibrants, on peut distinguer les Ω-spectres: nous dirons qu'un spectre simplicial X est un Ω-spectre si les ensembles simpliciaux X_n sont de Kan et les applications

$$X_n \longrightarrow \Omega X_{n+1} \ ,$$

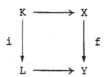

adjointes à σ_n , sont des équivalences faibles. Alors on a la:

(1.5) Proposition. Les Ω-spectres sont des objets fibrants dans SSimpl et si on pose ΩSSimpl pour la sous-catégorie qu'ils définissent, on a une équivalence de catégories

$$\pi\Omega\underline{\text{SSimpl}} \longrightarrow \text{Ho}\underline{\text{SSimpl}} .$$

Les foncteurs de réalisation géométrique d'un ensemble simplicial, $|\,|$: Simpl $\longrightarrow$ Top , et complexe singulier d'un espace topologique Sing: Top $\longrightarrow$ Simpl , (cf. [16]) s'étendent de façon naturelle aux catégories de spectres où $|\,|$ est encore adjoint à gauche de Sing. On peut alors appliquer le théorème 3, § I.4 de [20] pour déduire le:

(1.6) Théorème. Le couple de foncteurs adjoints

$$\underline{\text{SSimpl}} \underset{\text{Sing}}{\overset{|\,|}{\rightleftarrows}} \underline{\text{STop}}$$

induit une équivalence de catégories d'homotopie

$$\text{Ho}\underline{\text{SSimpl}} = \text{Ho}\underline{\text{Stop}} .$$

Dans ce qui suit, nous allons énoncer quelques propriétés de la catégorie d'homotopie stable, Ho$\underline{S}$, qui font de cette catégorie une catégorie analogue à la catégorie dérivée des groupes abéliens (voir aussi le "Scholium of Great Enlightenment" de Thomason, [23] 5.32, qui travaille avec la catégorie ΩSSimpl) .

(1.7) Propriétés de Ho$\underline{S}$:

1. Ho$\underline{S}$ est additive.

2. Ho$\underline{S}$ est triangulée.

On peut définir les classes de triangles distingués comme les cofibrations dans CWSp . Alors on peut prouver que les axiomes de catégorie triangulée sont vérifiés, le foncteur de translation étant le foncteur de décalage Σ . Pour l'axiome de l'octaèdre, voir, par exemple, Adams [1], (6.8).

3. Tout objet de $\mathrm{Ho}\underline{S}$ admet une décomposition de Postnikov fonctorielle, i.e. pour tout X, il y a des $(X^n)_{n\in Z}$ et des morphismes p_n, p_n^{n-1}, tels que:

i) le diagramme

$$\begin{array}{ccccccc} & & & X & & & \\ & & {\scriptstyle p_n}\swarrow & & \searrow{\scriptstyle p_{n-1}} & & \\ \cdots \longrightarrow & X^n & & \xrightarrow[p_n^{n-1}]{} & & X^{n-1} & \longrightarrow \cdots \end{array}$$

est commutatif,

ii) $\pi_k(X^n) = 0$, $k < n$,

iii) $p_{n*}: \pi_k(X) \longrightarrow \pi_k(X^n)$ est un isomorphisme pour $k \leq n$.

On peut prouver cela en utilisant la fonctorialité des décompositions de Postnikov des ensembles simpliciaux (voir [16] et [6]). Si on compare $\mathrm{Ho}\underline{S}$ à $D(Z)$, les décompositions de Postnikov correspondent aux décompositions définies par la filtration τ de la catégorie dérivée (voir [23]).

4. Il existe un produit $\wedge$, qui fait de $(\mathrm{Ho}\underline{S},\wedge)$ une catégorie monoïdale symétrique (cf. [17] p. 180).

L'existence de $\wedge$ n'est pas triviale. Le lecteur trouvera dans [1] ou [22] une construction de $\wedge$ dans une catégorie analogue à $\underline{\mathrm{CWSp}}$ ainsi que la vérification des propriétés de catégorie monoïdale symétrique (loc. cit. (13.40)), et la conservation des triangles (loc. cit. (13.47)).

5. $\mathrm{Ho}\underline{S}$ est une catégorie fermée (au sens donné par McLane [17]).

Pour prouver cela, il faut définir un hom interne $\mathbb{R}\mathrm{Hom}$: Soit $S^{\cdot-n}$ le spectre topologique qui, en degré k, est S^{k-n}, i.e. la sphère de dimension $k-n$. Étant donnés deux spectres topologiques X et Y, on définit $\mathbb{R}\mathrm{Hom}(X,Y)$ comme le spectre topologique qui en degré n est

$$\mathbb{R}\mathrm{Hom}(X,Y)_n = \mathrm{Hom}_{\underline{\mathrm{STop}}}(S^{-n}\wedge X,Y) \quad ,$$

où $\mathrm{Hom}_{\underline{\mathrm{STop}}}(\ ,\ )$ est un espace topologique avec la topologie compacte-ouverte, et les applications

$$\sigma_n: S^1\wedge \mathbb{R}\mathrm{Hom}(X,Y)_n \longrightarrow \mathbb{R}\mathrm{Hom}(X,Y)_{n+1}$$

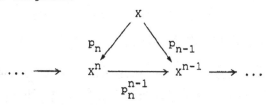

sont les applications induites par

$$S^1 \wedge S^{-n} \longrightarrow S^{-n+1} .$$

Alors on a

$$\mathrm{Hom}(X \wedge Y, Z) = \mathrm{Hom}(X, \mathbb{R}\mathrm{Hom}(Y,Z)) .$$

La démonstration de cette propriété est analogue à celle donnée par Hastings ([14]), qui construit $\mathbb{R}\mathrm{Hom}$ dans une représentation différente de $\mathrm{Ho}\underline{S}$. L'existence de $\mathbb{R}\mathrm{Hom}$, ainsi que la propriété antérieure, peut être prouvée directement sur $\mathrm{Ho}\underline{S}$ à partir de l'existence du produit $\wedge$ et du théorème de représentabilité de Brown (voir, par exemple, Margolis [15]). On vérifit aussi aisément qu'on a les propriétés suivantes:

i) $\mathbb{R}\mathrm{Hom}(S^0, X) = X$, dans $\mathrm{Ho}\underline{S}$,

ii) $\mathbb{R}\mathrm{Hom}(X \wedge Y, Z) = \mathbb{R}\mathrm{Hom}(X, \mathbb{R}\mathrm{Hom}(Y,Z))$,

iii) $\pi_0 \mathbb{R}\mathrm{Hom}(-,-) = \mathrm{Hom}(-,-)$,

iv) $\mathbb{R}\mathrm{Hom}(-,-)$ conserve les triangles.

2. Spectre simple d'un spectre cubique.

(2.1) Dans ce qui suit, nous désignerons par $\square_n^+$ la catégorie produit de n-copies de la catégorie flèche et par $\square_n$ la sous-catégorie pleine formée des objets de $\square_n^+$ différents de $(0,\ldots,0)$, c'est à dire que $\square_n^+$ est la catégorie notée $\square_{n-1}^+$ dans l'exposé I, (1.15). La plupart des diagrammes que nous allons considérer dans cet exposé sont des $\square_n^+$-objets, parfois appelés simplement n-objets ou n-objets cubiques. Pour chaque n , nous noterons $-\square_n^+$ la sous-catégorie pleine de Z^n formée des objets α tels que $-\alpha \in \square_n^+$. On note $(\square_n^+)^o$ la catégorie opposée de $\square_n^+$.

A $\square_n^+$ on associe une nouvelle catégorie, la subdivision cubique $sc\,\square_n^+$, définie comme la sous-catégorie pleine de $\square_n^+ \times (-\square_n^+)$ formée par des objets $(\alpha,\beta) \in \square_n^+ \times (-\square_n^+)$ avec $\beta \leq 0$ et $0 \leq \alpha+\beta$, (comparer à (2.9.1) de l'exposé III).

(2.2) Pour $n=1$, on obtient de cette façon la catégorie engendrée par le diagramme

$$\begin{array}{ccc} (1,-1) & & \\ \big\downarrow & & \\ (1,\ 0) & \longleftarrow & (0,\ 0)\ . \end{array}$$

On a trivialement

$$sc\,\square^{+}_{n+m} = sc\,\square^{+}_{n} \times sc\,\square^{+}_{m}\ .$$

(2.3) <u>Définition</u>. Soit $X_{\bullet}$ un objet $\square^{+}_{n}$-cubique dans une catégorie V et $C\colon V \longrightarrow V$ un endofoncteur avec une transformation naturelle $\Phi\colon id_V \longrightarrow C$. On définit la subdivision cubique de $X_{\bullet}$ par rapport à C , $sc_C X_{\bullet}$, ou simplement $sc\,X_{\bullet}$, comme le $sc\,\square^{+}_{n}$-objet qui a pour sommets

$$(sc_C X_{\bullet})_{\alpha\beta} = C^{-|\beta|}(X_{\alpha})\ ,$$

et qui agit sur les morphismes par la transformation naturelle Φ .

(2.4) <u>Exemples</u>. i) Si V = <u>Top</u> est la catégorie des espaces topologiques, on prendra pour $C(X)$ le cône de X . On pourrait choisir aussi $C(X) = *$ sans changer essentiellement les résultats qui suivent (cf. [19]). De façon analogue, dans la catégorie <u>STop</u> des spectres topologiques, $C(X)$ sera le cône de X .

ii) Si V = <u>Ab</u> , nous poserons $C(A) = 0$ pour quel que soit le groupe abélien A .

(2.5) <u>Remarque</u>. Si on exprime $\square^{+}_{m+n}$ comme $\square^{+}_{n} \times \square^{+}_{m}$, pour tout $(n+m)$-objet cubique $X_{\bullet\bullet}$ dans une catégorie V , on vérifie

$$scX_{\bullet\bullet} = sc^{m}(sc^{n}_{\bullet}X_{\bullet\bullet})$$

où $sc^{n}_{\bullet}X_{\bullet\bullet}$ désigne l'objet m-cubique de $\mathrm{Hom}_{\underline{Cat}}(sc\,\square^{+o}_{n}, V)$ défini par

$$(sc^{n}_{\bullet}X_{\bullet\bullet})_{\alpha} = sc^{n}X_{\bullet\alpha}\ , \qquad \alpha \in \square^{+}_{m}$$

où on identifie les catégories $\mathrm{Hom}_{\underline{Cat}}(\square^{+o}_{m}, \mathrm{Hom}_{\underline{Cat}}(\square^{+o}_{n}, V))$ et $\mathrm{Hom}_{\underline{Cat}}(\square^{+o}_{n+m}, V)$ suivant l'isomorphisme $sc\,\square^{+}_{n} \times sc\,\square^{+}_{m} = sc\,\square^{+}_{n+m}$.

(2.6) Proposition. Soit $K_\bullet$ un complexe cubique de groupes abéliens et $sK_\bullet$ le complexe simple associé. Alors, il y a un isomorphisme naturel

$$sK_\bullet = \mathbb{L}\varinjlim_{sc\square} scK_\bullet$$

dans $D(\mathbb{Z})$.

Démonstration. Si $K_\bullet$ est un $\square_n^+$-objet , on raisonne par récurrence sur n . Si $n=1$, $K_\bullet$ est un morphisme de complexes

$$f: A_\bullet \longrightarrow B_\bullet$$

et $scK_\bullet$ est le diagramme

$$0 \longleftarrow A_\bullet \longrightarrow B_\bullet \ .$$

Par [10] App. II (3.3), $\mathbb{L}\varinjlim scK_\bullet$ est quasi-isomorphe au complexe simple d'un certain complexe simplicial. En effectuant les identifications correspondantes de loc. cit. (3.2) et compte tenu qu'on peut normaliser le complexe simplicial ([16]), il résulte que $\mathbb{L}\varinjlim scK_\bullet$ est quasi-isomorphe au complexe simple du morphisme

$$A_\bullet \oplus A_\bullet \longrightarrow A_\bullet \oplus B_\bullet$$

$$(a,a') \longrightarrow (a+a', f(a'))$$

ce qui achève la preuve du cas $n=1$, puisque ce complexe est quasi-isomorphe au complexe simple de f , comme on le prouve aisément.

Soit $n>1$ et $K_\bullet$ un complexe cubique d'ordre n . Pour $\square_n^+ = \square_{n-1}^+ \times \square_1^+$ on a, d'après (2.5),

$$K_\bullet = sc(scK_{\bullet 1} \longrightarrow scK_{\bullet 0})$$

$$= 0 \longleftarrow scK_{\bullet 1} \longrightarrow scK_{\bullet 0} \ .$$

Ainsi, d'après l'hypothèse de récurrence et le cas $n=1$, on a les isomorphismes suivants:

$$\mathbb{L}\varinjlim scK_\bullet = \mathbb{L}\varinjlim sc(\mathbb{L}\varinjlim scK_{\bullet 1} \longrightarrow \mathbb{L}\varinjlim scK_{\bullet 0})$$

$$= \mathbb{L}\varinjlim sc(sK_{\bullet 1} \longrightarrow sK_{\bullet 0})$$

$= s(sK_{\cdot 1} \longrightarrow sK_{\cdot 0})$

$= sK_{\cdot}$.

Ce résultat suggère la définition suivante:

(2.7) Définition. Soit $E_{\cdot}$ un objet cubique dans STop . Le simple de $E_{\cdot}$, noté $sE_{\cdot}$, est le spectre topologique défini par

$$sE_{\cdot} = \varinjlim scE_{\cdot} .$$

(2.8) Remarque. Si $E_{\cdot}$ est un objet cubique dans STop , on pourrait associer à $E_{\cdot}$ un spectre topologique par

$$s'E_{\cdot} = \text{hocolim } scE_{\cdot} ,$$

où hocolim est la limite homotopique du diagramme de spectres $scE_{\cdot}$, défini par Bousfield-Kan, [4] (cf. aussi [24], [23]). Si $E_{\cdot}$ est un n-objet cubique de CWSp , ce spectre est équivalent à $sE_{\cdot}$ puisque, pour les CW-spectres, l'inclusion $E \longrightarrow CE$ est une cofibration et donc, si $n=1$, il résulte de [4], p. 330, que $s'E_{\cdot} \longrightarrow sE_{\cdot}$. Maintenant, par l'associativité des limites homotopiques ([4], p. 331) et de $s(-)$, (cf. (2.9)), on peut raisonner par récurrence sur n pour prouver le cas général. Pour une étude un peu plus détaillée de ces questions, on pourra consulter [19].

(2.9) Proposition. i) Si $E_{\cdot}$ est l'objet cubique défini par le morphisme $f: X \longrightarrow Y$, alors $sE_{\cdot}$ est la cofibre de f .

ii) Associativité du simple: si $E_{\cdot\cdot}$ est un $(n+m)$-spectre, on a

$$s^n(s^m_{\cdot}E_{\cdot\cdot}) = sE_{\cdot\cdot} = s^m(s^n_{\cdot}E_{\cdot\cdot}) .$$

iii) Si $E_{\cdot\cdot}$ est le $\square^+_{n+1}$-objet de STop défini par le morphisme de $\square^+_n$-objets $f_{\cdot}: E_{\cdot 1} \longrightarrow E_{\cdot 0}$ et pour chaque α on a $f_\alpha = *$, alors

$$sf_{\cdot}: sE_{\cdot 1} \longrightarrow sE_{\cdot 0}$$

est le morphisme constant $*$, et

$$sE_{\cdot\cdot} = \Sigma sE_{\cdot 1} \vee sE_{\cdot 0} .$$

iv) Si $X_{\cdot} \longrightarrow Y_{\cdot} \longrightarrow Z_{\cdot}$ est une suite de morphismes de n-spectres qui est une cofibration dans chaque degré (dans STop) , alors la suite

$$sX_{\bullet} \longrightarrow sY_{\bullet} \longrightarrow sZ_{\bullet}$$

est une cofibration.

Démonstration. i) résulte immédiatement de la définition (2.7) et de la définition de la cofibre d'un morphisme. ii) résulte de (2.5) et de l'associativité des limites inductives. iii) est immédiat et iv) est une conséquence de i) et ii).

(2.10) Proposition. Soit $E_{\bullet}$ un objet cubique dans STop et, pour tout p , soit $F^p(E_{\bullet})$ le sous-spectre cubique de $E_{\bullet}$ défini par

$$F^p(E_{\bullet}) = \begin{cases} E_{\alpha} , & \text{si } |\alpha| \leq p \\ * , & \text{si } |\alpha| > p \end{cases}$$

et soit $Gr_F^p(E_{\bullet})$ le spectre quotient

$$Gr_F^p E_{\bullet} = F^p E_{\bullet}/F^{p-1}E_{\bullet} .$$

Alors:

i) la suite des objets cubiques de STop

$$F^{p-1}E_{\bullet} \longrightarrow F^pE_{\bullet} \longrightarrow Gr^pE_{\bullet}$$

induit une cofibration dans STop ,

$$sF^{p-1}E_{\bullet} \longrightarrow sF^pE_{\bullet} \longrightarrow sGr^pE_{\bullet} ,$$

ii) on a

$$sGr^pE_{\bullet} \cong \Sigma^p \bigvee_{|\alpha|=p} E_{\alpha} .$$

Démonstration. i) est une conséquence de (2.9, iv), puisque la suite en question est donnée dans chaque degré par

$$\begin{aligned} E_{\alpha} &\longrightarrow E_{\alpha} \longrightarrow * , && \text{si } |\alpha| < p , \\ * &\longrightarrow E_{\alpha} \longrightarrow E_{\alpha} , && \text{si } |\alpha| = p , \\ * &\longrightarrow * \longrightarrow * , && \text{si } |\alpha| > p . \end{aligned}$$

Pour prouver ii), on raisonne par récurrence double sur n et p .

Pour simplifier les notations, on pose $C^p_\bullet = Gr^p E_\bullet$. On remarque que $C^p_\alpha = *$ si $|\alpha|=p$.

Si $n=1$, le résultat découle de (2.9, i) et des égalités

$$\text{cofibre}(* \longrightarrow C^p_0) = C^p_0$$

$$\text{cofibre}(C^p_1 \longrightarrow *) = \Sigma\, C^p_1 .$$

Si $n>1$ et $p=0$, $C^0_\bullet$ est l'objet cubique défini par le morphisme $C^{-1}_{\bullet 1} \longrightarrow C^0_{\bullet 0}$, qui vérifie

$$sC^{-1}_{\bullet 1} = *$$

$$sC^0_{\bullet 0} = C_{(0,\dots,0)} \text{ , par l'hypothèse de récurrence ,}$$

et par (2.9, ii) et le cas $n=1$, il résulte que

$$sC^0_\bullet = C^0_{(0,\dots,0)} .$$

Si $n>1$ et $p>1$, $C^p_{\bullet 1} \longrightarrow C^p_{\bullet 0}$ est le morphisme trivial dans chaque degré et on peut donc appliquer (2.9, ii) et iii)) et l'hypothèse de récurrence pour obtenir les isomorphismes suivants:

$$sC^p_\bullet = s(sC^p_{\bullet 1} \longrightarrow sC^p_{\bullet 0})$$

$$= s(\Sigma^{p-1} \bigvee_{|\alpha|=p-1} E_{\alpha 1} \longrightarrow \Sigma^p \bigvee_{|\alpha|=p} E_{\alpha 0})$$

$$= \Sigma^p \bigvee_{|\alpha|=p} E_\alpha .$$

(2.11) <u>Proposition</u>. Soit $E_\bullet$ un spectre cubique. Pour tout p , soit $F_pE_\bullet$ le spectre quotient de $E_\bullet$ défini par

$$F_pE_\bullet = E_\bullet \,/\, F^{p-1}E_\bullet$$

et soit $Gr_pE_\bullet$ le n-spectre défini par

$$(Gr_pE_\bullet)_\alpha = \text{fibre}\,((F_pE_\bullet)_\alpha \longrightarrow (F_{p+1}E_\bullet)_\alpha)$$

pour chaque α . Alors on a:

i) pour tout p , la suite

$$Gr_pE_\bullet \longrightarrow F_pE_\bullet \longrightarrow F_{p+1}E_\bullet$$

induit un triangle dans $\mathrm{Ho}\underline{S}$

$$sGr_pE_{\bullet} \longrightarrow sF_pE_{\bullet} \longrightarrow sF_{p+1}E_{\bullet}$$

ii) dans $\mathrm{Ho}\underline{S}$ on a un isomorphisme

$$sGr_pE_{\bullet} = \Sigma^p \bigvee_{|\alpha|=p} E_\alpha$$

et en particulier, pour $p=0$, on a un triangle dans $\mathrm{Ho}\underline{S}$

$$E_0 \longrightarrow sE_{\bullet} \longrightarrow sF_1E_{\bullet} .$$

Démonstration. Il suffit de remarquer qu'on a $Gr_pE_{\bullet} = Gr^pE_{\bullet}$, et appliquer (2.11), i), ii), pour déduire le résultat.

(2.12) Corollaire. Soit h_* une théorie homologique généralisée. Pour tout n-spectre $E_{\bullet}$ il y a une suite spectrale convergente

$$E^1_{pq} = \bigoplus_{|\alpha|=p} h_q(E_\alpha) \Longrightarrow h_{p+q}(sE_{\bullet}) .$$

En effet, par (2.10, i), ii)) on a les cofibrations

$$\Sigma^p \bigvee_{|\alpha|=p} E_\alpha \longrightarrow sF_pE_{\bullet} \longrightarrow sF_{p+1}E_{\bullet}$$

et on peut donc considérer le couple exact défini par

$$D_{pq} = h_{p+q}(sF_pE)$$

$$E_{pq} = h_{p+q}(\Sigma^p \bigvee_{|\alpha|=p} E_\alpha)$$

$$= \bigoplus_{|\alpha|=p} h_q(E_\alpha) ,$$

pour obtenir la suite spectrale. La convergence de cette suite spectrale est au sens de Boardman, [3]; dans la situation présente, elle est assurée par la finitude des diagrammes cubiques.

(2.13) Remarques. i) La suite spectrale (2.12) est la suite spectrale de Bousfield-Kan dans notre contexte, cf. (2.8).

ii) La définition ainsi que les filtrations considerées dans (2.10), (2.11) sont fonctorielles, et donc la suite spectrale (2.12) l'est aussi.

(2.14) Soit $C^b(Z)$ la catégorie des complexes bornés de groupes abéliens. Par le théorème de Dold-Puppe (cf. [7]), on peut associer fonctoriellement à tout objet de $C^b(Z)$, K , un spectre d'Eilenberg-Mc-Lane, spectre que nous noterons $EM(K)$. De (2.6), on déduit aisément la

(2.15) Proposition. Le diagramme

$$\begin{array}{ccc} \square^{o}C^b(Z) & \xrightarrow{\square^{o}EM} & \square^{o}\underline{STop} \\ {\scriptstyle s}\downarrow & & \downarrow{\scriptstyle s} \\ C^b(Z) & \xrightarrow{EM} & \underline{STop} \end{array}$$

est commutatif.

Dans le § 3, nous utiliserons la définition suivante:

(2.16) Définition. Soit $E_\bullet$ un objet cubique dans $\underline{STop}$. On dit que $E_\bullet$ est acyclique si

$$sE_\bullet = * .$$

De la proposition (2.10), il résulte donc

(2.17) Proposition. Si $E_\bullet$ est un spectre cubique acyclique, on a

$$\Sigma\, sF_1E_\bullet = E_0$$

dans $Ho\underline{S}$. Ainsi, si h_* est une théorie homologique généralisée, on a une suite spectrale convergente

$$E^1_{pq} = \bigoplus_{|\alpha|=p+1} h_q(E_\alpha) \Longrightarrow h_{p+q}(E_0) .$$

3. Descente pour la K-théorie des faisceaux cohérents.

Après un bref rappel, dans A) , de la K-théorie algébrique de Quillen, on définit dans B) la K-théorie des faisceaux cohérents sur des schémas cubiques à partir de la définition du simple d'un spectre cubique. Ceci permet de démontrer un théorème de descente pour la K' théorie dans C).

Dans ce paragraphe et les suivants, tous les schémas seront supposés noethériens et séparés.

A) Rappel de la K-théorie algébrique.

(3.1) Si M est une catégorie exacte, Quillen [21] a défini les groupes K_i de M par

$$K_i(M) = \pi_{i+1}(BQM) ,$$

où Q est la construction définie par Quillen dans [21] et B est l'espace classifiant de la catégorie QM. Gillet, [11], en généralisant la construction Q^2 de Waldhausen, [25], a prouvé que BQM est un espace de lacets infini, et donc qu'on peut lui associer un CW-Ω--spectre $K(M)$ selon

$$K(M)_i = \Omega BQ^{i+1}M , \qquad i \in \mathbb{N} .$$

Cette construction associe à tout foncteur exact entre des catégories exactes, $M \longrightarrow N$, une application de CW-spectres

$$K(M) \longrightarrow K(N) .$$

Pour tout foncteur bi-exact $M \times N \longrightarrow P$, Waldhausen [25] a défini un accouplement

$$BQM \wedge BQN \longrightarrow BQQP$$

qu'on peut étendre à un accouplement de spectres (cf. [11])

$$K(M) \wedge K(N) \longrightarrow K(P) .$$

(3.2) Soit X un schéma et soient $\underline{\mathrm{Coh}}(X)$ et $\underline{P}(X)$ les catégories des faisceaux de $\underline{O}_X$-modules cohérents et localement libres, respectivement. Ces catégories sont exactes, et donc par le procédé de (3.1) on leur associe des spectres

$$K(X) = K(\underline{P}(X))$$

$$K'(X) = K(\underline{\mathrm{Coh}}(X)) .$$

(3.3) Les foncteurs

$$\otimes_{\underline{O}} : \underline{P}(X) \times \underline{\mathrm{Coh}}(X) \longrightarrow \underline{\mathrm{Coh}}(X)$$

$$\otimes_{\underline{O}} : \underline{P}(X) \times \underline{P}(X) \longrightarrow \underline{P}(X)$$

sont bi-exacts et munissent donc $K(X)$ d'une structure d'anneau-spectre et $K'(X)$ d'une structure de $K(X)$-module.

(3.4) Si $f: X \longrightarrow Y$ est un morphisme projectif de schémas, $f_*: \underline{Coh}(X) \longrightarrow \underline{Coh}(Y)$ n'est pas exact en général, mais on a une application $f_*: K'(X) \longrightarrow K'(Y)$ bien définie dans $Ho\underline{S}$ (cf. [21] et [13], p. 82). Rappelons la définition de f_* : soit $E(X)$ la sous-catégorie de $\underline{Coh}(X)$ formée par les faisceaux cohérents f_*-acycliques, alors les foncteurs

$$i: E(X) \longrightarrow Coh(X)$$

et

$$f_*^E: E(X) \longrightarrow Coh(Y)$$

où i est l'inclusion, sont exacts, et on a donc les applications

$$K'(X) \xleftarrow{i_*} K(E(X)) \xrightarrow{f_*^E} K'(Y) .$$

Mais i_* est une équivalence faible (loc. cit.) ce qui permet de définir dans $Ho\underline{S}$ le morphisme

$$f_* = f_*^E \circ i_*^{-1}: K'(X) \longrightarrow K'(Y) .$$

(3.5) Rappelons finalement le théorème de localisation de Quillen (cf. [21]): si $i: Y \longrightarrow X$ est une immersion fermée et $j: U \longrightarrow X$ est l'immersion ouverte du complémentaire, alors la suite

$$K'(Y) \xrightarrow{i_*} K'(X) \xrightarrow{j^*} K'(U)$$

est une cofibration.

B) K'-théorie des schémas cubiques relativement projectifs.

(3.6) Soit $X_{\bullet}$ un schéma cubique dont tous les morphismes de transition sont des morphismes projectifs, ce que nous abrégerons en disant que $X_{\bullet}$ est relativement projectif. On va associer un spectre à $X_{\bullet}$, $K'(X_{\bullet})$, de telle façon que, si $X_{\bullet}$ se réduit à un seul schéma X , il en résulte le spectre $K'(X)$ défini dans (3.4). La construction est une généralisation de (3.4), (cf. [12]).

Pour chaque index α , soit $E(X_\alpha)$ la sous-catégorie de $\underline{Coh}(X_\alpha)$ formée par les faisceaux cohérents F sur X_α tels que

$$R^p f_{\alpha\beta *} F = 0 , \qquad p>0 , \quad \beta<\alpha .$$

Comme dans (3.4), le foncteur exact d'inclusion

$$E(X_\alpha) \longrightarrow \underline{Coh}(X_\alpha)$$

induit une équivalence

$$K(E(X_\alpha)) \longrightarrow K'(X_\alpha) .$$

Le foncteur exact

$$f_{\alpha\beta *}: E(X_\alpha) \longrightarrow \underline{Coh}(X_\beta)$$

a son image dans $E(X_\beta)$, puisque, si $\gamma<\beta$, la suite spectrale de la composition $f_{\beta\gamma} \circ f_{\alpha\beta}$,

$$E_2^{pq} = R^p f_{\beta\gamma *} R^q f_{\alpha\beta *} F ==> R^{p+q} f_{\alpha\gamma *} F$$

est telle que $E_2^{pq} = 0$ si $q>0$, et donc dégénère. D'où on déduit que

$$R^p f_{\beta\gamma *}(f_{\alpha\beta *}F) = R^p f_{\alpha\gamma *}F = 0 , \quad p>0 .$$

Ainsi, au schéma cubique $X_\bullet$ on a associé un diagramme cubique de catégories et foncteurs exacts $E(X_\bullet)$, et suivant (3.1), on peut lui associer un diagramme de spectres $K(E(X_\bullet))$ avec la propriété que pour chaque index α , $K(E(X_\bullet))_\alpha = K(E(X_\alpha))$ est homotopiquement équivalent à $K'(X_\alpha)$.

(3.7) Définition. Si $X_\bullet$ est un schéma cubique relativament projectif, on définit le spectre de la K-théorie des faisceaux cohérents sur $X_\bullet$, $K'(X_\bullet)$, par

$$K'(X_\bullet) = s(K(E(X_\bullet)))$$

et les groupes $K_i'(X_\bullet)$ par

$$K_i'(X_\bullet) = \pi_i(K'(X_\bullet)) .$$

De (2.12), on déduit immédiatement la:

(3.8) Proposition. Soit $X_\bullet$ un schéma cubique relativement projectif. On a une suite spectrale convergente

$$E^1_{pq} = \bigoplus_{|\alpha|=p} K_q'(X_\alpha) ==> K_{p+q}'(X_\bullet) .$$

(3.9) On peut étendre à la situation cubique la plupart des résultats connus de la K'-théorie des schémas, comme la propriété homotopique, le théorème de périodicité, ou la coïncidence de la K'-théorie de $X_\bullet$ et de $X_\bullet^{red}$, etc, (cf. [18]).

C) Descente pour la K'-théorie.

Soit S un schéma de base fixé. Comme on a remarqué dans l'exposé I, on peut définir la notion d'hyperrésolution cubique quasi-projective d'un S-schéma de type fini X , et on peut prouver un théorème d'existence de telles hyperrésolutions à partir du lemme de Chow.

Dans ce qui suit tous les S-schémas seront supposés de type fini.

(3.10) <u>Théorème</u>. Soit X un S-schéma et $X_\bullet$ une hyperrésolution quasi-projective de X . Alors on a une équivalence faible

$$\Sigma\, K'(X_\bullet) = K'(X) ,$$

et, d'après § 2, on a une suite spectrale convergente

$$E^1_{pq} = \bigoplus_{|\alpha|=p+1} K'_q(X_\alpha) \Longrightarrow K'_{p+q}(X) .$$

<u>Démonstration</u>. Par (2.17) il suffit de prouver que l'objet cubique de <u>STop</u> , $K'(E(X_\bullet^+))$, (où $X_\bullet^+$ est l'objet augmenté $X_\bullet \longrightarrow X$) , défini dans (3.6) est acyclique. Si $X_\bullet^+$ est un $\square_n^+$-objet de la catégorie des schémas, on raisonne par récurrence sur n .

Selon la définition d'hyperrésolution, le premier cas est n=2 , c'est-à-dire, l'augmentation $X_\bullet \longrightarrow X$ correspond à un diagramme commutatif

$$\begin{array}{ccc} \tilde{Y} & \xrightarrow{\tilde{i}} & \tilde{X} \\ {\scriptstyle \tilde{f}}\downarrow & & \downarrow{\scriptstyle f} \\ Y & \xrightarrow{i} & X \end{array}$$

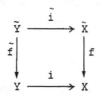

où, i, $\tilde{i}$ sont des immersions fermées avec $U = X-Y \cong \tilde{X}-\tilde{Y}$, et f est un morphisme projectif. Par l'associativité de la construction du simple, cf. (2.9), $K'(X_\bullet^+)$ est équivalent à la cofibre du morphisme entre les cofibres en K'-théorie de i et i , et donc il est équivalent à * puisque le théorème de localisation de Quillen, (3.5), permet d'identifier ces cofibres à $K'(U)$.

Pour le cas général, on rappelle que $X_{\bullet}$ s'obtient par réduction successive de 2-résolutions (voir l'exposé I), et par conséquent il suffit d'appliquer l'hypothèse de récurrence et le lemme élémentaire ci-dessous pour achever la preuve.

Lemme. Soient $E_{\bullet}$, $F_{\bullet}$ des $(n+1)$ et n-objets cubiques dans STop , respectivement. On suppose que $E_{\bullet 0}$, $E_{\bullet 1}$ et $F_{\bullet}$ sont acycliques et qu'il existe un morphisme $E_{\bullet 0} \longrightarrow F_{\bullet}$. Soit $M_{\bullet}$ le $(n+1)$-objet cubique de STop qui s'obtient par réduction des morphismes antérieurs (voir exposé I). Alors $M_{\bullet}$ est acyclique.

(3.11) Soit Proj la catégorie des schémas et morphismes projectifs. La K-théorie des faisceaux cohérents définit un foncteur

$$K': \underline{\text{Proj}} \longrightarrow \text{Ho}\underline{\text{S}} .$$

(3.12) Théorème. Soit Prop la catégorie des schémas et morphismes propres. Le foncteur K' défini sur Proj admet une extension canonique

$$K': \underline{\text{Prop}} \longrightarrow \text{Ho}\underline{\text{S}} .$$

Démonstration. Soit $f: X \longrightarrow S$ un morphisme propre. Par la variante de (I.3.8) pour les hyperrésolutions quasi-projectives des S-schémas de type fini, il suffit de voir que, si $\pi: X_{\bullet} \longrightarrow Y_{\bullet}$ est un morphisme d'hyperrésolutions cubiques quasi-projectives du S-schéma X , alors $K'(\pi): K'(X_{\bullet}) \longrightarrow K'(Y_{\bullet})$ est un isomorphisme dans $\text{Ho}\underline{\text{S}}$ (voir (I.3.10)), ce qui résulte du théorème (3.10) antérieur.

(3.13) Remarque. Avec les notations de la démonstration de (3.12), f_* est un morphisme de $K(S)$-modules, comme on peut prouver de façon analogue à [13].

4. Homologie de Chow de diagrammes et descente.

A) Homologie de Chow.

(4.1) Soit X un schéma (noethérien et separé). Si on filtre $\underline{\text{Coh}}(X)$ par les sous-catégories de Serre $M_i(X)$ formées des faisceaux cohérents dont la dimension du support est $\leq i$, on obtient une suite spectrale, due a Quillen ([21]),

$$E^1_{pq}(X) = \bigoplus_{x \in X_p} K_{p+q}(k(x)) \Longrightarrow K'_{p+q}(X)$$

où X_p désigne l'ensemble des points de X de dimension p.

Par un argument analogue à celui utilisé dans (3.4) pour prouver la covariance de K' par rapport aux morphismes projectifs, on peut démontrer (cf. [11] (7.22)):

(4.2) <u>Proposition</u>. Soit $f: X \longrightarrow Y$ un morphisme projectif. Alors il y a un morphisme de suites spectrales

$$f_*: E^r_{pq}(X) \longrightarrow E^r_{pq}(Y)$$

compatible à la limite avec

$$f_*: K'_*(X) \longrightarrow K'_*(Y) .$$

(4.3) On sait que, pour X régulier, $E^2_{p,-p}(X)$ est égal au groupe de Chow de dimension p , $A_p(X)$, (cf. [21]), et donc le foncteur

$$X \longrightarrow E^2_{pq}(X)$$

peut être consideré comme une théorie d'homologie qui contient l'homologie de Chow classique ([11]). Dans ce paragraphe, nous allons développer l'homologie de Chow pour les diagrammes cubiques et nous obtendrons un résultat de descente analogue au théorème (3.11) qui permettra d'étendre la covariance de l'homologie de Chow aux morphismes propres. La covariance de $E^2_{pq}(X)$ pour les morphismes propres a dejà été prouvée par H. Gillet ([11]) à partir de (4.2) et de la loi de réciprocité quadratique de Weil pour les courbes.

(4.4) Les termes $E^1_{*q}(X)$ de la suite spectrale (4.1) forment, pour chaque q , un complexe de groupes abéliens. Par application du foncteur d'Eilenberg-McLane, (2.14), on obtient un spectre topologique, $CH(X,q)$, que nous appellerons le spectre de q-homologie de Chow de X . On définit les groupes d'homologie de Chow par

$$CH_{pq}(X) = \pi_p CH(X,q) .$$

(4.5) <u>Remarque</u>. Il est plus simple de travailler directement avec les complexes de groupes abéliens $E^1_{*q}(X)$ qu'avec les spectres topologiques $CH(X,q)$, comme le fait Gillet dans [13]. Cependant, il est plus naturel de travailler avec les spectres si on veut comparer l'homologie de Chow et la K'-théorie (cf. (5.3)).

Le foncteur CH vérifie la propriété d'excision suivante:

(4.6) Proposition. Soit $f: (\tilde{X},\tilde{Y}) \longrightarrow (X,Y)$ un morphisme projectif entre couples fermés de schémas qui induit un isomorphisme $\tilde{X}-\tilde{Y} \approx X-Y$. Alors, l'application entre les cofibres des morphismes

$$\begin{array}{ccc} CH(\tilde{Y}) & \longrightarrow & CH(\tilde{X}) \\ \downarrow & & \downarrow \\ CH(Y) & \longrightarrow & CH(X) \end{array}$$

est une équivalence faible.

Démonstration (cf. [13] (2.1)). Si $E^1_{*q}(X,Y)$ est le complexe défini par la suite exacte

$$0 \longrightarrow E^1_{*q}(Y) \longrightarrow E^1_{*q}(X) \longrightarrow E^1_{*q}(X,Y) \longrightarrow 0$$

il résulte que

$$E^1_{pq}(X,Y) = \bigoplus_{x \in U \cap X_p} K_{p-q}(k(x)) ,$$

et donc la proposition se réduit à prouver que

$$f: X_p \cap U \longrightarrow X_p \cap U$$

est une bijection, fait qui résulte de EGA IV (cf. loc. cit.).

B) Homologie de Chow des diagrammes

Soient $X_\bullet$ un schéma cubique relativement projectif et q un entier. Par la covariance de CH pour les morphismes projectifs, cf. (4.2), on obtient un spectre cubique $CH(X_\bullet,q)_\bullet$.

(4.7) Définition. Si $X_\bullet$ est un schéma cubique relativement projectif, on définit le spectre d'homologie de Chow de $X_\bullet$ par

$$CH(X_\bullet,q) = s\{CH(X_\bullet,q)_\bullet\}$$

et les groupes d'homologie de Chow de $X_\bullet$ par

$$CH_{p,q}(X_\bullet) = \pi_p(CH(X_\bullet,q)) .$$

(4.8) Remarque. Comme nous l'avons signalé dans (4.5), il est plus direct de prendre le complexe simple associé au n-complexe de groupes abéliens

$$(p,\alpha) \longrightarrow E^1_{p,-q}(X_\alpha)$$

pour définir l'homologie de Chow de $X_\bullet$ sans passer par les spectres, et définir

$$CH_{p,q}(X_\bullet) = H_p(sE_{*,-q}(X_\bullet)) .$$

En vertu de (2.15), on arrive aux mêmes groupes.

La suite spectrale du simple d'un spectre cubique (2.12) donne dans ce cas la suite spectrale pour l'homologie de Chow d'un schéma cubique:

(4.9) Proposition. Soit $X_\bullet$ un schéma cubique relativement projectif. On a une suite spectrale convergente

$$E^1_{pq} = \bigoplus_{|\alpha|=p} CH_{q,s}(X_\alpha) \Longrightarrow CH_{p+q,s}(X_\bullet)$$

pour tout $s \in Z$.

C) Descente pour l'homologie de Chow.

Une référence à (4.6) au lieu du théorème de localisation de Quillen permet de prouver, de façon analogue à (3.10), le théorème de descente suivant:

(4.10) Théorème. Soient X un S-schéma et $X_\bullet$ une hyperrésolution quasi-projective de X . L'application

$$\Sigma\, CH(X_\bullet,q) \longrightarrow CH(X,q)$$

est une équivalence faible pour tout $q \in Z$, et on a une suite spectrale convergente

$$E^1_{pq} = \bigoplus_{|\alpha|=p+1} CH_{q,s}(X_\alpha) \Longrightarrow CH_{p+q,s}(X)$$

pour tout $s \in Z$.

(4.11) Corollaire. Soit $f: X \longrightarrow Y$ un morphisme propre de schémas. Alors, pour tout $q \in Z$, il y a un morphisme naturel

$$f_*: CH(X,q) \longrightarrow CH(Y,q)$$

dans $Ho\underline{S}$.

On peut aussi montrer comme corollaire de (4.10) le résultat suivant qui généralise (4.2) (cf. [13]):

(4.12) Proposition. Soit $f: X \longrightarrow Y$ un morphisme propre. Alors on a un morphisme de suites spectrales

$$f_*: E^r_{pq}(X) \longrightarrow E^r_{pq}(Y)$$

compatible à la limite avec $f_*: K'_*(X) \longrightarrow K'_*(Y)$ et qui, au terme E^2, coïncide avec le morphisme

$$f_*: CH_{p,q}(X) \longrightarrow CH_{p,q}(Y)$$

qu'on déduit de (4.11).

5. Le théorème de Riemann-Roch pour les schémas algébriques

Dans ce paragraphe, nous fixons un corps de base k. Tous les schémas seront des k-schémas séparés et de type fini.

Un cas très simple des hyperrésolutions projectives (les 2-résolutions) et la théorie de descente développée permettent de donner une preuve de l'extension par Fulton-Gillet, ([9]), du théorème de Riemann-Roch aux morphismes propres, non nécessairement projectifs. Rappelons le théorème de Riemann-Roch prouvé par Baum, Fulton et McPherson, ([2]):

(5.1) Théorème. Soit S un k-schéma lisse. Soit $\underline{Proj}/S$ la catégorie des S-schémas quasi-projectifs et morphismes projectifs. Alors on a une transformation naturelle entre les foncteurs covariants K_0 et $CH_\bullet \otimes \mathbb{Q}$: $\underline{Proj}/S \longrightarrow \underline{Ab}$:

$$\tau: K_0(\ ) \longrightarrow CH_\bullet(\ ) \otimes \mathbb{Q} ,$$

telle que

i) le diagramme

$$\begin{array}{ccc} K^0(X) \otimes K_0(X) & \xrightarrow{\otimes} & K_0(X) \\ {\scriptstyle ch \otimes \tau_X} \downarrow & & \downarrow {\scriptstyle \tau_X} \\ CH^{\bullet}(X) \otimes CH_{\bullet}(X)_{\mathbb{Q}} & \longrightarrow & CH_{\bullet}(X)_{\mathbb{Q}} \end{array}$$

est commutatif pour tout S-schéma quasi-projectif X ,

ii) si X est un schéma quasi-projectif et lisse sur S , on a

$$\tau_X([\underline{O}_X]) = td(\Omega_{X|k}) \cap [X] ,$$

iii) si X est un S-schéma quasi-projectif qui est aussi un k-schéma quasi-projectif, on a

$$\tau_X^S = \tau_X^k .$$

Cet énoncé ne correspond pas exactement au théorème prouvé par Baum, Fulton et McPherson. La modification qu'on doit faire est la suivante: si X est un S-schéma quasi-projectif et

$$\tau_X' : K_0(X) \longrightarrow CH_*(X)_{\mathbb{Q}}$$

désigne l'application de Riemann-Roch définie par Baum, Fulton et McPherson (on doit aussi faire référence à [8] pour ce cas relatif aux S-schémas), on définit

$$\tau_X(\alpha) = \pi^* td(\Omega_{S|k}) \cap \tau_X'(\alpha)$$

pour $\alpha \in K_0(X)$. Ce n'est alors qu'un simple exercice de prouver que τ_X vérifie les propriétés du théorème.

(5.2) Théorème. Soit Prop/k la catégorie des k-schémas et morphismes propres. On a une transformation naturelle entre les foncteurs covariants K_0 et $CH_{\bullet}\otimes\mathbb{Q}$: Prop/k $\longrightarrow$ Ab :

$$\tau : K_0(\ ) \longrightarrow CH_{\bullet}(\ )_{\mathbb{Q}}$$

telle que:

i) pour tout k-schéma X le diagramme

$$\begin{array}{ccc} K^0(X) \otimes K_0(X) & \xrightarrow{\ \otimes\ } & K_0(X) \\ {\scriptstyle ch \otimes \tau_X}\downarrow & & \downarrow{\scriptstyle \tau_X} \\ CH^{\bullet}(X) \otimes CH_{\bullet}(X)_{\mathbb{Q}} & \longrightarrow & CH_{\bullet}(X)_{\mathbb{Q}} \end{array}$$

est commutatif.

ii) si X est un k-schéma lisse, on a

$$\tau_X([\underline{O}_X]) = td(\Omega_{X|k}) \cap [X] .$$

Démonstration. Soit $(\underline{Prop}/k)_n$ la sous-catégorie pleine de $\underline{Prop}/k$ formée par les schémas de dimension $\leq n$. Par récurrence sur n nous prouverons (5.2) pour tous les schémas de $(\underline{Prop}/k)_n$.

Le cas $n=0$ étant trivial, nous pouvons supposer le théorème démontré pour les catégories $(\underline{Prop}/k)_m$ avec $m<n$. Soit X un k-schéma de dimension n. Considérons une 2-résolution quasi-projective de X, i.e. un diagramme

$$\begin{array}{ccc} \tilde{Y} & \xrightarrow{\ j\ } & \tilde{X} \\ {\scriptstyle g}\downarrow & & \downarrow{\scriptstyle f} \\ Y & \xrightarrow{\ i\ } & X \end{array}$$

où $\tilde{X}$, $\tilde{Y}$ sont des k-schémas quasi-projectifs, Y est un sous-schéma fermé de X avec $\dim Y<n$, et $U = X-Y = \tilde{X}-\tilde{Y}$.

De (3.5), on déduit la suite exacte

$$\ldots \longrightarrow K_0(\tilde{Y}) \longrightarrow K_0(Y) \oplus K_0(\tilde{X}) \longrightarrow K_0(X) \longrightarrow 0 .$$

Par (5.1) et l'hypothèse de récurrence on a des morphismes $\tau_{\tilde{X}}$, $\tau_{\tilde{Y}}$ et τ_Y, qui rendent commutatif le diagramme

$$\begin{array}{ccccccc} K_0(\tilde{Y}) & \longrightarrow & K_0(Y) \oplus K_0(\tilde{X}) & \longrightarrow & K_0(X) & \longrightarrow & 0 \\ {\scriptstyle \tau_{\tilde{Y}}}\downarrow & & \downarrow{\scriptstyle \tau_Y \oplus \tau_{\tilde{X}}} & & \downarrow & & \\ CH_{\bullet}(\tilde{Y}) & \longrightarrow & CH_{\bullet}(Y) \oplus CH_{\bullet}(\tilde{X}) & \longrightarrow & CH_{\bullet}(X) & & \end{array}$$

où les deux suites sont exactes par la propriété d'excision correspondante (cf. (3.5) et (4.6)). La surjectivité sur $K_0(X)$ permet de définir un morphisme

$$\tau_X \colon K_0(X) \longrightarrow CH_\bullet(X) .$$

On doit prouver que τ_X est bien défini, i.e. qu'il ne dépend pas de la 2-résolution choisie. Mais, cela résultera de la fonctorialité de τ_X ainsi définie.

Soit donc $f\colon X \longrightarrow X'$ un morphisme propre de k-schémas. Par l'analogue quasiprojectif du § 2, exposé I, il existe une 2-résolution de f :

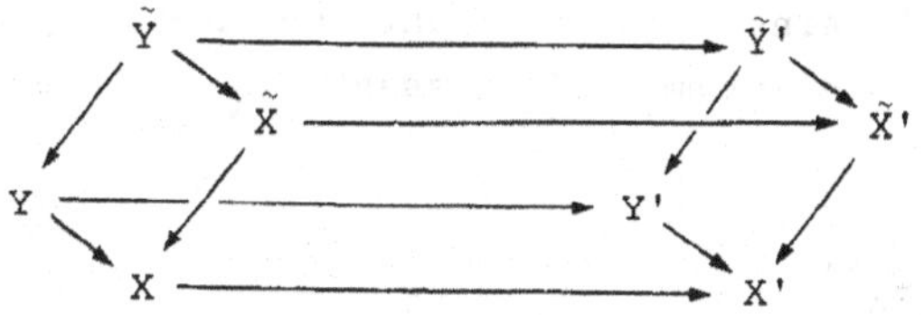

qui est une 2-résolution sur chaque côté, X et X' . Ainsi on obtient le diagramme

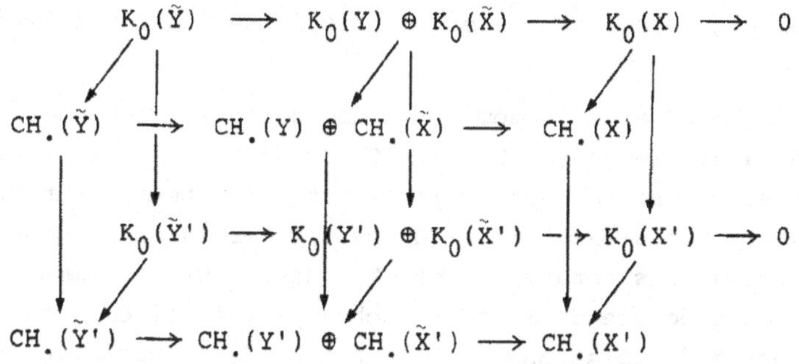

où le cube à gauche est un diagramme commutatif par l'hypothèse de récurrence et (5.1). Alors on chasse aisément la commutativité du cube à droite, d'où on déduit la fonctorialité de τ_X cherchée.

Nous allons vérifier maintenant i) et ii).

i) Soit E un faisceau cohérent localement libre sur X et F un faisceau cohérent. On a

$$\begin{aligned}
\tau_X(E \otimes F) &= i_*\tau_Y(i^*E \otimes F_Y) - f_*\tau_{\tilde X}(f^*E \otimes F_{\tilde X}) , && \text{par définition ,}\\
&= i_*(i^*\mathrm{ch}E \cap \tau_Y F_Y) - f_*(f^*\mathrm{ch}E \cap \tau_{\tilde X} F_{\tilde X}) , && \text{par récurrence (5.1),}\\
&= \mathrm{ch}E \cap i_*\tau_Y F_Y - \mathrm{ch}E \cap f_*\tau_{\tilde X} F_{\tilde X} , && \text{par form. projection,}\\
&= \mathrm{ch}E \cap (i_*\tau_Y F_Y - f_*\tau_{\tilde X} F_{\tilde X}) , && \\
&= \mathrm{ch}E \cap \tau_X F , && \text{par définition.}
\end{aligned}$$

ii) Soit maintenant X un k-schéma lisse. Par (5.1), ii), on a une transformation τ^X définie sur la catégorie des X-schémas quasi-projectifs et morphismes projectifs, telle que, si Z est un X-schéma quasi-projectif et lisse, on a

$$\tau^X(Z) = td(\Omega_{Z|k}) \cap [Z] .$$

Pour les X-schémas Z qui sont aussi k-quasi-projectifs, on a $\tau_Z^X = \tau_Z^k$ (cf. (5.1), iii)), ainsi, en utilisant une fois de plus l'hypothèse de récurrence et le diagramme définissant τ_X, il résulte que $\tau_X = \tau_X^X$ et, finalement,

$$\begin{aligned} \tau_X([\underline{O}_X]) &= \tau_X^X([\underline{O}_X]) \\ &= td(\Omega_{X|k}) \cap [X] . \end{aligned}$$

(5.3) Remarques. 1) Du résultat correspondant pour le cas projectif, on déduit aisément toutes les autres propriétés que doit vérifier τ, cf. [9], [8].

2) La première partie de la démonstration de (5.2) prouve que toute transformation naturelle entre K_0' et $CH_{*\mathbb{Q}}$ définie sur la catégorie des k-schémas et morphismes projectifs admet une extension unique à la catégorie des morphismes propres. On peut poser la même question pour des transformations naturelles de K_*' dans $CH_{*\mathbb{Q}}$, comme celle qui correspond au théorème de Riemann-Roch démontré par Gillet, [11]. C'est pour ce genre de questions que l'approche de l'homologie de Chow qu'on vient de présenter peut être utile. Or, est-ce que le théorème démontré par Gillet peut être raffiné jusqu'à donner une application naturelle de spectres

$$\tau: K'(X) \longrightarrow CH(X)_{\mathbb{Q}} \ ?$$

Si la réponse était affirmative, on pourrait alors étendre la covariance de τ aux morphismes propres par un raisonnement analogue à celui de (5.2), en utilisant cette fois les hyperrésolutions quasi-projectives des schémas, et non seulement les 2-résolutions. Cependant, la question de l'indépendance des hyperrésolutions choisies semble dans ce cas plus subtile qu'auparavant.

Bibliographie

1. J.F. Adams: Stable homotopy and generalised cohomology, Chicago U.P., Chicago, 1974.

2. P.Baum, W.Fulton, R.McPherson: Riemann-Roch for singular varieties, Publ. Math. I.H.E.S, 45 (1975), 101-145.

3. J. Boardman: Conditionally convergent spectral sequences, Preprint (1981).

4. A. Bousfield, D. Kan: Homotopy limits, completions and localizations. Lect. Notes in Math., 304, Springer-Verlag, 1972. (Corrected reprint 1987).

5. A. Bousfield, E. Friedlander: Homotopy theory of Γ-espaces, spectra and bisimplicial sets, 80-131, Lect. Notes in Math., 658, Springer-Verlag, 1978.

6. D. Burghelea, A. Deleanu: The homotopy category of spectra, I, Ill. J. Math., 11 (1967), 454-473; II, Math. Ann., 178 (1968), 131-134; III, Math. Z., 108 (1969), 154-170.

7. A. Dold, D. Puppe: Homologie nicht-additive Funktoren, Anwendungen, Ann. Inst. Fourier, 11 (1961), 201-312.

8. W. Fulton: Intersection Theory, Springer-Verlag, 1984.

9. W. Fulton, H. Gillet: Riemann-Roch for general algebraic varieties, Bull. Soc. Math. France, 111 (1983), 287-300.

10. P. Gabriel, M. Zisman: Calculus of fractions and homotopy theory, Springer-Verlag, 1967.

11. H. Gillet: Riemann-Roch theorems for higher algebraic K-theory, Adv. of Math., 40 (1981), 203-289.

12. H. Gillet: Comparison of K-theory spectral sequences, with applications, dans: "Algebraic K-theory. Evanstone", 141-167, Lect. Notes in Math., 854, Springer-Verlag, 1981.

13. H. Gillet: Homological descent for the K-theory of coherent sheaves, dans: "Algebraic K-theory, Bielefeld 1982", 80-104, Lect. Notes in Math., 1046, Springer-Verlag, 1984.

14. H. Hastings: On function spectra, Proc. Amer. Math. Soc., 44 (1974), 186-188.

15. H.R. Margolis: Spectra and the Steenrod algebra, North-Holland, 1983.

16. J.P. May: Simplicial objects in Algebraic Topology, Van Nostrand, 1967.

17. S. McLane: Categories for the working mathematician, Springer-Verlag, 1972.

18. P. Pascual-Gainza: Contribucions a la teoria d'espais algebraics, Tesi, Universitat Autònoma de Barcelona, Decembre 1983.

19. P. Pascual-Gainza: On the simple object associated to a diagram in a closed model category, Math. Proc. Camb. Phil. Soc., 100 (1986), 459-474.

20. D. Quillen: Homotopical algebra, Lect. Notes in Math., 43, Springer-Verlag, 1967.

21. D. Quillen: Higher algebraic K-theory, dans: "Algebraic K-theory", 85-147, Lect. Notes in Math., 341, Springer-Verlag, 1973.

22. R. Switzer: Algebraic topology, Springer-Verlag, 1975.

23. R. Thomason: Algebraic K-theory and étale cohomology, Ann. Sci. Ecole Norm. Sup., 18 (1985), 437-552.

24. R. Vogt: Homotopy limits and colimits, Math. Z., 134 (1973), 11-52.

25. W. Waldhausen: Algebraic K-theory and generalized free products, Ann. of Math., 108 (1978), 135-256.

INDEX TERMINOLOGIQUE

LECTURE NOTES IN MATHEMATICS

Edited by A. Dold and B. Eckmann

Some general remarks on the publication of monographs and seminars

In what follows all references to monographs, are applicable also to multiauthorship volumes such as seminar notes.

§1. Lecture Notes aim to report new developments - quickly, informally, and at a high level. Monograph manuscripts should be reasonably self-contained and rounded off. Thus they may, and often will, present not only results of the author but also related work by other people. Furthermore, the manuscripts should provide sufficient motivation, examples and applications. This clearly distinguishes Lecture Notes manuscripts from journal articles which normally are very concise. Articles intended for a journal but too long to be accepted by most journals, usually do not have this "lecture notes" character. For similar reasons it is unusual for Ph.D. theses to be accepted for the Lecture Notes series.

Experience has shown that English language manuscripts achieve a much wider distribution.

§2. Manuscripts or plans for Lecture Notes volumes should be submitted either to one of the series editors or to Springer-Verlag, Heidelberg. These proposals are then refereed. A final decision concerning publication can only be made on the basis of the complete manuscripts, but a preliminary decision can usually be based on partial information: a fairly detailed outline describing the planned contents of each chapter, and an indication of the estimated length, a bibliography, and one or two sample chapters - or a first draft of the manuscript. The editors will try to make the preliminary decision as definite as they can on the basis of the available information.

§3. Lecture Notes are printed by photo-offset from typed copy delivered in camera-ready form by the authors. Springer-Verlag provides technical instructions for the preparation of manuscripts, and will also, on request, supply special staionery on which the prescribed typing area is outlined. Careful preparation of the manuscripts will help keep production time short and ensure satisfactory appearance of the finished book. Running titles are not required; if however they are considered necessary, they should be uniform in appearance. We generally advise authors not to start having their final manuscripts specially tpyed beforehand. For professionally typed manuscripts, prepared on the special stationery according to our instructions, Springer-Verlag will, if necessary, contribute towards the typing costs at a fixed rate.

The actual production of a Lecture Notes volume takes 6-8 weeks.

.../...

§4. Final manuscripts should contain at least 100 pages of mathematical text and should include

- a table of contents
- an informative introduction, perhaps with some historical remarks. It should be accessible to a reader not particularly familiar with the topic treated.
- a subject index; this is almost always genuinely helpful for the reader.

§5. Authors receive a total of 50 free copies of their volume, but no royalties. They are entitled to purchase further copies of their book for their personal use at a discount of 33.3 %, other Springer mathematics books at a discount of 20 % directly from Springer-Verlag.

Commitment to publish is made by letter of intent rather than by signing a formal contract. Springer-Verlag secures the copyright for each volume.

Vol. 1173: H. Delfs, M. Knebusch, Locally Semialgebraic Spaces. XVI, 329 pages. 1985.

Vol. 1174: Categories in Continuum Physics, Buffalo 1982. Seminar. Edited by F.W. Lawvere and S.H. Schanuel. V, 126 pages. 1986.

Vol. 1175: K. Mathiak, Valuations of Skew Fields and Projective Hjelmslev Spaces. VII, 116 pages. 1986.

Vol. 1176: R.R. Bruner, J.P. May, J.E. McClure, M. Steinberger, H_∞ Ring Spectra and their Applications. VII, 388 pages. 1986.

Vol. 1177: Representation Theory I. Finite Dimensional Algebras. Proceedings, 1984. Edited by V. Dlab, P. Gabriel and G. Michler. XV, 340 pages. 1986.

Vol. 1178: Representation Theory II. Groups and Orders. Proceedings, 1984. Edited by V. Dlab, P. Gabriel and G. Michler. XV, 370 pages. 1986.

Vol. 1179: Shi J.-Y. The Kazhdan-Lusztig Cells in Certain Affine Weyl Groups. X, 307 pages. 1986.

Vol. 1180: R. Carmona, H. Kesten, J.B. Walsh, École d'Été de Probabilités de Saint-Flour XIV – 1984. Édité par P.L. Hennequin. X, 438 pages. 1986.

Vol. 1181: Buildings and the Geometry of Diagrams, Como 1984. Seminar. Edited by L. Rosati. VII, 277 pages. 1986.

Vol. 1182: S. Shelah, Around Classification Theory of Models. VII, 279 pages. 1986.

Vol. 1183: Algebra, Algebraic Topology and their Interactions. Proceedings, 1983. Edited by J.-E. Roos. XI, 396 pages. 1986.

Vol. 1184: W. Arendt, A. Grabosch, G. Greiner, U. Groh, H.P. Lotz, U. Moustakas, R. Nagel, F. Neubrander, U. Schlotterbeck, One-parameter Semigroups of Positive Operators. Edited by R. Nagel. X, 460 pages. 1986.

Vol. 1185: Group Theory, Beijing 1984. Proceedings. Edited by Tuan H.F. V, 403 pages. 1986.

Vol. 1186: Lyapunov Exponents. Proceedings, 1984. Edited by L. Arnold and V. Wihstutz. VI, 374 pages. 1986.

Vol. 1187: Y. Diers, Categories of Boolean Sheaves of Simple Algebras. VI, 168 pages. 1986.

Vol. 1188: Fonctions de Plusieurs Variables Complexes V. Séminaire, 1979–85. Edité par François Norguet. VI, 306 pages. 1986.

Vol. 1189: J. Lukeš, J. Malý, L. Zajíček, Fine Topology Methods in Real Analysis and Potential Theory. X, 472 pages. 1986.

Vol. 1190: Optimization and Related Fields. Proceedings, 1984. Edited by R. Conti, E. De Giorgi and F. Giannessi. VIII, 419 pages. 1986.

Vol. 1191: A.R. Its, V.Yu. Novokshenov, The Isomonodromic Deformation Method in the Theory of Painlevé Equations. IV, 313 pages. 1986.

Vol. 1192: Equadiff 6. Proceedings, 1985. Edited by J. Vosmansky and M. Zlámal. XXIII, 404 pages. 1986.

Vol. 1193: Geometrical and Statistical Aspects of Probability in Banach Spaces. Proceedings, 1985. Edited by X. Fernique, B. Heinkel, M.B. Marcus and P.A. Meyer. IV, 128 pages. 1986.

Vol. 1194: Complex Analysis and Algebraic Geometry. Proceedings, 1985. Edited by H. Grauert. VI, 235 pages. 1986.

Vol. 1195: J.M. Barbosa, A.G. Colares, Minimal Surfaces in $\mathbb{R}^3$. X, 124 pages. 1986.

Vol. 1196: E. Casas-Alvero, S. Xambó-Descamps, The Enumerative Theory of Conics after Halphen. IX, 130 pages. 1986.

Vol. 1197: Ring Theory. Proceedings, 1985. Edited by F.M.J. van Oystaeyen. V, 231 pages. 1986.

Vol. 1198: Séminaire d'Analyse, P. Lelong – P. Dolbeault – H. Skoda. Seminar 1983/84. X, 260 pages. 1986.

Vol. 1199: Analytic Theory of Continued Fractions II. Proceedings, 1985. Edited by W.J. Thron. VI, 299 pages. 1986.

Vol. 1200: V.D. Milman, G. Schechtman, Asymptotic Theory of Finite Dimensional Normed Spaces. With an Appendix by M. Gromov. VIII, 156 pages. 1986.

Vol. 1201: Curvature and Topology of Riemannian Manifolds. Proceedings, 1985. Edited by K. Shiohama, T. Sakai and T. Sunada. VII, 336 pages. 1986.

Vol. 1202: A. Dür, Möbius Functions, Incidence Algebras and Power Series Representations. XI, 134 pages. 1986.

Vol. 1203: Stochastic Processes and Their Applications. Proceedings, 1985. Edited by K. Itô and T. Hida. VI, 222 pages. 1986.

Vol. 1204: Séminaire de Probabilités XX, 1984/85. Proceedings. Edité par J. Azéma et M. Yor. V, 639 pages. 1986.

Vol. 1205: B.Z. Moroz, Analytic Arithmetic in Algebraic Number Fields. VII, 177 pages. 1986.

Vol. 1206: Probability and Analysis, Varenna (Como) 1985. Seminar. Edited by G. Letta and M. Pratelli. VIII, 280 pages. 1986.

Vol. 1207: P.H. Bérard, Spectral Geometry: Direct and Inverse Problems. With an Appendix by G. Besson. XIII, 272 pages. 1986.

Vol. 1208: S. Kaijser, J.W. Pelletier, Interpolation Functors and Duality. IV, 167 pages. 1986.

Vol. 1209: Differential Geometry, Peñíscola 1985. Proceedings. Edited by A.M. Naveira, A. Ferrández and F. Mascaró. VIII, 306 pages. 1986.

Vol. 1210: Probability Measures on Groups VIII. Proceedings, 1985. Edited by H. Heyer. X, 386 pages. 1986.

Vol. 1211: M.B. Sevryuk, Reversible Systems. V, 319 pages. 1986.

Vol. 1212: Stochastic Spatial Processes. Proceedings, 1984. Edited by P. Tautu. VIII, 311 pages. 1986.

Vol. 1213: L.G. Lewis, Jr., J.P. May, M. Steinberger, Equivariant Stable Homotopy Theory. IX, 538 pages. 1986.

Vol. 1214: Global Analysis – Studies and Applications II. Edited by Yu.G. Borisovich and Yu.E. Gliklikh. V, 275 pages. 1986.

Vol. 1215: Lectures in Probability and Statistics. Edited by G. del Pino and R. Rebolledo. V, 491 pages. 1986.

Vol. 1216: J. Kogan, Bifurcation of Extremals in Optimal Control. VIII, 106 pages. 1986.

Vol. 1217: Transformation Groups. Proceedings, 1985. Edited by S. Jackowski and K. Pawalowski. X, 396 pages. 1986.

Vol. 1218: Schrödinger Operators, Aarhus 1985. Seminar. Edited by E. Balslev. V, 222 pages. 1986.

Vol. 1219: R. Weissauer, Stabile Modulformen und Eisensteinreihen. III, 147 Seiten. 1986.

Vol. 1220: Séminaire d'Algèbre Paul Dubreil et Marie-Paule Malliavin. Proceedings, 1985. Edité par M.-P. Malliavin. IV, 200 pages. 1986.

Vol. 1221: Probability and Banach Spaces. Proceedings, 1985. Edited by J. Bastero and M. San Miguel. XI, 222 pages. 1986.

Vol. 1222: A. Katok, J.-M. Strelcyn, with the collaboration of F. Ledrappier and F. Przytycki, Invariant Manifolds, Entropy and Billiards; Smooth Maps with Singularities. VIII, 283 pages. 1986.

Vol. 1223: Differential Equations in Banach Spaces. Proceedings, 1985. Edited by A. Favini and E. Obrecht. VIII, 299 pages. 1986.

Vol. 1224: Nonlinear Diffusion Problems, Montecatini Terme 1985. Seminar. Edited by A. Fasano and M. Primicerio. VIII, 188 pages. 1986.

Vol. 1225: Inverse Problems, Montecatini Terme 1986. Seminar. Edited by G. Talenti. VIII, 204 pages. 1986.

Vol. 1226: A. Buium, Differential Function Fields and Moduli of Algebraic Varieties. IX, 146 pages. 1986.

Vol. 1227: H. Helson, The Spectral Theorem. VI, 104 pages. 1986.

Vol. 1228: Multigrid Methods II. Proceedings, 1985. Edited by W. Hackbusch and U. Trottenberg. VI, 336 pages. 1986.

Vol. 1229: O. Bratteli, Derivations, Dissipations and Group Actions on C*-algebras. IV, 277 pages. 1986.

Vol. 1230: Numerical Analysis. Proceedings, 1984. Edited by J.-P. Hennart. X, 234 pages. 1986.

Vol. 1231: E.-U. Gekeler, Drinfeld Modular Curves. XIV, 107 pages. 1986.

Vol. 1232: P.C. Schuur, Asymptotic Analysis of Soliton Problems. VIII, 180 pages. 1986.

Vol. 1233: Stability Problems for Stochastic Models. Proceedings, 1985. Edited by V.V. Kalashnikov, B. Penkov and V.M. Zolotarev. VI, 223 pages. 1986.

Vol. 1234: Combinatoire énumérative. Proceedings, 1985. Edité par G. Labelle et P. Leroux. XIV, 387 pages. 1986.

Vol. 1235: Séminaire de Théorie du Potentiel, Paris, No. 8. Directeurs: M. Brelot, G. Choquet et J. Deny. Rédacteurs: F. Hirsch et G. Mokobodzki. III, 209 pages. 1987.

Vol. 1236: Stochastic Partial Differential Equations and Applications. Proceedings, 1985. Edited by G. Da Prato and L. Tubaro. V, 257 pages. 1987.

Vol. 1237: Rational Approximation and its Applications in Mathematics and Physics. Proceedings, 1985. Edited by J. Gilewicz, M. Pindor and W. Siemaszko. XII, 350 pages. 1987.

Vol. 1238: M. Holz, K.-P. Podewski and K. Steffens, Injective Choice Functions. VI, 183 pages. 1987.

Vol. 1239: P. Vojta, Diophantine Approximations and Value Distribution Theory. X, 132 pages. 1987.

Vol. 1240: Number Theory, New York 1984–85. Seminar. Edited by D.V. Chudnovsky, G.V. Chudnovsky, H. Cohn and M.B. Nathanson. V, 324 pages. 1987.

Vol. 1241: L. Gårding, Singularities in Linear Wave Propagation. III, 125 pages. 1987.

Vol. 1242: Functional Analysis II, with Contributions by J. Hoffmann-Jørgensen et al. Edited by S. Kurepa, H. Kraljević and D. Butković. VII, 432 pages. 1987.

Vol. 1243: Non Commutative Harmonic Analysis and Lie Groups. Proceedings, 1985. Edited by J. Carmona, P. Delorme and M. Vergne. V, 309 pages. 1987.

Vol. 1244: W. Müller, Manifolds with Cusps of Rank One. XI, 158 pages. 1987.

Vol. 1245: S. Rallis, L-Functions and the Oscillator Representation. XVI, 239 pages. 1987.

Vol. 1246: Hodge Theory. Proceedings, 1985. Edited by E. Cattani, F. Guillén, A. Kaplan and F. Puerta. VII, 175 pages. 1987.

Vol. 1247: Séminaire de Probabilités XXI. Proceedings. Edité par J. Azéma, P.A. Meyer et M. Yor. IV, 579 pages. 1987.

Vol. 1248: Nonlinear Semigroups, Partial Differential Equations and Attractors. Proceedings, 1985. Edited by T.L. Gill and W.W. Zachary. IX, 185 pages. 1987.

Vol. 1249: I. van den Berg, Nonstandard Asymptotic Analysis. IX, 187 pages. 1987.

Vol. 1250: Stochastic Processes – Mathematics and Physics II. Proceedings 1985. Edited by S. Albeverio, Ph. Blanchard and L. Streit. VI, 359 pages. 1987.

Vol. 1251: Differential Geometric Methods in Mathematical Physics. Proceedings, 1985. Edited by P.L. García and A. Pérez-Rendón. VII, 300 pages. 1987.

Vol. 1252: T. Kaise, Représentations de Weil et GL_2 Algèbres de division et GL_n. VII, 203 pages. 1987.

Vol. 1253: J. Fischer, An Approach to the Selberg Trace Formula via the Selberg Zeta-Function. III, 184 pages. 1987.

Vol. 1254: S. Gelbart, I. Piatetski-Shapiro, S. Rallis. Explicit Constructions of Automorphic L-Functions. VI, 152 pages. 1987.

Vol. 1255: Differential Geometry and Differential Equations. Proceedings, 1985. Edited by C. Gu, M. Berger and R.L. Bryant. XII, 243 pages. 1987.

Vol. 1256: Pseudo-Differential Operators. Proceedings, 1986. Edited by H.O. Cordes, B. Gramsch and H. Widom. X, 479 pages. 1987.

Vol. 1257: X. Wang, On the C^*-Algebras of Foliations in the Plane. V, 165 pages. 1987.

Vol. 1258: J. Weidmann, Spectral Theory of Ordinary Differential Operators. VI, 303 pages. 1987.

Vol. 1259: F. Cano Torres, Desingularization Strategies for Three-Dimensional Vector Fields. IX, 189 pages. 1987.

Vol. 1260: N.H. Pavel, Nonlinear Evolution Operators and Semigroups. VI, 285 pages. 1987.

Vol. 1261: H. Abels, Finite Presentability of S-Arithmetic Groups. Compact Presentability of Solvable Groups. VI, 178 pages. 1987.

Vol. 1262: E. Hlawka (Hrsg.), Zahlentheoretische Analysis II. Seminar, 1984–86. V, 158 Seiten. 1987.

Vol. 1263: V.L. Hansen (Ed.), Differential Geometry. Proceedings, 1985. XI, 288 pages. 1987.

Vol. 1264: Wu Wen-tsün, Rational Homotopy Type. VIII, 219 pages. 1987.

Vol. 1265: W. Van Assche, Asymptotics for Orthogonal Polynomials. VI, 201 pages. 1987.

Vol. 1266: F. Ghione, C. Peskine, E. Sernesi (Eds.), Space Curves. Proceedings, 1985. VI, 272 pages. 1987.

Vol. 1267: J. Lindenstrauss, V.D. Milman (Eds.), Geometrical Aspects of Functional Analysis. Seminar. VII, 212 pages. 1987.

Vol. 1268: S.G. Krantz (Ed.), Complex Analysis. Seminar, 1986. VII, 195 pages. 1987.

Vol. 1269: M. Shiota, Nash Manifolds. VI, 223 pages. 1987.

Vol. 1270: C. Carasso, P.-A. Raviart, D. Serre (Eds.), Nonlinear Hyperbolic Problems. Proceedings, 1986. XV, 341 pages. 1987.

Vol. 1271: A.M. Cohen, W.H. Hesselink, W.L.J. van der Kallen, J.R. Strooker (Eds.), Algebraic Groups Utrecht 1986. Proceedings. XII, 284 pages. 1987.

Vol. 1272: M.S. Livšic, L.L. Waksman, Commuting Nonselfadjoint Operators in Hilbert Space. III, 115 pages. 1987.

Vol. 1273: G.-M. Greuel, G. Trautmann (Eds.), Singularities, Representation of Algebras, and Vector Bundles. Proceedings, 1985. XIV, 383 pages. 1987.

Vol. 1274: N. C. Phillips, Equivariant K-Theory and Freeness of Group Actions on C^*-Algebras. VIII, 371 pages. 1987.

Vol. 1275: C.A. Berenstein (Ed.), Complex Analysis I. Proceedings, 1985–86. XV, 331 pages. 1987.

Vol. 1276: C.A. Berenstein (Ed.), Complex Analysis II. Proceedings, 1985–86. IX, 320 pages. 1987.

Vol. 1277: C.A. Berenstein (Ed.), Complex Analysis III. Proceedings, 1985–86. X, 350 pages. 1987.

Vol. 1278: S.S. Koh (Ed.), Invariant Theory. Proceedings, 1985. V, 102 pages. 1987.

Vol. 1279: D. Ieşan, Saint-Venant's Problem. VIII, 162 Seiten. 1987.

Vol. 1280: E. Neher, Jordan Triple Systems by the Grid Approach. XII, 193 pages. 1987.

Vol. 1281: O.H. Kegel, F. Menegazzo, G. Zacher (Eds.), Group Theory. Proceedings, 1986. VII, 179 pages. 1987.

Vol. 1282: D.E. Handelman, Positive Polynomials, Convex Integral Polytopes, and a Random Walk Problem. XI, 136 pages. 1987.

Vol. 1283: S. Mardešić, J. Segal (Eds.), Geometric Topology and Shape Theory. Proceedings, 1986. V, 261 pages. 1987.

Vol. 1284: B.H. Matzat, Konstruktive Galoistheorie. X, 286 pages. 1987.

Vol. 1285: I.W. Knowles, Y. Saitō (Eds.), Differential Equations and Mathematical Physics. Proceedings, 1986. XVI, 499 pages. 1987.

Vol. 1286: H.R. Miller, D.C. Ravenel (Eds.), Algebraic Topology. Proceedings, 1986. VII, 341 pages. 1987.

Vol. 1287: E.B. Saff (Ed.), Approximation Theory, Tampa. Proceedings, 1985–1986. V, 228 pages. 1987.

Vol. 1288: Yu. L. Rodin, Generalized Analytic Functions on Riemann Surfaces. V, 128 pages, 1987.

Vol. 1289: Yu. I. Manin (Ed.), K-Theory, Arithmetic and Geometry. Seminar, 1984–1986. V, 399 pages. 1987.